全国建设行业中等职业教育推荐教材

工 程 测 量

（给水排水专业）

主编　罗科勤
主审　杨忠德

中国建筑工业出版社

图书在版编目（CIP）数据

工程测量/罗科勤主编．—北京：中国建筑工业出版
社，2004
全国建设行业中等职业教育推荐教材
ISBN 7-112-06190-3

Ⅰ．测…　Ⅱ．罗…　Ⅲ．工程测量-专业学校-教材
Ⅳ．TB22

中国版本图书馆 CIP 数据核字（2004）第 064136 号

全国建设行业中等职业教育推荐教材

工 程 测 量
（给水排水专业）

主编　罗科勤

主审　杨忠德

*

中国建筑工业出版社出版（北京西郊百万庄）
新华书店总店科技发行所发行
北京市彩桥印刷厂印刷

*

开本：787×1092 毫米　1/16　印张：12¾　字数：310 千字
2004 年 7 月第一版　　2004 年 7 月第一次印刷
印数：1—2,500 册　　定价：**20.00** 元（含指导书）

ISBN 7-112-06190-3
TU·5457（12203）

本社网址：http://www.china-abp.com.cn
网上书店：http://www.china-building.com.cn

本教材是全国建设行业中等职业教育推荐教材，共8章，内容包括：概论、水准测量、角度测量、距离测量与直线定向、小地区控制测量与地形测量、施工测量的基本工作与方法、管线工程测量、现代测量仪器等主要内容。

本教材采用了国家颁发的现行规范、标准及有关规定。教材编写注重实用性，并配套编写了实习指导书。

*　　*　　*

责任编辑：田启铭
责任设计：崔兰萍
责任校对：王　莉

前　言

本教材按照建设部制定的 21 世纪规划教材的要求，根据普通中等职业学校给排水专业教学计划、工程测量课程教学大纲、国家现行测量规范、标准及有关规定编写。

编写过程中增加了现代测量仪器、测量方法等新内容、新知识。对一些相对已经落后的内容，如钢尺精密量距等进行了删减。每章后附有不同类型思考题和习题。

第 1 章　概论、第 4 章　距离测量与直线定向、第 5 章　小地区控制测量与地形测量、第 8 章　现代测量仪器由罗科勤编写。第 2 章　水准测量、第 6 章　管线工程测量由王红编写。第 3 章　角度测量、第 7 章　施工测量的基本工作与方法及测量实习指导书由邵成昆编写。

本教材由兰州城市建设学校高级讲师罗科勤主编，昆明城市建设学校邵成昆老师和武汉城市建设学校王红老师参加编写，由宁夏建筑工程学院杨忠德老师主审。

由于编写时间仓促，加之编写水平有限，书中难免存在缺点和错误，欢迎读者批评指正。

目　录

第 1 章 绪 论

1.1 工程测量的任务与作用

1.1.1 工程测量的任务

测量学是研究地球表面的形状和大小以及确定地面点之间相对位置的科学。按其研究对象、测量方法和应用范围的不同，分为许多学科，工程测量是其中一门学科。

工程测量是测定地面点位的科学，广泛用于房屋、管道、道路、桥梁、水电等工程建设的勘察设计、施工和运营管理各阶段。其任务按性质可分为测定和测设。

1. 测定

测定也称为测图，是指使用测量仪器和工具，用一定的测绘程序和方法将地面上局部区域的各种固定性物体（地物，如房屋、道路、河流等）以及地面的起伏形态（地貌），按一定的比例和特定的图例符号缩绘成图。

既表示地物的平面位置，又表示地貌变化的平面图称为地形图。

只表示地物平面位置的图称为地物图。

2. 测设

测设也称为放样，是指使用测量仪器和工具，按照设计要求，采用一定的方法，将图纸上设计好的建筑物、构筑物的平面位置和高程标定到施工作业面上，为施工提供正确依据，指导施工。

因为放样是直接为施工服务的，所以通常也称为"施工放样"。

测定与测设的的测量过程相反。测定是将地面上地物、地貌的点的相关位置测绘在图纸上；测设则是将设计图上的点位标定到地面上。

1.1.2 工程测量的作用

工程测量是为工程建设提供服务的。在工程勘测阶段要为规划设计提供各种比例尺的地形图和测绘资料；在工程设计阶段，要应用地形图进行总体规划和设计；在工程施工阶段，要进行放线定位和各种放样工作；在工程运营阶段，要对某些有特殊要求的建筑物和构筑物进行变形监测。

由上述可知，工程测量服务于工程建设的每一个阶段。工程建设的各个阶段都离不开测量工作，都要以测量工作为先导。而且测量工作的精度和速度直接影响到整个工程的质量和进度。

因此，工程测量人员必须掌握测量学的基本理论、基本知识和基本技能，掌握常用的测量仪器和工具的使用方法，掌握测量学施测方法和基本工作内容，了解小区域大比例尺地形图的测绘方法，具有正确应用地形图和有关测量资料的能力，具有进行一般工程施工测量的能力。

1.2　地面点位的确定

测量工作的实质就是确定地面点的位置。

地球表面上的点称为地面点。地面点的位置是指点的空间位置，能够用其平面位置和高程表示出来。

在一般工程测量中，当测区范围较小时，可将地球视为一个半径 $R = 6371\text{km}$ 圆球体。

1.2.1　地面点平面位置的确定

地面点的平面位置是地面点沿铅垂线在投影面上的投影位置。可以用大地坐标或平面直角坐标表示。

1. 大地坐标系

大地坐标系也称地理坐标系。地球表面上任一点的经度和纬度叫做该点的大地坐标，用来表示该点在地球表面上的位置。在大地测量和地图制图中要用到大地坐标。

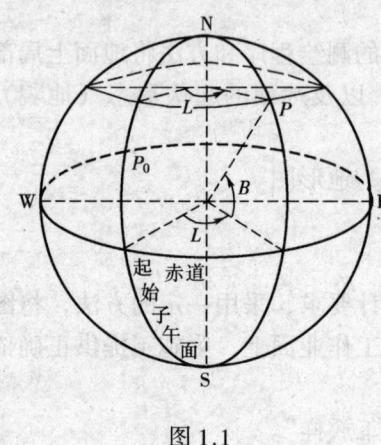

图 1.1

在大地坐标系中，地面点 P 的位置用大地经度 L 和大地纬度 B 来表示。如图 1.1 所示。NS 为椭球的旋转轴，N 表示北极，S 表示南极。

通过地球中心与地球旋转轴正交的平面，称为赤道平面。赤道平面与球表面的交线，称为赤道。

通过地球旋转轴的平面，称为子午面。其中通过原格林尼治天文台的子午面，称为起始子午面，也称首子午面。子午面与球面的交线，称为子午线。

地面点 P 的大地经度就是通过该点的子午面与起始子午面的夹角，用 L 表示，从起始子午面算起，向东自 $0° \sim 180°$ 称为东经；向西自 $0° \sim 180°$ 称为西经。

地面点 P 的大地纬度就是该点的法线与赤道面的交角，用 B 表示。从赤道面起算，向北自 $0° \sim 90°$ 称为北纬；向南自 $0° \sim 90°$ 称为南纬。

大地经度 L 和大地纬度 B 统称为大地坐标。

地面点的大地坐标是根据大地测量数据由大地坐标原点推算而得的。我国现采用陕西省泾阳县永乐镇境内的国家大地坐标原点（在西安市以北约 40km 处）为起算点，由此建立起来全国统一的坐标系，称为"1980 年国家大地坐标系"。以前使用的"1954 年北京坐标系"是建国初期从前苏联引测过来的。

2. 平面直角坐标系

当测区范围较小（半径在 10km 的范围内）时，可以不考虑地球曲率，而将这个区域的地球表面看作水平面，并在该面上建立平面直角坐标系，用平面直角坐标来确定地面点的平面位置。

测量上选用的平面直角坐标系，规定纵坐标轴为 X 轴，表示南北方向，向北为正，向南为负；横坐标轴为 Y 轴，表示东西方向，向东为正，向西为负。坐标系的象限以北东开始按顺时针方向注记为 Ⅰ、Ⅱ、Ⅲ、Ⅳ 四个象限排列。点的平面位置以点到横轴和纵轴的垂直距离 X、Y 确定。

地面上某点 M 的平面位置可用 X_M 和 Y_M 来表示，如图 1.2 所示。

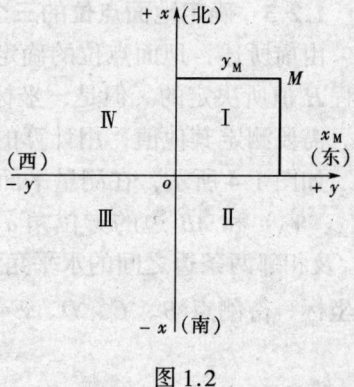

测量平面直角坐标系原点 O，可按实际情况选定。通常为了使测区内所有各点的纵、横坐标值均为正值，将坐标原点选在测区的西南角，从而使整个测区范围内的点都在直角坐标系的第一象限内。

测量平面直角坐标系与数学平面直角坐标系的区别在于坐标轴互换，象限顺序相反。这样变换便于测量工作中的定向，数学中的三角公式可直接引用到测量计算中，而不需要作任何变更。

图 1.2

在工程测量工作中，一般用测量平面直角坐标来表示地面点的平面位置。

1.2.2 地面点高程位置的确定

地球上自由静止的水面称为水准面。

水准面上每一点的铅垂线与该点的重力方向线重合。水准面是一个重力等位面，处处与重力方向线（铅垂线）正交。

水准面有无数多个，其中一个与平均海水面相吻合并向大陆、岛屿延伸而形成的闭合曲面，称为大地水准面。

与水准面相切的平面称为水平面。

水准面、水平面和铅垂线是测量工作的基准面和基准线。

地面点到高程基准面的铅垂距离，称为地面点的高程。

地面点到大地水准面的铅垂距离，称为该点的绝对高程或海拔，用 H 表示。如图 1.3 中，H_A、H_B 分别为地面点 A、B 的绝对高程。

目前我国采用以青岛验潮站 1952～1979 年验潮资料计算确定的平均海水面作为起算高程的基准面，称为"1985 国家高程基准"。以该大地水准面为起算面，其高程为零。水准原点（国家高程控制网的起算点）设在青岛，其高程为 72.260m。

以前使用的是青岛验潮站 1950～1956 年验潮资料计算确定的平均海水面作为起算高程的基准面，称为"1956 年黄海高程系"，水准原点高程为 72.289m。

当在局部地区引用绝对高程有困难时，也可假定一个水准面作为高程基准面。地面点到假定水准面的铅垂距离，称为该点的假定高程或相对高程，通常以 H' 表示。图 1.3 中，H'_A、H'_B 分别为地面点 A、B 的相对高程。

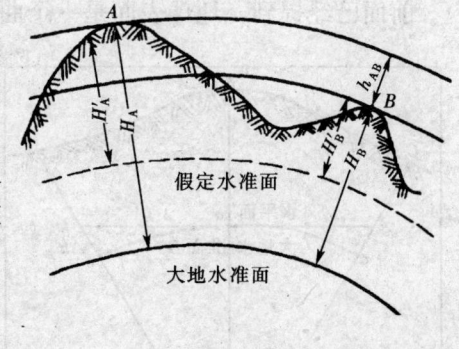

图 1.3

两个地面点之间的高程差，称为高差，用 h 表示。

$$h_{AB} = H_B - H_A = H'_B - H'_A \tag{1.1}$$

$$h_{BA} = -h_{AB} = H_A - H_B = H'_A - H'_B \tag{1.2}$$

由此看出，高差的大小与高程起算面无关，高差的符号与高差的方向有关。

1.2.3　确定地面点位的三个基本要素

由前所述，地面点位的确定是测量工作的根本任务。点位是由点的平面坐标 X、Y 与高程 H 值所决定的。但是，坐标值 X、Y 与高程 H 并不能直接测定出来，而是间接测定的。需要测定其他值，用计算的方法求出来。

如图 1.4 所示，在测量平面直角坐标系中，有 A、B、C、D 等点，如果 A 点的坐标 $(X_A、Y_A)$ 和 AB 边的方位角 α_{AB} 已知，在测量出每两点间的水平距离 D_{AB}、D_{BC}、D_{CD}、D_{DE} 及相邻两条边之间的水平角度 β_B、β_C、β_D 之后，就可以推算出 B、C、D、E 点的平面坐标，待测点 B、C、D、E 的平面位置就确定了。

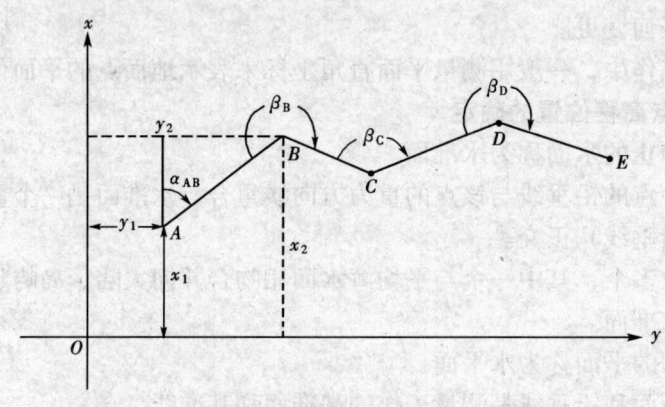

图 1.4

如果 A 点的高程 H_A 已知，当测出相邻两点间的高差 h_{AB}、h_{BC}、h_{CD}、h_{DE} 后，就可以推算出 B、C、D、E 点的高程，待测点 B、C、D、E 的高程位置也就确定了。

由此可见，水平距离测量、水平角度测量和高程测量是测量的三项基本工作。水平距离、水平角度和高程是确定地面点位置的三个基本要素。

1.2.4　用水平面代替曲面的限度

前面已经提到，地球表面是一个曲面。当测区范围较小时，可把地球面的投影面看作平面。但这样将对距离、角度和高程造成一定的影响。只有当地球曲率影响未超过测量和制图的容许误差，且可以忽略不计时，才可以用水平面代替曲面。

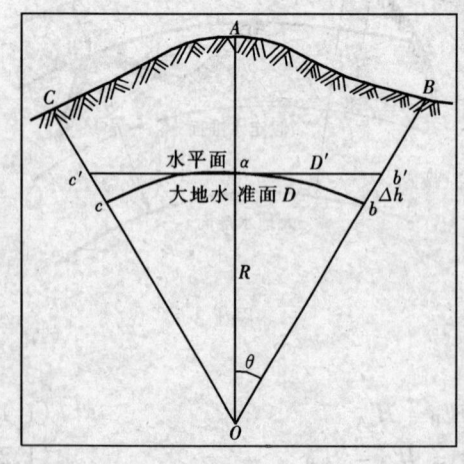

图 1.5

下面讨论，当测区在多大范围内时，可以用水平面代替曲面。

1. 地球曲率对距离的影响

在图 1.5 中，ab 为水准面上的一段圆弧，设长度为 D，所对的圆心角为 θ，地球半径为 R。如果用切于 a 点的水平面代替水准面，即以相应的切线长 ab' 代替圆弧 ab，则距离将产生误差 ΔD。

由图 1.5 可得：

$$\theta = \frac{D}{R} \cdot \frac{180°}{\pi} \tag{1.3}$$

$$D' = R \cdot \mathrm{tg}\theta \tag{1.4}$$

$$\Delta D = ab' - ab = D' - D \tag{1.5}$$

在上式中取 $R = 6371\mathrm{km}$，则可得表 1.1 的结果。

由表 1.1 可知，当 $D = 10\mathrm{km}$ 时，用水平面代替水准面所引起的误差为距离的 $1/1218000$，目前最精密的距离丈量误差为 $1/1000000$。

用水平面代替曲面对距离的影响　　表 1.1

D（km）	ΔD（m）	$\Delta D/D$
1	0.000008	1:125000000
5	0.001027	1:4868000
10	0.008210	1:1218000
20	0.065700	1:304400
50	1.026560	1:48700

由此可以得出结论：在半径 10km 的测区范围内进行距离测量时，可以用水平面代替水准面，不考虑地球曲率对距离的影响。

2. 地球曲率对水平角度的影响

因为在半径为 10km 的测区范围内，地球曲率对水平距离的影响很小，所以对水平角度的影响也很小。由球面三角可知，同一空间三角形在球面上投影的各内角之和较其在平面上投影的各内角之和大一个球面角超 ε。其公式为：

$$\varepsilon = \frac{P}{R^2} \cdot \frac{180°}{\pi} \tag{1.6}$$

式中 P 为球面多边形的面积，R 为地球的半径。在测量中实测的是球面面积，而在绘制成图时，则是平面的面积。表 1.2 为不同面积的角超数值。

地球表面不同面积的角超值　　表 1.2

P（km²）	1	5	10	50	100	200	314.2
ε（″）	0.005	0.025	0.051	0.254	0.508	1.016	1.597

由以上分析可知，在半径 10km 的测区范围内，对一般工程测量而言，不考虑地球曲率对水平角度的影响。

3. 用水平面代替水准面对高程的影响

在图 1.5 中有：

$$\Delta h = ob' - ob = \sqrt{R^2 + (D')^2} - R \tag{1.7}$$

由前面的讨论可知，D' 与 D 的差值可以忽略不计，故有：

$$\Delta h = \sqrt{R^2 + D^2} - R \tag{1.8}$$

以 $R = 6371\mathrm{km}$ 及不同距离 D 代入上式，便得到表 1.3 所列的结果。

地球曲率对高程的影响　　表 1.3

D（m）	50	100	200	500	1000	5000	10000
Δh（mm）	0.04	0.30	2.97	19.40	78.23	1962	7848

由表 1.3 可知，用水平面代替水准面，地球曲率对高程测量的影响很大。因此在高程

测量中，即使在较短的距离内，也应考虑地球曲率对高程的影响。实际测量中，常采取加改正数或采用正确的观测方法以消除或减弱地球曲率对高程的影响。

1.3 测量工作的原则和程序

无论是测绘地形图还是施工放样，都不可避免地会产生误差，甚至还会产生错误。为了限制误差的传递，保证测区内一系列点位之间达到必要的精度，测量工作都必须遵循"从整体到局部、先控制后碎部、由高级到低级"的原则进行。如图 1.6 所示。首先在整个测区内，选择若干个起着整体控制作用的点 1、2、3……，作为控制点，用较精密的仪器和方法，精确地测定各控制点的平面位置和高程位置的工作，称为控制测量。这些控制点测量精度高，均匀分布整个测区。因此，控制测量是高精度的测量，也是带全局性的测量。然后以控制点为测站点，测定其周围局部范围的地物和地貌特征点，称为碎部测量。例如：图中在控制点 1 测定周围碎部点 L、M、N、O……。碎部测量是较控制测量低一级的测量，是局部的测量。碎部测量由于是在控制测量的基础上进行的，因此碎部测量的误差就局限在控制点的周围，从而控制了误差的传播范围和大小，保证了整个测区的测量精度。

施工测量是首先对施工场地布设整体控制网，用较高的精度测设控制点的位置，然后在控制网的基础上，再进行各局部轴线尺寸和高低的定位测设，其精度较低。例如：图中利用控制点 1、6 测设拟建的建筑物 R、Q、P。因此，施工测量也要遵循"从整体到局部、先控制后碎部、由高级到低级"的施测原则。

测量工作分为控制测量和碎部测量两步。

遵循测量工作的原则，不但可以减少误差的累积和传递、提高了精度，而且还可以在几个控制点上同时进行测量工作，有利于工程的整体工作，加快了测量的进度、缩短了工期、节约了开支。

图 1.6

测量工作分为外业工作和内业工作。上述测定地面点位置的水平角度测量、水平距离测量和高差测量，称为外业工作。将外业测量成果进行整理、计算（坐标计算和高程计算等）及绘制成图的工作，称为内业工作。

在测定工作中，首先要取得实地野外观测资料、数据，然后再进行室内计算、整理、绘制成图，要按"先外业、后内业"的顺序进行工作。在测设工作中，首先要按照施工图上所确定的数据和资料，在室内计算出测设所需要的放样数据，然后再到施工场地按测设数据把具体点位放样到施工作业面上，并做出标记，作为施工的依据，要按"先内业，后外业"的顺序进行工作。

在测量工作中，为了防止出现错误，无论是在外业工作还是在内业工作中，每项工作都要"边工作边校核"，用检核的数据说明测量成果的合格和可靠。由于实际观测数据有误，或者计算有误，都会使点位产生错误。因而在实际操作与计算中，要求步步有校核。一旦发现错误或达不到精度要求，必须找出原因或返工，重新观测或重新计算，必须保证各个环节正确。

思 考 题

一、解释名词

1. 水准面：

2. 水平面：

3. 大地水准面：

4. 相对高程：

5. 绝对高程：

6. 高差：

二、填空题

1. 测量工作的基本原则是＿＿＿＿＿＿＿＿、＿＿＿＿＿＿＿＿＿、＿＿＿＿＿＿＿＿＿。

2. 工程测量是测定地面点位的科学，其任务按性质可分为＿＿＿＿＿和＿＿＿＿＿。

3. 地面上一点的经度是指＿＿＿＿＿＿＿＿＿＿＿＿＿＿＿＿＿。

4. 地面上一点的纬度是指＿＿＿＿＿＿＿＿＿＿＿＿＿＿＿＿＿。

5. ＿＿＿＿＿＿＿＿＿＿＿＿＿＿＿＿＿称为地物。

6. ＿＿＿＿＿＿＿＿＿＿＿＿＿＿＿＿＿称为地貌。

7. 测设又称为＿＿＿＿＿，是指＿＿＿＿＿＿＿＿＿＿＿＿＿＿＿。

8. 测定又称为＿＿＿＿＿，是指＿＿＿＿＿＿＿＿＿＿＿＿＿＿＿。

9. 测量工作的实质是＿＿＿＿＿＿＿＿＿＿＿＿＿＿＿＿＿＿＿＿＿。

10. ＿＿＿＿＿＿＿＿＿称为地面点。地面点的位置是指点的空间位置，能够用其＿＿＿＿＿＿＿＿＿位置和＿＿＿＿＿＿＿＿＿位置表示出来。

11. 确定地面点位置的三个基本要素是＿＿＿＿＿＿＿＿、＿＿＿＿＿＿＿＿和＿＿＿＿＿＿＿＿。

12. 在一般工程测量中，当测区范围较小时，可将地球视为一个半径 $R = $ ＿＿＿＿＿＿＿＿ km 圆球体。

三、单选题

1. 绝对高程是（　　）到大地水准面间的垂直距离。

A. 水准面　　　　　　　　B. 海平面　　　　　　　　C. 地面点

2. 国家统一高程基准面是（　　）。

A. 水平面　　　　　　　　B. 水准面　　　　　　　　C. 大地水准面

3. 确定点的平面位置需要测量（　　）。

A. 经度、纬度 B. 水平距离、水平角度 C. 坐标（X，Y）

4. 水准面是一个（ ）。

A. 水平面 B. 曲面 C. 倾斜平面

5. 测量平面直角坐标系与数学平面直角坐标系的函数计算式（ ）。

A. 均一致 B. 有些一致有些不一致 C. 均不一致

6. 测量水平距离、测量水平角度和测量（ ）是测量的三项基本工作。

A. 经纬度（L、B） B. 坐标（X、Y） C. 高程（H）

7. 地面点到大地水准面的铅垂距离，称为该点的绝对高程，或称为（ ）。

A. 相对高程 B. 假定高程 C. 海拔

8. 地面点到假定水准面的铅垂距离，称为该点的假定高程，或称为（ ）。

A. 相对高程 B. 绝对高程 C. 高程

9. 地面点到高程基准面的铅垂距离，称为地面点的（ ）。

A. 相对高程 B. 绝对高程 C. 高程

10. 在半径 10km 的测区范围内，进行距离测量时（ ）地球曲率对距离的影响。

A. 不能确定 B. 不考虑 C. 要考虑

11. 在半径 10km 的测区范围内，进行角度测量时（ ）地球曲率对水平角的影响。

A. 不能确定 B. 不考虑 C. 要考虑

12. 在半径 10km 的测区范围内，进行高程测量时（ ）地球曲率对高程的影响。

A. 不能确定 B. 不考虑 C. 要考虑

四、计算题

1. 已知 A、B 两点的高程分别为：$H_A = 1584.560$，$H_B = 1548.065$，求 A、B 两点的高差 $h_{AB} = ?$

2. 某假定水准点 B 的高程为 1500.000，用它推算出一点 P 的高程为 964.765。后来测得 B 点的绝对高程为 1548.065，求 P 点的绝对高程 $H_P = ?$

3. 根据"1956 年黄海高程系"测算得 A 点高程为：562.362m，若改算成为"1985 国家高程基准"，则 A 点的高程是多少？

五、简答题

1. 测量工作的实质是什么？

2. 什么是地形图？

3. 什么是地物图？

4. 什么是施工放样？

5. 测量工作应遵循的基本原则是什么？

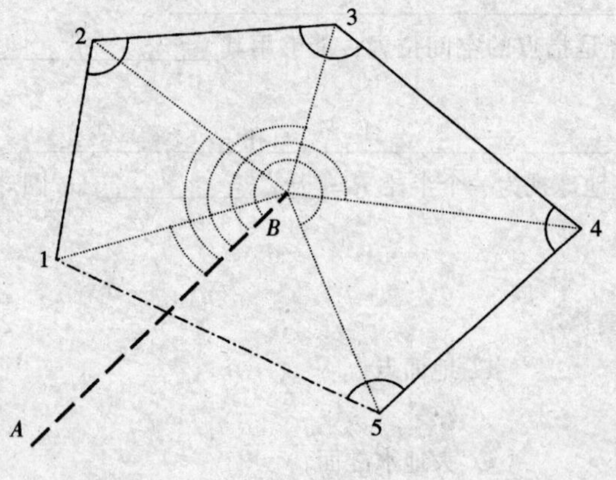

图 1.7

六、思考题

1. 测量学在工程建设中有什么作用？

2. 测定与测设有何区别？

3. 什么是控制点？

4. 什么是碎部点？

5. 什么是子午面？

6. 什么是子午线？

7. 在图 1.7 中，需要确定多边形 12345 的顶点 1、2、3、4、5 各点的位置。

第一种办法是先在图上确定出 1 点的位置，并测量 12 间的距离，按比例确定出 2 点的位置，然后从 2 点测量角度 β_2 确定 23 的方向，并测量 23 间的距离，按比例确定出 3 点的位置……依次类推，可以确定出多边形各顶点的位置。

第二种办法是先用较高精度的方法确定出 A、B 两点，然后在 B 点测量出 AB 方向与 $B1$、$B2$、$B3$、$B4$、$B5$ 各方向的之间的水平角度 β，并测量出 B 点到 1、2、3、4、5 各点的距离，再按比例确定出 1、2、3、4、5 各点的位置。

请问是第一种方法好还是第二种方法好？为什么？

第2章 水准测量

测量地面上各点高程的工作叫高程测量。根据使用仪器和施测方法的不同分为水准测量，三角高程测量，气压高程测量，液体静力水准测量，GPS高程测量。其中水准测量精度较高，是高程测量中最主要的方法，在工程测量中应用广泛。

2.1 水准测量原理

水准测量是利用水准仪提供一条水平视线，配合水准尺，测得两点间高差。根据已知点高程，计算待定点高程的方法。

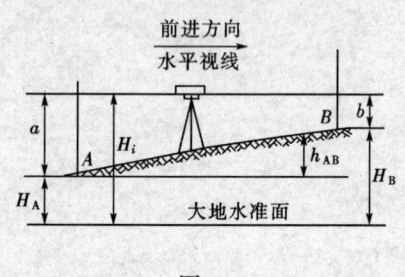

图 2.1

如图2.1中，已知A点高程H_A，欲求B点高程H_B。首先将水准仪安置在两点之间，在A，B两点上竖立水准尺。确定观测方向：已知点A为后视点，待定点B为前视点。后视点上水准尺读数称为后视读数a，前视点上水准尺读数称为前视读数b。

则 B 点对 A 点的高差 $h_{AB} = a - b$ (2.1)

待求点 B 的高程 $H_B = H_A + h_{AB}$ (2.2)

式（2.2）利用高差推算高程的方法，称为高差法。

在地形测量和各种工程的施工测量中，安置一次仪器常常要求出若干个前视点的高程。这时，为了便于计算，可以先求出水准仪提供的水平视线的高程（简称视线高程H_i），再分别计算各待定点的高程。

视线高程 $H_i = H_A + a$ (2.3)

待求点高程 $H_B = H_i - b$ (2.4)

式（2.4）利用视线高程推算高程的方法，称为视线高程法。高差有正负之分。当$a > b$时，$h_{AB} > 0$，此时B点比A点高；反之，B点比A点低。若测定两点之间高差时，观测方向相反，则所测高差理论上数值相等，符号相反。即$h_{AB} = - h_{BA}$。

2.2 水准测量的仪器和工具

水准测量常用的仪器和工具有水准仪、水准尺和尺垫。

2.2.1 水准仪的类型

水准仪按其构造可分为微倾式水准仪，自动安平水准仪，数字水准仪，激光水准仪等。按其精度划分，可分为DS_{05}，DS_1，DS_3，DS_{10}，DS_{20}。其中D代表"大地测量"，S代表"水准仪"，05、1、3、10、20是指该仪器精度为每公里往返测高差中误差（mm）的大小。其型号及主要用途见表2.1。

表 2.1

水准仪型号	S_{05}	S_1	S_3	S_{10}	S_{20}
每公里往返测高差中误差	≤0.5mm	≤1mm	≤3mm	≤10mm	≤20mm
主要用途	国家一等水准测量及科学研究工作	国家二等水准测量及其他精密水准测量	国家三、四等水准及一般工程水准测量	一般工程水准测量	建筑和农田水准测量

2.2.2 微倾水准仪

微倾水准仪由望远镜、水准器、基座三部分构成。如图 2.2 是常用 DS₃ 型微倾水准仪。

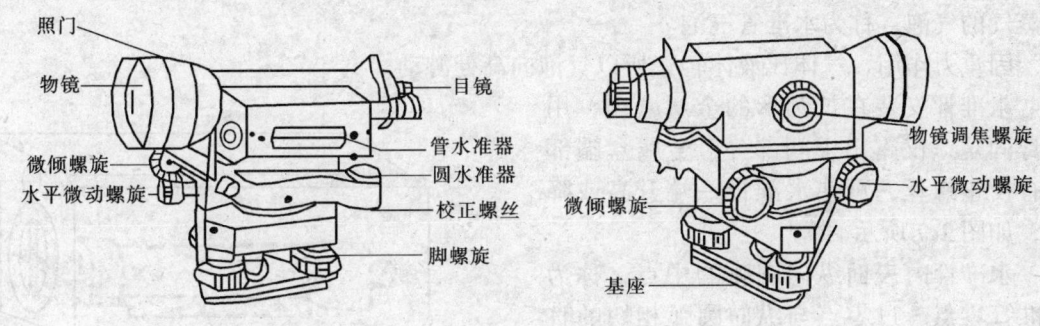

图 2.2

1. 望远镜的组成及成像原理

望远镜是提供水平视线和进行照准读数的设备。它主要由物镜、十字丝、目镜、对光透镜和对光螺旋等部分组成。望远镜的物镜、目镜、对光透镜都采用组合透镜。图 2.3 是 S₃ 型水准仪望远镜的构造剖面图。

观测时物镜对向目标，目标通过物镜后成一倒立实像。为瞄准目标，通过对光透镜

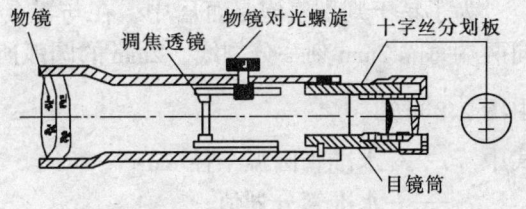

图 2.3

的前后移动，使目标 AB 的成像 A_1B_1 在十字丝分划板（图 2.4）上。物像 A_1B_1 已经很小，不可能用肉眼直接看见，所以在十字丝分划板后面装一目镜，观测者根据视力对目镜调焦，就可以看见 A_1B_1 的放大虚像 A_2B_2 了。若在倒立缩小实像后再加一凸透镜组，就可得到正像。

望远镜放大的虚像与用眼睛直接看到目标大小的比值叫望远镜放大率。普通水准仪放大率为 18～30 倍。

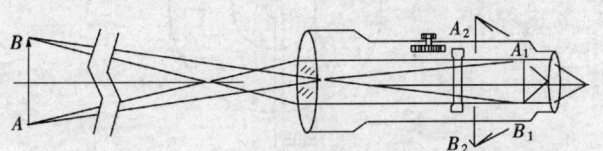

图 2.4

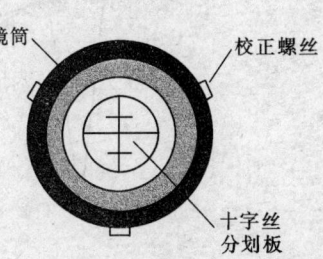

图 2.5

11

十字丝是用来精确地对准目标的。十字丝交点与物镜光心的连线，称为视准轴。当视准轴水平时则视线水平。

十字丝分划板装在十字丝环上，用三个或四个校正螺丝固定在望远镜镜筒（图 2.5）。分划板上刻有一根竖丝，三根横丝（分别称为上丝，中丝，下丝）。上，下丝为视距丝。

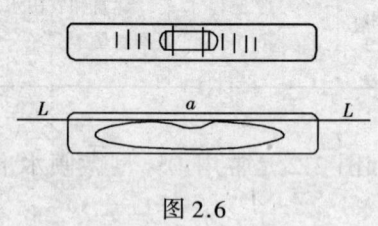

图 2.6

2. 水准器

（1）管水准器

管水准器简称水准管，如图 2.6 所示，为一圆柱形玻璃管，管内表面的纵向被研磨成具有一定半径的圆弧，管内充以乙醚和酒精的混合液，装满后加热，液体膨胀而溢出一部分后封口。冷却后，由于液体体积缩小，形成一充满蒸气的气泡，称为水准管气泡。

因重力作用，气体比液体轻，所以气泡向高处游动。

水准管安装在长圆形的金属盒内，用石膏固定，仅露出中间部分，金属盒端部装有校正螺丝，可使水准管一端升高或降低，如图 2.7 所示。

水准管内表面纵向圆弧的中点，称为水准管零点。过零点与纵向圆弧相切的直线，叫水准管轴，如图 2.6 中 L-L。当气泡中心 M 与零点重合时，为气泡居中，此时

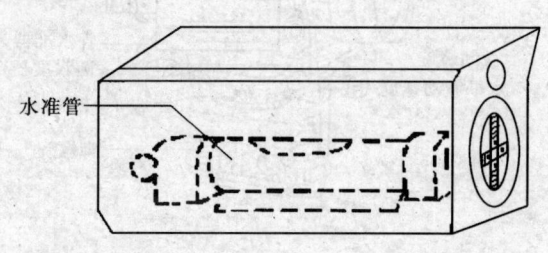

图 2.7

L-L 处于水平状态。若气泡中心偏离零点到 0 时，表明 L-L 由水平位置倾斜一个 α 角度。

为了易于判别气泡是否居中，在与零点等距的两端，刻有两根较长的分划线，再由此向两端每隔 2mm 刻一分划线。2mm 的圆弧所对的圆心角，称为水准管分划值以 τ 表示。

由图 2.8 可知

$$\tau = \frac{2}{r} \cdot \rho''$$　　　　　　　(2.5)

式中　　r——水准管圆弧半径 mm；

τ——水准管分划值；

$\rho'' = 206265''$。

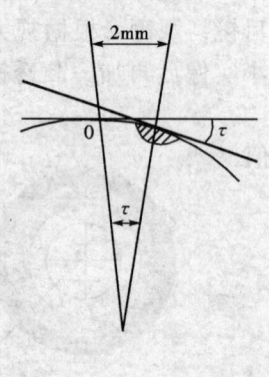

图 2.8

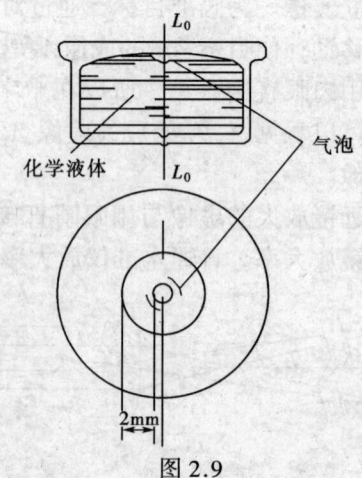

图 2.9

由此可知，水准管分划值 τ 与圆弧半径（r）成反比，半径愈大，τ 值愈小。

S_3 型水准仪的 τ 值是 20″/2mm。τ 也称为水准器的灵敏度，其值愈小，灵敏度愈高。

（2）圆水准器

圆水准器又叫水准盒。如图 2.9 所示。

圆水准器顶面内壁是球面，球面中央刻有小圆圈。圆圈的中点即是圆水准器的零点。过零点的法线即圆水准器的轴线，常以 L_0-L_0 表示。气泡居中，L_0-L_0 处于铅直状态。

由于圆水准器分划值一般为 8′~10′/2mm，所以其灵敏度低。

（3）符合水准器

为了提高判定气泡居中的准确度和提高工作效率，微倾式水准仪都采用符合棱镜水准器（简称符合水准器），如图 2.10（a）所示。在水准管的上方有一组棱镜，通过棱镜将气泡两端 1/4 弧的影像折射到一起。当气泡居中时，两端 1/4 弧的影像符合到一起形成圆弧，如图 2.10（b），气泡不居中时，影像错开。通过调节微倾螺旋使气泡完全符合。

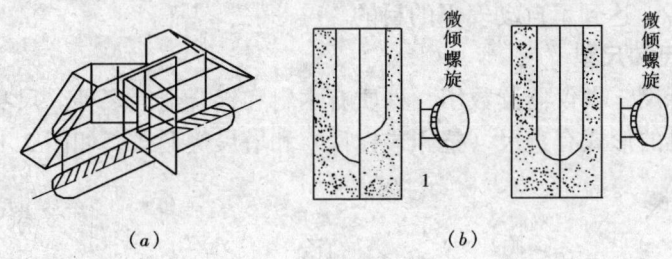

图 2.10

3．基座

基座部分主要由轴座、脚螺旋和联结板组成，起到能支承仪器上部和与三角架的连接作用。旋转脚螺旋，可使水准器气泡居中，竖轴处于铅直状态。

2.2.3 自动安平水准仪

自动安平水准仪的特点是没有管水准器和微倾螺旋。在粗略整平后，即在圆水准器气泡居中的条件下，利用仪器内部的自动安平补偿器，就能获得水平视线。从而省略了精平过程，提高了观测速度。自动安平补偿器的种类很多，常用的如图 2.11。

1．DZS_3 型自动安平水准仪

DZS_3 型自动安平水准仪采用悬吊棱镜组借助重力作用达到视线自动补偿的目的。如图 2.11 为该类结构示意图，其中补偿器由一套安装在调焦透镜和十字丝分划板之间的棱镜组组成。屋脊棱镜固定在望远镜筒上、下方用交叉的金属丝悬吊着

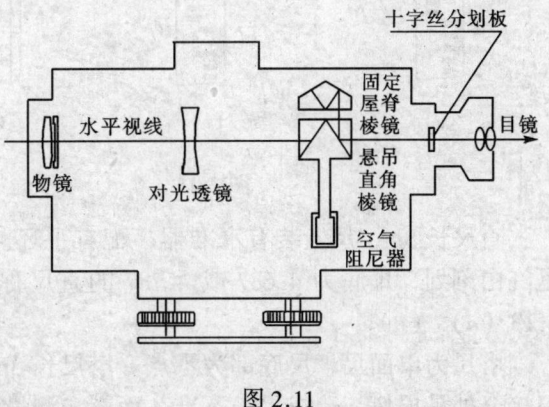

图 2.11

两个直角棱镜，悬挂的棱镜在重力的作用下能与望远镜作相对的偏转。棱镜下方还设置了空气阻尼器，以保证悬挂的棱镜尽快地停止摆动。

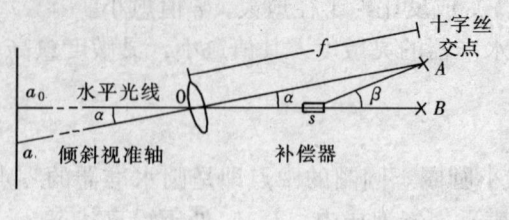

图 2.12

2. 自动安平水准仪的基本原理

如图 2.12。视准轴水平时十字丝交点在 B 处，读到水平视线读数为 a_0。当视准轴倾斜了一个 α 角，十字丝交点从 B 移到 A 处，显然 $AB = f \cdot \alpha$（f 为物镜等效焦距），这时从 A 读到的数 a 不是水平视线的读数。为了在视准轴倾斜时，仍能在十字丝交点读到 a，在光路中装置一个"补偿器"，使读数为 a_0 的水平光线通过补偿器偏转一个 β 角恰好通过倾斜视准轴十字丝交点 A。这时 $AB = S \cdot \beta$（S 为补偿器到十字丝交点 A 的距离）。因此补偿器必须满足的条件

$$\beta = f/S \times \alpha \qquad (2.6)$$

这样即使视准轴存在一定的倾斜（倾斜角限差为 $10'$），也能通过十字丝交点 A 读到视线水平时读数 a_0，达到了自动安平的目的。

2.2.4 水准尺和尺垫

水准尺简称标尺，供仪器读数用，材质有木料和铝合金等多种。尺身要求顺直，刻划准确、清晰。常见的形式有直尺（整体式标尺）和塔尺等形式，如图 2.13 所示。

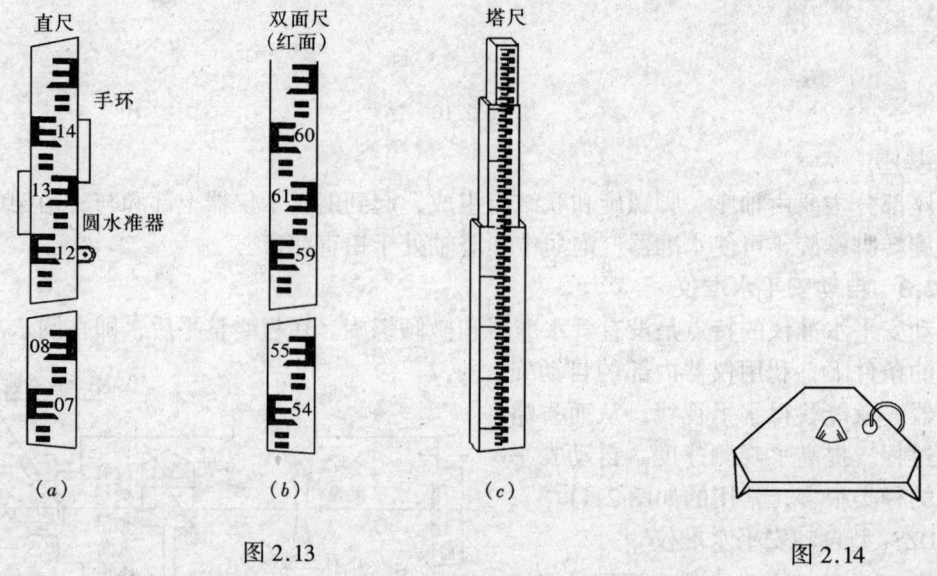

图 2.13   图 2.14

直尺长 3m，尺上装有水准器，配有手环。尺的一面是黑白刻划，尺底为零，另一面是红白刻划，尺底为 4.687 或 4.787 的直尺称作双面尺。观测时双面尺成对使用。如图 2.13（a），（b）。

塔尺为单面尺，尺底部为零点。塔尺长 3m 及 5m 等，由几段尺套插而成，携带方便，但接合处易损坏，造成尺长不准，而影响测量精度。尺的刻划是红白格或黑白格相间，每一格 1cm 或 0.5cm。注字有正字和倒字两种，超过 1m 的加注圆点或菱形点。点数代表米数，如图 2.13（c）所示。也有用数字表示米数和分米数的。

尺垫分地钉和尺台两种型式，其一般形式如图 2.14 所示，用铁铸成。不同等级的水

准测量，规定用不同的尺垫。使用时把它牢固地踏在地面上，在其突起的顶部立水准尺。

2.3 水准仪的使用

2.3.1 微倾水准仪的安置与使用

1. 安置仪器

首先将仪器箱平放在地上，松开三脚架螺旋，将三脚架伸至适当高度，拧紧螺旋。打开三脚架，架头大致水平。开箱，认清仪器在箱中放置的位置。双手握住仪器，取出，安放在架头上，旋紧连接螺旋。在斜坡上安置仪器时，一个架腿要放在上坡方向，另两个架腿放在下坡方向。

2. 粗平

(1) 圆气泡大致居中

固定两个架腿，移动一条架腿使圆气泡大致居中（如图2.15），气泡随架腿的移动方向而运动。

(2) 圆气泡居中

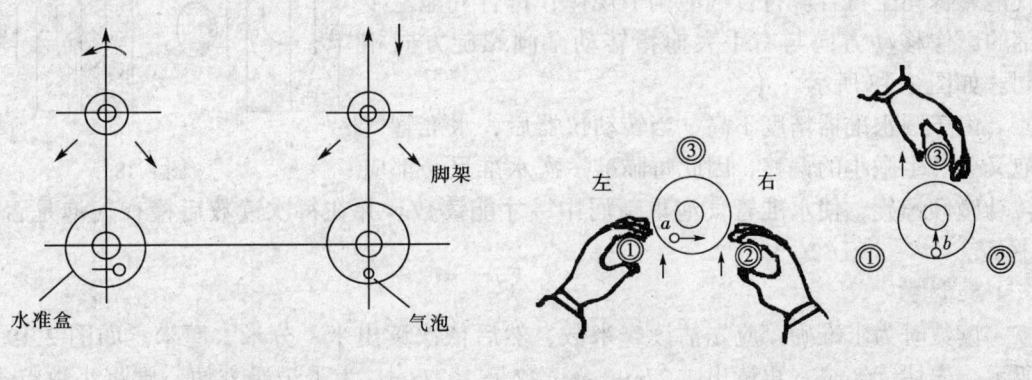

图 2.15　　　　　　　　　　　　　图 2.16

如图2.16所示。相对旋转①、②脚螺旋，使圆气泡移到过圆水准器中心并垂直于①、②的连线上，如图所示气泡由 $a \rightarrow b$，再旋转脚螺旋③，使气泡居中。

当两手同时旋转两个脚螺旋时，应等速相对转动，这样气泡会迅速沿平行于两个脚螺旋的方向移动。利用脚螺旋使圆水准气泡居中的规律：气泡移动的方向与左手大拇指转动脚螺旋的方向一致。

3. 照准目标

(1) 目镜调焦：将望远镜对向背景较亮处（如白墙，远处天空），转动目镜对光螺旋，使十字丝清晰。

(2) 瞄准：利用望远镜筒上的照门和准星对准目标，拧紧水平制动螺旋，固定仪器。转动物镜对光螺旋看清标尺或标尺附近景物。旋转水平微动螺旋，将仪器在水平方向微动直至十字丝竖丝对准水准尺。

(3) 准确对光，消除视差

当物体成像在十字丝分划板上时，视像应最清晰，如图2.17（a）。如果物像未落在

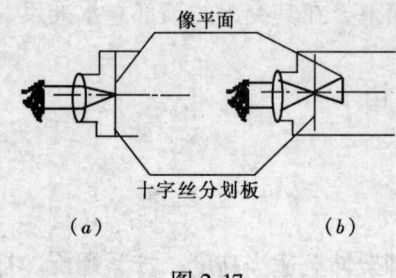

像平面

十字丝分划板

（a）　　　　　　　　　（b）

图 2.17

十字丝平面上，如图 2.17（b）所示。眼睛在目镜前上下移动时，十字丝交点不可能瞄准某一固定位置，此时观测者感到十字丝在尺像上上下移动，这种现象称为视差。

视差是由于物像平面与十字丝平面不重合而产生的。由成像原理可知消除视差的方法：重新转动物镜对光螺旋，使物像成像在十字丝平面上，自然就消除了视差。此时眼睛再在目镜前上下移动时，观测者看到十字丝在尺像上不动。

有时，在既可看到十字丝，尺像也最清晰（已调节物镜对光螺旋），但仍存在视差。出现这种情况是由于十字丝未调准确产生的，需微调目镜对光螺旋，使十字丝清晰，这时视差就消失了。

4. 精平

精平就是使望远镜视线精确地处于水平状态，确保提供的是水平视线。方法是转动微倾螺旋，使符合水准气泡影像完全符合。符合气泡调节规律：符合气泡左半部的影像移动方向与右手大拇指转动微倾螺旋方向相同。如图 2.18 所示。

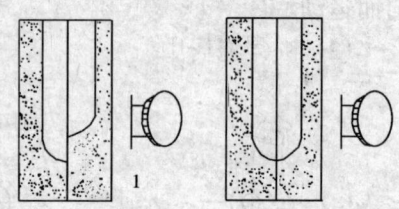

图 2.18

由于圆水准器精度不高，当转动仪器后，水准管气泡又会产生微小的偏移，因此每瞄准一次水准尺，都应转动微倾螺旋，使水准管气泡重新居中，才能读数。并在每次读数后检查气泡是否仍居中。

5. 读数

读数时为求准确，应先估读毫米数，然后依次读出米、分米、厘米。如图 2.19（a）所示，先估读 8mm，再读出 1.27m，全读数是 1.278m。为了记录方便，常将小数点省略，读为 1278，每次读够四个数码，如 0.393m 读为 0393。

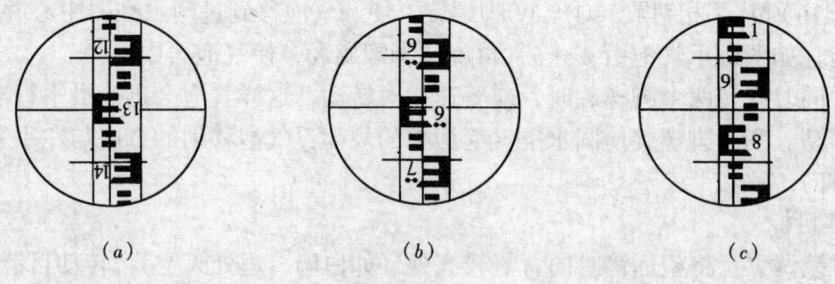

（a）　　　　　　　　（b）　　　　　　　　（c）

图 2.19

读数时无论成像是倒像还是正像，读数都要从小至大的读取，如图 2.19（b）应读 2566，（c）应读 0880。

2.3.2　自动安平水准仪的使用

自动安平水准仪的使用与微倾水准仪的基本操作大致相同，但要避开高压电线，铁矿等磁力异常区，且防止剧烈震动以免损坏。为确保水准装置工作正常，有的自动安平水准仪设有补偿器控制按钮，可采用两次按动按钮两次读数的方法进行校核，有的仪器设有警告指示窗，当窗内显示绿色，表明补偿器工作正常；当窗内一端出现红色，则表明整平精度不足，需重新整平。

2.4 水准测量的方法

2.4.1 水准点

从青岛水准原点出发，在全国各地埋设一系列永久性的稳固的标石，并用精密水准测量方法测定这些标石点的高程。这些具有国家统一高程的稳固点，称为水准点，常用"BM"表示。我国按一、二、三、四等不同精度的水准测量建立各级国家水准点。水准点的高程用水准测量方法从水准原点引出，逐级测定。由于各级水准点的用途及精度要求不同，因此对各级水准测量的路线布设、点的密度、使用仪器及具体操作在规范中都有相应的规定。

国家水准点的标志或标石一般如图 2.20 所示（a）、（b）、（c）所示的几种形式。

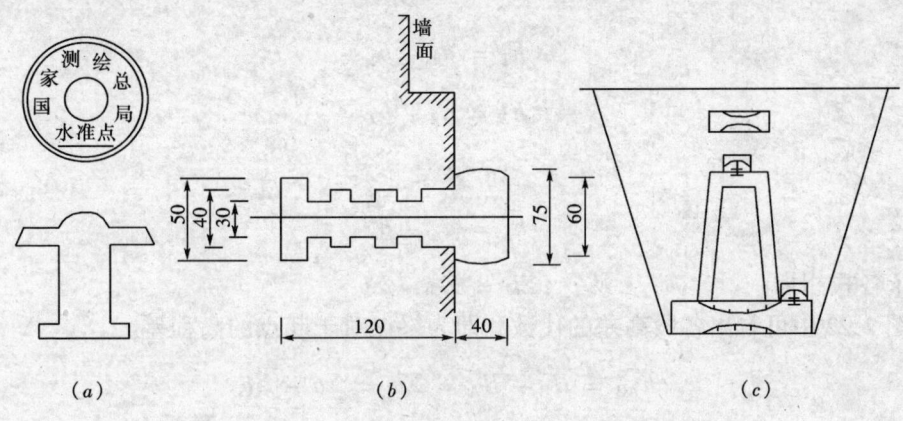

图 2.20
（a）金属水准标志；（b）墙上水准标志；（c）混凝土基本水准标石

为了进一步满足工程建设和地形测图的需要，以国家三、四等水准点为起始点，进行工程水准测量或图根水准测量，通常统称为普通水准测量（也称等外水准测量）。普通水准测量的精度较国家等级水准测量低，水准路线的布设及水准点的密度可根据具体工程和地形测图的要求而灵活设置，并根据需要可埋设临时水准点和永久性水准点，其式样如图 2.21 所示。除此之外，根据需要，还可在岩石、桥台或其他固定建筑物基础上设置水准点。

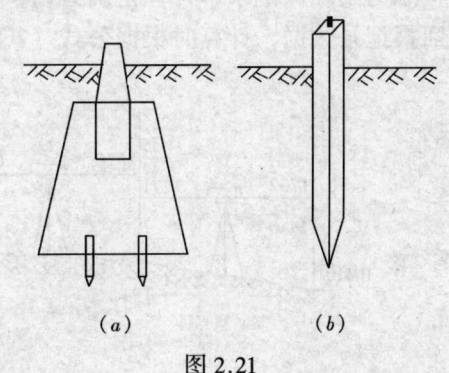

图 2.21

2.4.2 水准测量方法

当两点相距较远或高差较大时，安置一次仪器不可能测定其高差。此时必须在两点间设置转点，将线路分成若干段，完成施测任务。

转点是水准测量过程中的临时选定的立尺点，其上既有前视读数又有后视读数，起传递高程作用，用 TP 或 ZD 表示。转点的位置必须选在比较坚实而且便于观测的地方。施测中如地面比较松软，应该放尺垫，在踩实的尺垫上立尺，可防止转点下沉。

如图 2.22 所示，已知水准点 A 的高程，欲测定 B 点高程。在起、终点中间根据需要设置了四个转点，逐段安置仪器，测出各段高差：

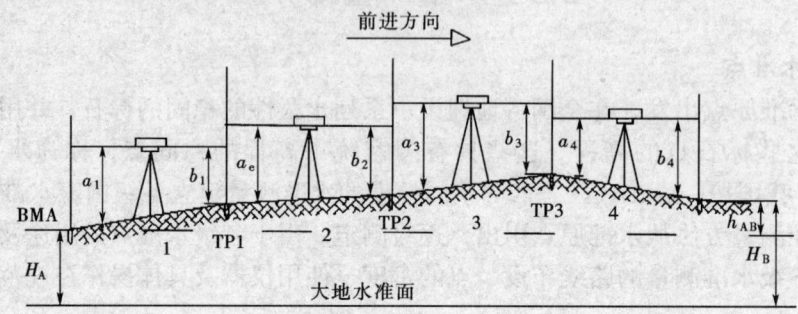

图 2.22

$$h_1 = a_1 - b_1$$

$$h_2 = a_2 - b_2$$

$$\cdots\cdots\cdots$$

$$h_n = a_n - b_n$$

以上各式相加： $\qquad\qquad \Sigma h = \Sigma a - \Sigma b$ （2.7）

从图 2.22 中可看出各段高差的代数和即为终点对于起点的高程差。

$$h_{AB} = H_B - H_A = \Sigma h = \Sigma a - \Sigma b \qquad\qquad (2.8)$$

公式（2.8）就是重要的三项相等关系式，是用来检查、校核水准测量计算的重要公式。

2.4.3 水准测量记录和计算

将图 2.23 为水准测量的外业观测数据，计入表格，并计算。

为了确保记录，计算正确无误，测量工作遵循边工作边检核的原则。记录时记录员应回报记录数据，计算时根据公式（2.8）进行计算检校。

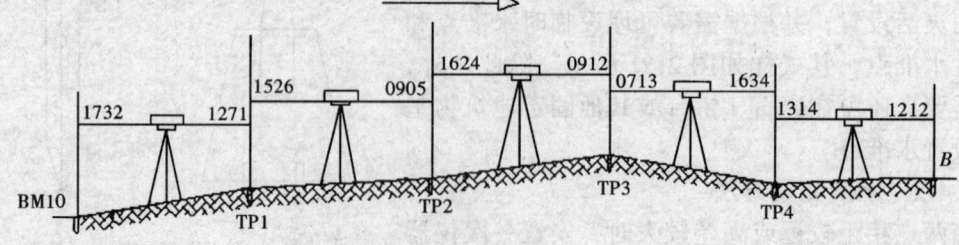

图 2.23

仪器型号：___DS_3___   天气：___晴___

观测者：_____   记录者：_____

表 2.2

点号	后视读数 m	前视读数 m	高差（m）		高程（m）	备 注
			+	−		
BM$_{10}$	1732				40.093	已知
			0461			
TP$_1$	1526	1271			40.554	
			0621			
TP$_2$	1624	0905			41.175	
			0712			
TP$_3$	0713	0912			41.887	
				0921		
TP$_4$	1314	1634			40.966	
			0102			
B		1212			41.068	
校核	Σa 6909	Σb5934	1896	0921	41.068	
	Σb 5934		0921		40.093	
计算	0975		0975		0.975	

2.4.4 测站校核方法

在测量中安置仪器的位置称为测站，安置一次仪器为一个测站。测站校核是检查在每个测站上所测得的高差是否符合精度要求。校核方法如下：

1．改变仪器高法

在一个测站上，观测后视和前视，求得第一次高差 $h_1 = a_1 - b_1$，改变仪器高度 10cm以上，重复观测一次，得第二次高差 $h_2 = a_2 - b_2$

从理论上来讲 $h_1 = h_2$

实际上，两次所求的高差，总是存在误差。当 $|h_1 - h_2| \leqslant 5mm$，则认为观测结果符合精度要求，取两次观测高差的平均值作为最终结果；如 $|h_1 - h_2| > 5mm$ 则超限，必须重测高差。

2．双面尺法

利用一台水准仪观测双面尺黑面与红面的读数，分别计算黑面尺和红面尺读数的高差，黑面 $h_黑 = a_黑 - b_黑$ 红面 $h_红 = a_红 - b_红 \pm 0.1$

当 $|h_1 - h_2| \leqslant 5mm$，则认为观测结果符合精度要求，取两次观测高差的平均值作为最终结果；如 $|h_1 - h_2| > 5mm$ 则超限，必须重测高差。

2.5   水准测量的主要误差及其注意事项

2.5.1 水准测量的主要误差

水准测量的误差包括仪器误差、观测误差和外界条件的影响三个方面。在水准测量作业时，应根据产生误差的原因，采取相应措施，以消除或减弱其影响。

1．仪器误差

（1）水准管轴与视准轴不平行

在水准管轴与视准轴不平行的情况下，当水准管气泡居中，水准管轴水平时，视准轴仍处于倾斜位置，与水准管轴形成 i 角，致使前、后视读数产生误差。误差的大小与水准仪至水准尺的距离成正比。当 i 角 $\leqslant 20''$ 时，不需校正。i 角 $> 20''$，需校正仪器。水准仪虽然经过检验校正，但仍会有残余误差。这种误差，只要在观测时使前、后视线长度相等，就可抵消 i 角产生的误差对高差的影响。

（2）水准尺误差

水准尺分划不准确、尺长变化、尺身弯曲及尺底的零点差都会直接影响水准测量的精度。当水准测量的精度要求较高时，应将标尺与经过检验尺（通常用一级线纹米尺作为检验尺）进行比较，并在测量的成果中加以修正。水准尺每米真长的误差往往与高差的大小成正比，而与视线的长度无关。在普通水准测量中，只要采用偶数站并将两标尺交替放置，就可以使误差消除或减弱。

2. 观测误差

（1）水准管气泡居中误差

水准测量中，视线的水平是以气泡居中为根据的。由于气泡居中存在误差，致使视线偏离水平位置，从而带来读数误差。观测时应使用微倾螺旋使符合气泡两个半像严格重合。

（2）读数误差

水准尺的估读误差与望远镜放大率、人眼的分辨能力及视线长度有关。在作业中，应遵循不同等级的水准测量，对望远镜放大率和最大视线长度的规定，以保证估读精度。

（3）视差的影响

水准测量中，视差会给观测结果带来较大的误差。因此，观测前必须反复调节目镜和物镜对光螺旋，使尺像与十字丝平面重合。

（4）水准尺倾斜的影响

在测量时，由于水准尺扶得不直而引起的误差大小与读数大小成正比、随倾斜角的增加而增大。因此在地面坡度较大时，标尺更要严格扶直。

3. 外界条件的影响

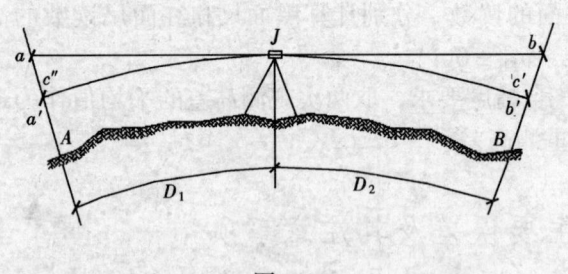

图 2.24

（1）地球曲率的影响

如图 2.24 所示，用水平视线代替大地水准面在尺上读数产生的误差为 C，则

$$C = \frac{D^2}{2R} \qquad (2.9)$$

式中　D——仪器到水准尺的距离

　　　R——地球的平均半径为 6371km

（2）大气折光及地球曲率的影响

由物理学可知，光线通过密度不同的媒质时会发生折射，且总是由疏折向密。尽管水准仪提供了一条水平视线，但地面上的空气上疏下密，视线通过时发生连续折射，成为一条弯的曲线，如图 2.25。曲线的曲率半径约为地球半径的 7 倍，其折光量的大小对水准尺读数产生的影响

$$r = \frac{D^2}{2 \times 7R} \tag{2.10}$$

大气折光与地球曲率共同产生的影响为

$$f = C - r = \frac{D^2}{2R} - \frac{D^2}{14R} = 0.43 \frac{D^2}{R} \tag{2.11}$$

如果使前，后视距相等，地球曲率和大气折光的影响将得到消除或大减弱。但是近地面（1.5m以下）的大气折光变化十分复杂，有时视线是向上弯曲，有时是向下弯曲，如图2.25。大气折光的影响在同一测站的后视、前视中就可能发生变化，所以

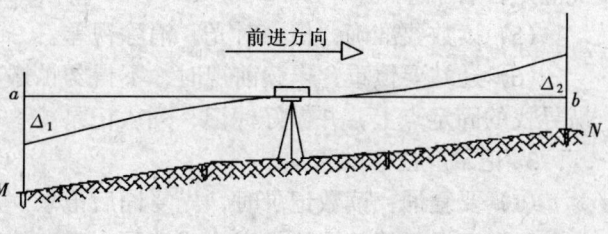

图 2.25

即使保持前、后视等距，大气折光误差也不能完全消除。观测时，应限制视线的长度，同时使视线离地面尽可能高些以减弱折光变化的影响。

（3）仪器脚架或尺垫下沉的影响

在观测时，读完后视读数而尚未读取前视读数时，因土质松软而三脚架下沉，这时前视读数减小，从而使测得的高差增大；同样，如果在迁站过程中转点的尺垫下沉，则下一测站的后视读数就会增大，那么测得的高差也会增大。仪器脚架下沉或转点标尺尺垫下沉的误差会随着测站数的增加而积累。为了减少这类误差的影响，应选择土质坚硬的地面安置仪器和设置安放尺垫的转点，且要踩紧脚架，踏实尺垫，并防止碰动。同时由于这类误差在一定程度上与观测延时的长短成正比，因此观测时，由后视读数转至前视读数的时间要尽量缩短。迁站时动作要迅速，以减弱其影响。

（4）温度影响

温度的变化不仅引起大气折光的变化，而且当烈日直射仪器时，会使仪器各部分的光学透镜及金属部件因温度的急剧变化而发生变形，致使测量成果受到影响。尤其是水准管受到烈日直晒时，水准管本身和管内液体温度升高，气泡向着温度高的方向移动，而影响仪器水平，产生气泡居中误差。因此进行水准测量观测时，要用伞遮住仪器避免烈日直接照射。

2.5.2 水准测量时应注意的事项

1. 扶尺应注意的事项：

（1）尺子要检查：测量前检查标尺，刻划是否准，塔尺衔接处是否严密，尺底和尺垫顶不要有泥土。

（2）转点要牢靠：转点最好用尺垫。如在硬化的地面上（如水泥、片石路肩）或多石地区，也可不用尺垫，但转点要在坚实稳固而有凸棱的地点。

（3）扶尺要直立：标尺的横向倾斜由观测者纠正，若有前后倾斜则不易发现，造成读数偏大。尺上有水准器时，可使气泡居中。

（4）消除尺的零点误差：由于标尺的零点位置不准，为了消除其影响，在同一测段内要用同一尺，或设置偶数站。

2. 观测应注意的事项：

（1）仪器要检校：测量前要把仪器校正好，使各轴线间满足应有的几何条件。

（2）仪器要安稳：中心螺旋连接要稳妥可靠，观测时不得扶压和骑跨脚架。

（3）前后视距要等长：可消除 i 角误差以及地球曲率，大气折光的影响。

（4）视线要水平：读数前观察符合水准器泡居中后方可读数，读数后检查符合水准器气泡是否居中。

（5）读数要准确：精心对光，消除视差。

（6）迁站要慎重：未读前视时，不得匆忙搬动仪器；中途停测时，应将前视点选在容易寻找的固定点上，并做好标记，列入记录。

3．记录应注意的事项：

（1）要复诵：读数记录时，先复诵后记录。

（2）记录要清楚：按规定格式填写，字迹清晰端正。

（3）要原始记录：用铅笔当场填写在记录簿中，不得誊抄，不得用橡皮擦改。记录错误应在错字处划一横线，将正确数字写在上方。同一记录划改不得超过两次，且不容许连环涂改（即改后视又改前视）。

（4）计算要复核：记录者及时根据读数算出高差，记入记录簿并作计算的验算，再由另一人复核。

2.6 水准测量成果计算

2.6.1 水准路线

水准测量进行的路线，称为水准路线。在水准测量中，为了避免观测、记录和计算中出现人为粗差，并保证测量成果能达到一定的精度要求，必须布设一定形式的水准路线。利用多余观测条件来检核所测成果的正确性。在一般的工程测量中，水准路线主要布设形式有以下三种：

1．附合水准路线

如图 2.26 所示，从高级水准点 BM.A 开始，沿待定高程点 1、2、3 诸点进行水准测量，最后附合到另一个高级水准点 BM.B 所构成的水准路线，称为附合水准路线。从理论上说，附合水准路线上各点间高差的代数和，应等于两个高级水准点间的已知高差。

图 2.26

2．闭合水准路线

如图 2.27 所示，从水准点 BM.A 出发，沿待定高程点 1、2、3、4 诸点进行水准测量，最后回到水准点 BM.A 的环形路线，称为闭合水准路线。从理论上讲，路线上各点之间的高差代数和应等于零。

3．支水准路线

如图 2.27 中，从已知水准点 3 出发，沿待定高程点 3-1 进行水准测量，这样既不闭合又不附合的水准路线，称为支水准路线。支水准路线要进行往、返观测，以资检核。

图 2.27

2.6.2 水准路线成果计算

水准测量成果计算时，先检查野外观测记录手簿，再计算各点间高差。经检核无误，根据精度要求调整闭合差，最后计算各点的高程。

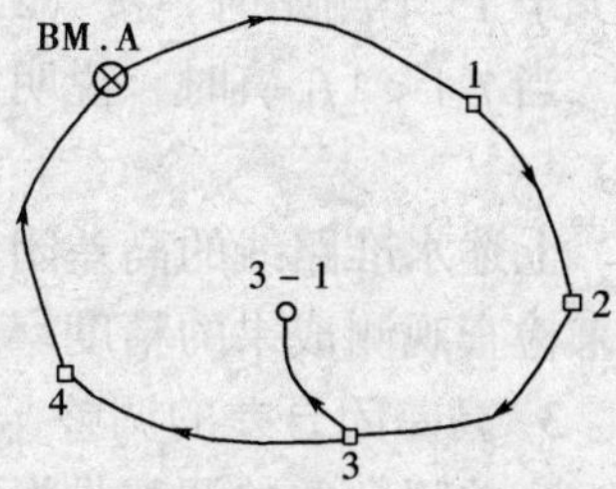

1. 高差闭合差的计算

$$闭合差 f = 观测值 - 理论值（或已知值）$$

（1）附合水准路线

附合水准路线的高差在理论上应满足：

$$\Sigma h_理 = H_终 - H_始 \tag{2.12}$$

$H_终$ 和 $H_始$ 是高级水准点的较精确高程，其误差对低一级的水准测量来说可以忽略不计。所以计算闭合差时不考虑其误差的影响。

在实际测量中存在多种因素产生的误差，因而实测高差与理论值 Σh 并不符合，即产生高差闭合差

$$f_h = \Sigma h_测 - (H_终 - H_始) \tag{2.13}$$

式中　f_h——高差闭合差；

$\Sigma h_测$——附合水准路线两端水准点高差的实测值。

（2）闭合水准路线

闭合水准路线的高差理论值为

$$\Sigma h_理 = 0 \tag{2.14}$$

而实测高差之和多不为零，即产生高差闭合差：

$$f_h = \Sigma h_测 \tag{2.15}$$

（3）支水准路线对于支水准路线往返测所得高差，理论上应是绝对值相等符号相反，所以其闭合差即是，

$$f_h = \Sigma h_往 + \Sigma h_返 \tag{2.16}$$

2. 高差闭合差容许值的计算

对于图根水准测量，考虑各种误差的影响，现行《工程测量规范》规定，在每个测站上的容许误差为 ±12mm，如在水准路线上观测个 n 测站，则该水准路线的容许闭合差为

$$f_{h容} = \pm 12 \sqrt{n} \quad mm \tag{2.17}$$

当已知水准路线长度时，图根水准测量每公里往返测高差较差的容许误差为 ±40mm，则水准路线长 L 千米的容许闭合差为

$$f_{h容} = \pm 40 \sqrt{L} \quad mm \tag{2.18}$$

式中　L——单程水准路线长度，以公里计。

当地面坡度较大，每公里超过 15 个测站时，则容许闭合差按（2.17）式计算；每公

里少于 15 个测站时，按（2.18）式计算。

当 $f_h | < |f_{h容}|$ 时，说明符合精度要求，观测成果合格；否则，不符合精度要求，需重测。

上述水准路线的高差闭合差和闭合差的容许值的计算，在外业工作现场必须进行，以用来检查观测成果的精度。

3. 高差闭合差的调整

高差闭合差的调整是根据对同一条水准路线进行的等精度观测（即各测站或每千米产生的误差相等）的假设进行计算。因此，闭合差的调整原则是将闭合差以反号按测站数或距离成比例分配于各测站。

（1）按测站数分配

$$V_i = -\left(\frac{f_h}{N}\right) \times n_i \tag{2.19}$$

式中　V_i——第 i 测段的高差改正数；

　　　　N——水准路线的总测站数；

　　　　n_i——第 i 测段的测站数。

（2）按距离分配

$$V_i = -\left(\frac{f_h}{D}\right) \times d_i \tag{2.20}$$

式中　D——水准路线的总长；

　　　　d_i——第 i 测段的长度。

计算检核

$$\Sigma V = -f_h \tag{2.21}$$

若改正数算出后，由于存在进位、舍位，使改正数之和与闭合差的绝对值不相等，必须加以适当调整，必须满足式（2.21）。

4. 计算改正高差和待定点高程

改正高差　　　　　　$h'_i = h_i + V_i$ 　　　　　　　(2.22)

计算检核　　　　　　$\Sigma h'_i = \Sigma h_{理}$

待定点高程　　　　　$H_{i+1} = H_i + h'_i$ 　　　　　(2.23)

计算检核　$H_{终} = H_{终理}$

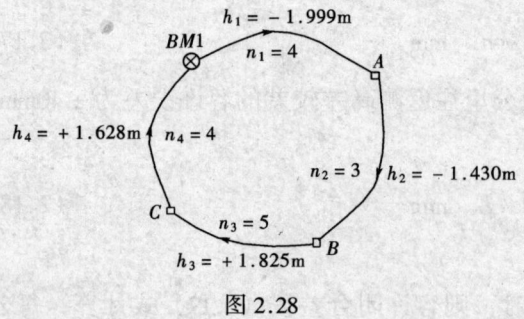

图 2.28

【例 5.1】　　如图所示布设一条闭合水准路线，列表计算各点高程。

【解】　（1）高差闭合差的计算

$$f_h = \Sigma h_{测} = +0.024m = +24mm$$

（2）容许闭合差的计算

$$f_{h容} = \pm 12\sqrt{n} = \pm 12\sqrt{16} = \pm 48mm$$

24

$|f_h| < |f_{h容}|$，外业测量数据符合精度要求。

（3）改正数的计算

$$每个测站的改正数 = -\frac{f_h}{N} = -\frac{24}{16} = -1.5\text{mm}$$

$$\Delta V_1 = -1.5 \times 4 = -6\text{mm}$$

$$\Delta V_2 = -1.5 \times 3 = -4.5\text{mm}, 取 -4\text{mm}$$

$$\Delta V_3 = -1.5 \times 5 = -7.5\text{mm}, 取 -8\text{mm}$$

$$\Delta V_4 = -1.5 \times 4 = -6\text{mm}$$

检核：　　$$\Sigma\Delta V = (-6) + (-4) + (-8) + (-6) = -24\text{mm}$$

（4）求改正高差

$$h_{1改} = (-1.999) + (-0.006) = -2.005\text{m}$$

$$h_{2改} = (-1.430) + (-0.004) = -1.434\text{m}$$

$$h_{3改} = (+1.825) + (-0.008) = +1.817\text{m}$$

$$h_{4改} = (+1.628) + (-0.006) = +1.622\text{m}$$

检核：　　$$\Sigma h = (-2.005) + (-1.434) + (+1.817) + (+1.622) = 0$$

（5）计算高程

$$H_A = 57.141 - 2.005 = 55.136\text{m}$$

$$H_B = 55.136 - 1.434 = 53.702\text{m}$$

$$H_C = 53.702 + 1.817 = 55.519\text{m}$$

$$BM1 = 55.519 + 1.622 = 57.141\text{m} \quad 检核无误$$

闭合水准路线成果计算表　　　　　　　　　　　　　表 2.3

点号	测站数	高差（m）	改正数（mm）	改正高差（m）	高程（m）	备注
BM1	4	-1.999	-6	-2.005	57.141	
A	3	-1.430	-4	-1.434	55.136	
B	5	+1.825	-8	+1.817	53.702	BM1 的高
C	4	+1.628	-6	+1.622	55.519	程为已知
BM1					57.141	
Σ	16	+0.024	-24	0	0	

【例 5.2】　下图为一附和水准路线，数据如图所示，计算见表 2.4

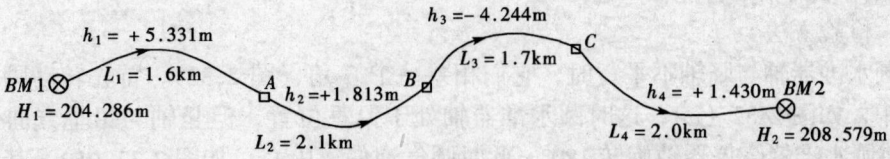

图 2.29

附合水准路线成果计算表　　　　　　　　　　　　　　　表 2.4

点号	距离 （km）	高差 （m）	改正数 （mm）	改正高差 （m）	高程 （m）	备　注
BM1	1.6	+5.331	-8	+5.323	<u>204.286</u>	BM1
A	2.1	+1.813	-11	+1.802	209.609	A
B	1.7	-4.244	-8	-4.252	211.411	B
C	2.0	+1.430	-10	+1.420	207.159	C
BM2					<u>208.579</u>	BM2
Σ	7.4	+4.330	-37	+4.293	+4.293	
辅助 计算						

$f_{h} = \Sigma h_{测} - (H_{终} - H_{始}) = 4.330 - 4.293 = +37 \text{mm}$

$f_{h容} = \pm 40\sqrt{L} = \pm 40\sqrt{7.4} = \pm 109 \text{mm}$

因为 $|f_{h}| < |f_{h容}|$ 则外业测量数据符合精度要求。

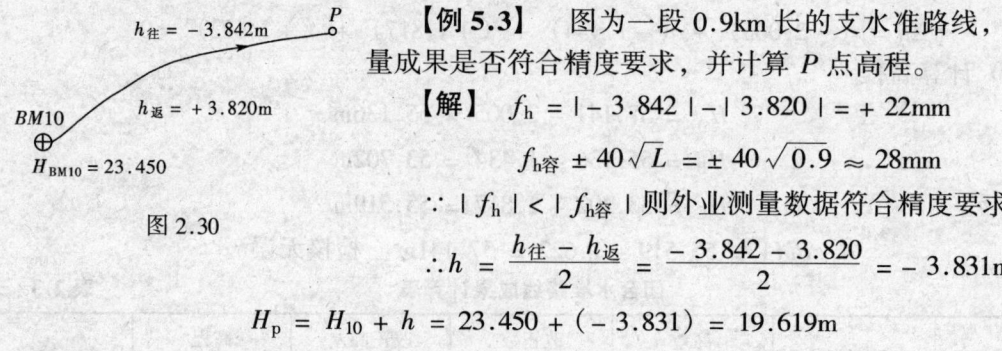

图 2.30

【例 5.3】　　图为一段 0.9km 长的支水准路线，判断测量成果是否符合精度要求，并计算 P 点高程。

【解】　$f_{h} = |-3.842| - |3.820| = +22 \text{mm}$

$$f_{h容} \pm 40\sqrt{L} = \pm 40\sqrt{0.9} \approx 28 \text{mm}$$

$\because |f_{h}| < |f_{h容}|$ 则外业测量数据符合精度要求

$$\therefore h = \frac{h_{往} - h_{返}}{2} = \frac{-3.842 - 3.820}{2} = -3.831 \text{m}$$

$$H_{p} = H_{10} + h = 23.450 + (-3.831) = 19.619 \text{m}$$

2.7　水准仪的检验与校正

水准仪经长期使用或长途运输后，仪器各部件相对位置可能发生变化，为保证测量成果的正确性，必须对水准仪进行定期检验。

2.7.1　微倾水准仪的检验与校正

根据水准测量原理，水准仪必须提供一条水平视线，才能正确地测出两点间的高差。为此，微倾水准仪应满足的主要条件是：

（1）圆水准器轴平行于竖轴；

（2）十字丝横丝垂直于竖轴；

（3）水准管轴平行于视准轴。

1.圆水准器轴平行竖轴

（1）检验方法

当圆水准器轴与竖轴不平行时，它们相差一个 δ 角（图 2.32）。首先转动脚螺旋使圆气泡居中，如图 2.32（a），这时圆水准器轴处于铅垂位置，但竖轴与铅垂方向偏离一个 δ 角。将圆水准器绕仪器轴旋转 180°，此时圆气泡偏离中心，如图 2-32（b），其偏离的值为 2δ。

26

（2）校正方法

先用脚螺旋使气泡向中心方向移回一半，如图2.32（c），其余如图2.33所示，先松开固定螺钉再用校正针拨动圆水准器的校正螺丝移回另一半，使气泡居中。如图2.32（d）。这种检验校正，需重复进行数次，直至仪器竖轴旋转到任何位置气泡都居中为止。

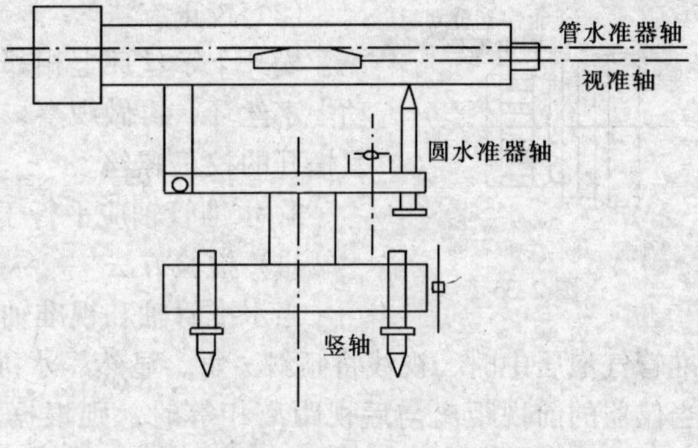

2．十字丝横丝垂直于竖轴

（1）检验方法

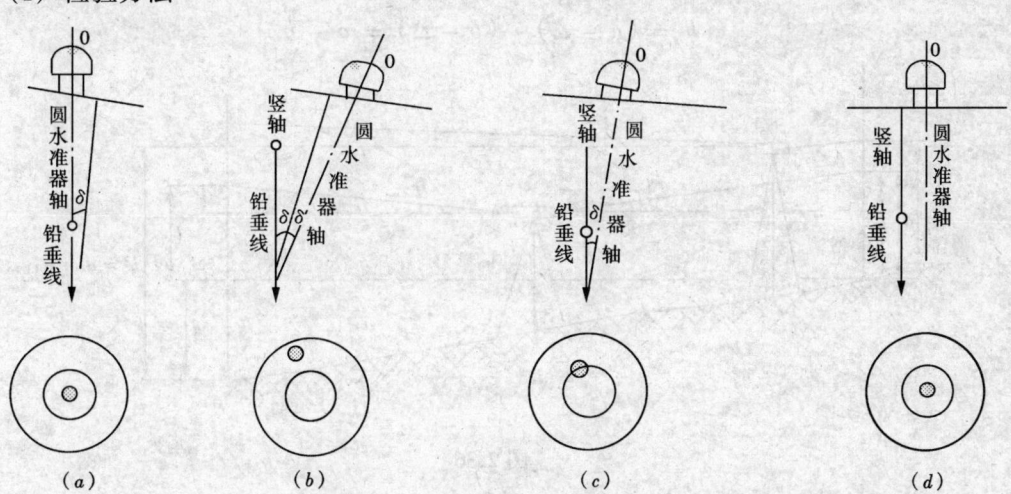

图2.31

（a）　　　（b）　　　（c）　　　（d）

图2.32

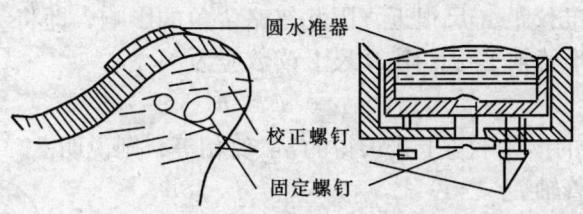

圆水准器

校正螺钉

固定螺钉

图2.33

整平仪器后，瞄准墙上一固定点 M，拧紧水平制动螺旋，转动水平微动螺旋，如 M 点始终在十字丝横丝上移动，则说明十字丝横丝垂直于竖轴。若 M 点偏移十字丝横丝如图2.34（d），则十字丝横丝不垂直于竖轴，必须进行校正。

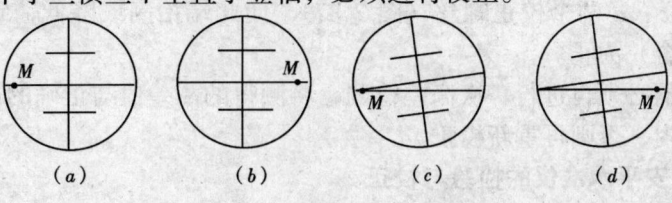

（a）　　　（b）　　　（c）　　　（d）

图2.34

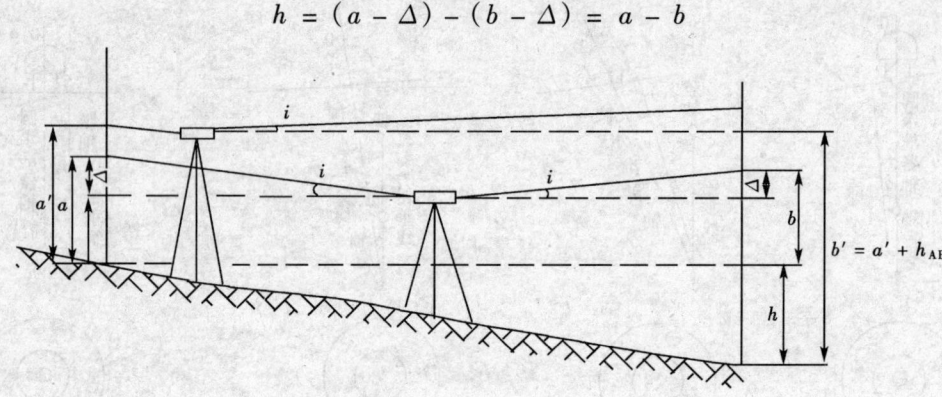

十字丝分划板
固定螺丝

图 2.35

（2）校正方法

松开十字丝环上相邻的两个校正螺丝 a、b，（图 2.35）微微转动十字丝环，再做观察，直至横丝不离开墙上固定点为止，最后拧紧松开的校正螺丝。

3．水准管轴应平行于视准轴

（1）检验方法

当水准管轴和视准轴不平行时，它们之间形成一个 i 角。当水准管气泡居中时，视线将倾斜 i 角。显然，水准尺离水准仪距离越远，读数误差也越大。当仪器的前视距离与后视距离相等时，则根据后视读数减前视读数求得高差不受影响，（图 2.36），因为

$$h = (a - \Delta) - (b - \Delta) = a - b$$

图 2.36

为此，在平坦地面上选择 A、B 两点（$AB \approx 80$ 米），安置仪器于 AB 中点，测出 A、B 两点间的正确高差 h。然后将仪器搬到距离 A 点 $2 \sim 3$ 米处，当气泡居中时读取 A 尺读数为 a'，这时由于水准仪距 A 尺很近，因此忽略 i 角的影响，即将 a' 当作视线水平时的读数，如视准轴与水准管轴平行，则 B 尺上读数应为

$$b_{应} = a' - h$$

如果实际 B 尺上的读数不与上式求得的 $b_{应}$ 值相等，则说明视准轴不平行于水准管轴。

那么 $i = \dfrac{b' - a' + h}{AB}\rho''$　　当 $i > 20''$ 时必须进行校正。

（2）校正方法

转动微倾螺旋使十字丝横丝对准应有的 B 尺上读数 $b_{应}$，此时视准轴处于水平位置，而符合水准器气泡不居中了。拨动水准管一端的上下 c、d 两个校正螺丝（图 2.37），使此端抬高或降低，致使气泡居中（即使两端气泡象重合）为止。

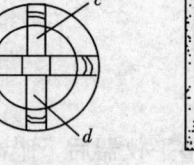

图 2.37

校正后的仪器必须再进行一次高差检测，将测得的高差值与正确的高差值比较，其较差应在 3 毫米以内，否则再重新校正。

2.7.2　自动安平水准仪的检验与校正

自动安平水准仪应满足的条件是：

（1）圆水准器轴平行于竖轴；

（2）十字丝横丝垂直于竖轴；

（3）补偿器误差的检验校正；

（4）望远镜视准轴位置正确性的检验与校正。

其中圆水准器轴平行于竖轴，十字丝横丝垂直于竖轴的检验校正与微倾水准仪相同。

1. 补偿器性能的检验与校正

所谓补偿器性能是指仪器竖轴有微量的倾斜时，补偿器是否能在规定的范围内补偿。

（1）检验方法

如图 2.38，在 A、B 直线中点 I 处架设仪器，并使仪器的两个脚螺旋的连线与 AB 垂直。

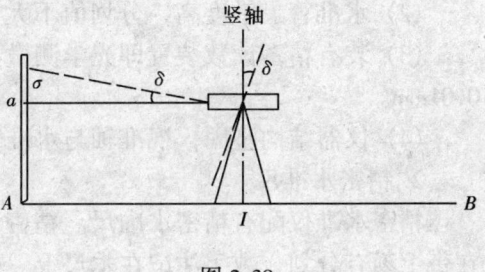

图 2.38

整平仪器后，读取 A 尺上读数为 a，然后转动位于 AB 方向的第三个脚螺旋使圆气泡在圆刻划内前后移动，如 A 尺读数与整平读数相同，则补偿器工作正常。否则，需要检修。

（2）校正方法　送修理部门检修。

2. 望远镜视准轴位置正确性的检验与校正

（1）检验方法与微倾水准仪的"水准管轴应平行于视准轴"的检验相同。

（2）校正方法是送修理部门检修。

2.8　精密水准仪

精密水准仪是提供精密水平视线和精密读数的水准仪，主要用于国家一、二等水准测量和精密工程测量，如建筑物和构筑物的沉降观测、大中型精密设备安装测量等。

图 2.39 是国产 DS1 型水准仪。

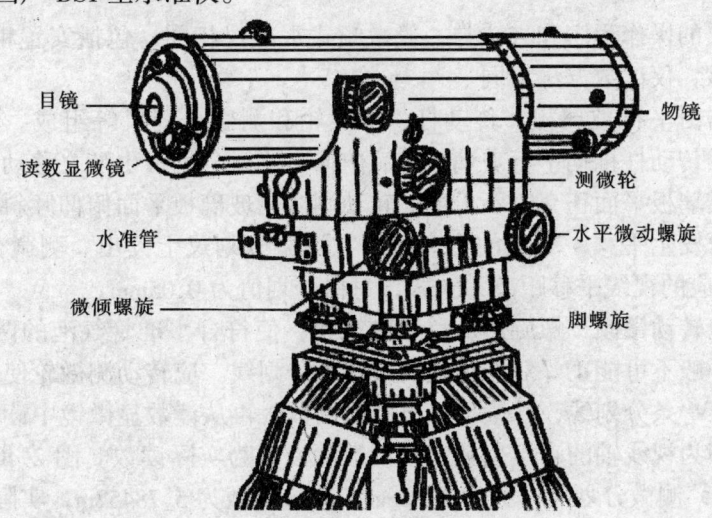

图 2.39

1．构造特点

精密水准仪的基本构造与一般微倾式水准仪相同，其主要特点有：

（1）望远镜的光学性能好，放大率不小于 38 倍，有效孔径不小于 47mm，成像清晰，亮度高。

（2）水准管灵敏度高，分划值不大于 10″/2mm，所以置平视准轴的精度高。

（3）装有精密读数装置即光学测微器，与精密水准尺配合，一般可直读 0.1mm，估读 0.01mm。

（4）仪器结构坚固，视准轴与水准管轴之间的平行关系稳定。

2．精密水准尺

精密水准仪配有精密水准尺。精密水准尺通常在尺身中部的尺槽内张拉一根钢瓦带，在带上刻有分划，数字注记在木尺上。根据不同的注记方式，精密水准尺分为基辅分划尺和奇偶分划尺。

（1）基辅分划尺

如图 2.40（a）所示，是瑞士产 Wild N3 水准仪使用的基辅分划尺，其最小分划值为 1cm，全长 3.2m，钢瓦尺上有两排分划，右侧为基本分划，注记从 0～300cm；左侧为辅助分划，注记从 300～600cm。在尺的同一高度，基本分划和辅助分划的读数相差一个常数 K（$K = 3.01550m$），称为基辅差，供观测时检核用。

（2）奇偶分划尺

如图 2.40（b）所示，为 DS1，Ni004 水准仪配套使用的精密水准尺，其分划值为 0.5cm。两排刻划单数分划，左边是奇数分划，注记为分米；右边为偶数分划，注记为米，故称为奇偶分划尺。小三角表示半分米，长三角表示分米的起始线。尺面上 5mm 的间隔注记为 1cm，即注记值是实长的两倍，所以用该尺时，将直接读数除以 2 才是实际读数。

3．读数方法

精密水准仪的操作程序和方法与一般微倾式水准仪相同，包括安置粗平、照准对光、精平读数等步骤，仅读数方法不同。

光学测微器由平行玻璃板、传动杆、测微轮和测微分划尺等组成。如图 2.41 所示，转动测微轮时，传动杆推动平行玻璃板前后俯仰，测微分划尺也随之移动。根据光的折射原理，视线与玻璃板平面正交时不折射。转动测微轮玻璃板平面俯仰倾斜后，视线通过玻璃板时因折射而发生平移，平移的距离可以在测微分划尺上读出。测微分划尺共划分为 100 格，与此对应的视线平移距离为 5mm，每格分划值为 0.05mm。

读数前，边转动微倾　螺旋边从目镜内观察，使符合水准管气泡的两端吻合。此时，十字丝线横线一般不可能正好对准尺上的某一条分划线。应转动测微轮使十字线的楔形丝夹中其附近的某一条分划线，并读出该分划线读数，再从读数显微镜中读出测微分划尺读数，两数之和即为视线轴的直接读数，该读数除以 2 为实际读数。图 2.40（c）中，楔形丝读数为 5.78m，测微分划尺读数为 4.52mm，直接读数为 5.78452m，实际读数为 5.78452 ÷ 2 = 2.89226m。图 2-40（d）是钢瓦尺的读数，基本分划读数为 2.84m，测微分划尺读数为 7.50mm，直接读数为 2.84750m，实际读数为 2.84750 ÷ 2 = 1.42375m。

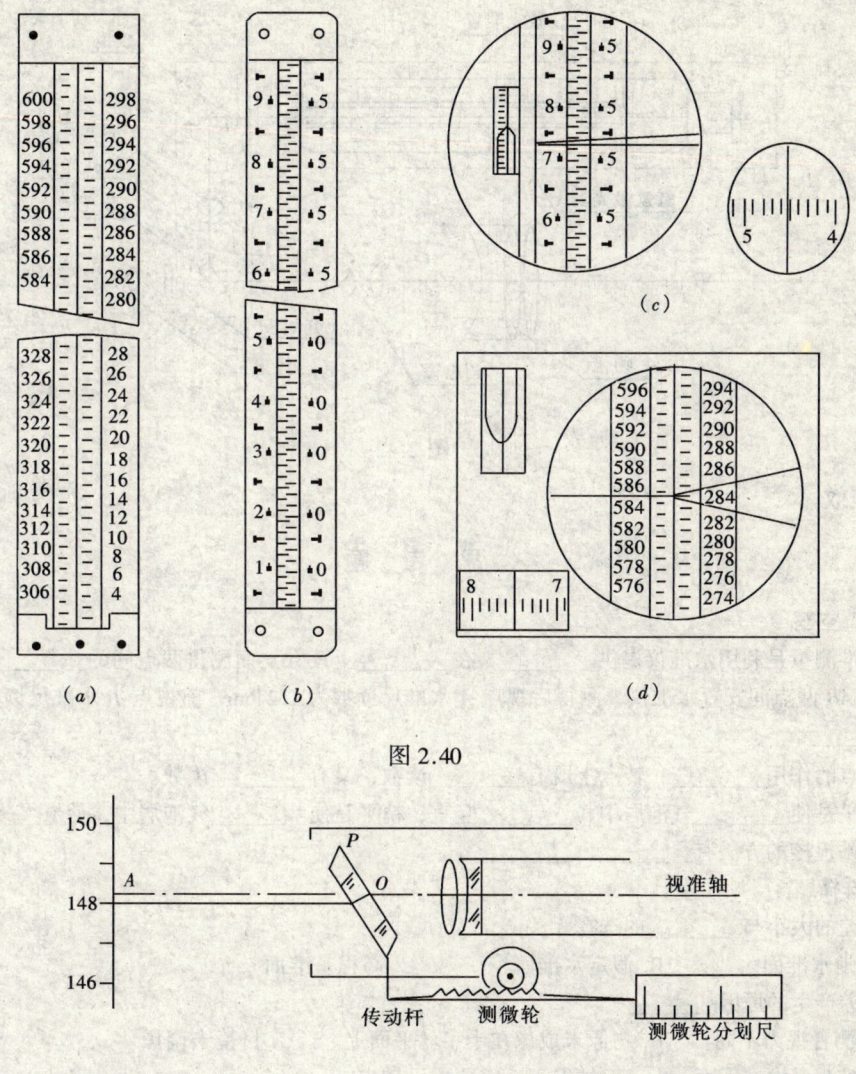

图 2.40

图 2.41

2.9　激光水准仪

在普通水准仪结构的基础上，安装一个能够发射激光的装置，这种用激光束代替望远镜水平视线的水准仪称为激光水准仪。

图 2.42 是激光水准仪的光路示意图，从氦氖激光器发射的激光束经透镜转向聚光镜组通过针孔光栏到分光镜，再经分光镜折向望远镜系统的调焦镜和物镜射出激光束，并在标尺上形成明亮的水平线，由立尺者直接读得标尺读数。

使用激光水准仪时，首先按普通水准仪的方法安置，整平仪器，瞄准目标。然后接通电源，调整工作电流，待激光器正常工作后即可获得一条红色激光束。

激光水准仪可以同普通水准仪一样能够测定高差，而且还可以利用可见视准轴迅速扫描，进行面水准测量；尤其在施工测量和建筑物放样时，更为方便，并较大的提高测量精

31

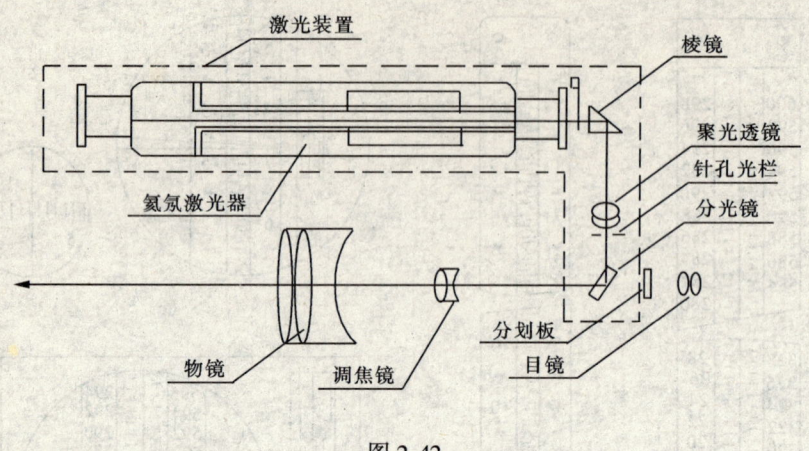

图 2.42

度和工作效率。

思 考 题

一、填空题

1. 水准测量是利用水准仪提供_____，在_____上读数。而测得两点间的_____。

2. 在 AB 两点间安置水准仪，测得后视点 A 水准尺读数为 1.246m，前视点 B 水准尺读数为 1.954m，h_{AB} = _____。

3. 转点的作用_____，转点上既有_____读数，又有_____读数。

4. 粗平是使_____气泡居中，_____竖直；精平是使_____气泡居中，使_____水平。

5. 测站检核的方法有_____、_____等。

二、选择题

1. 高差的大小与_____的选择无关。

A. 大地水准面　　　　B. 假定水准面　　　　C. 高程基准面

2. 视差产生的原因_____。

A. 观测者视力不同　　B. 物像未成像在十字丝平面上　　C. 目镜未调焦

3. 水准测量中在下面_____情况下，需要增设转点。

A. 不通视　　　　　B. 水准路线过长　　C. 两点高差过大　　　D. 三丝不能读数

4. 水准测量中读完后视读数，照准前视尺时，圆水准气泡偏移少许，符合水准气泡不符合，此时需调节_____后方可读数。

A. 脚架　　　　　　B. 脚螺旋　　　　　　C. 微倾螺旋

5. 在普通水准测量中，下列_____方法可消除零点误差。

A. 整个测量过程中用同一根水准尺　　　　B. 在两点间设置偶数站　　C. 用尺垫

三、简答题

1. 水准测量中前、后视距离相等可消除那些误差对测量结果产生的影响？

2. 水准仪有哪些轴线？它们之间应满足哪些几何条件？

3. 如何判断自动安平水准仪的补偿器是否处于正常状态？

4. 水准测量产生误差的原因有哪些？如何保证水准测量成果的精度？

四、计算题

1. 将如图 2.43 所示数据填表，计算高差。

2. 如图 2.44 所示，填表计算附合水准线路各点高程。

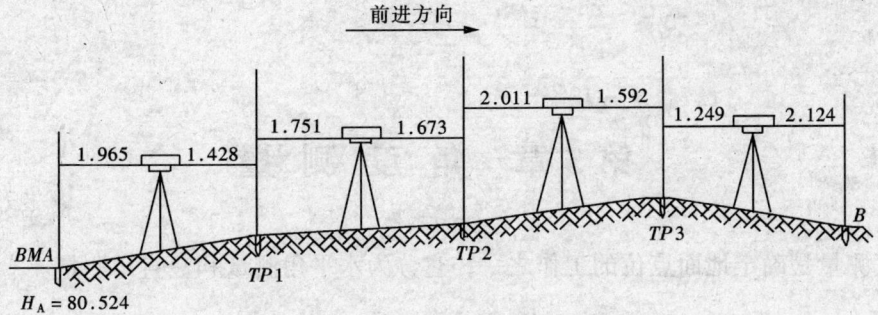

前进方向 →

1.965 1.428
1.751 1.673
2.011 1.592
1.249 2.124

BMA
$H_A = 80.524$

TP1 TP2 TP3 B

图 2.43

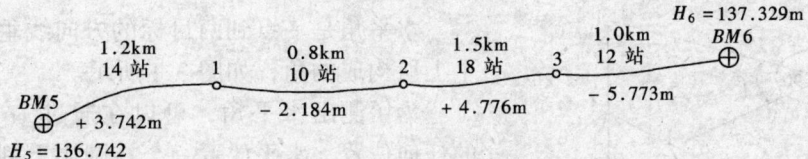

1.2km
14 站

0.8km
10 站

1.5km
18 站

1.0km
12 站

$H_6 = 137.329m$
BM6

BM5
$+ 3.742m$
$H_5 = 136.742$

$- 2.184m$

$+ 4.776m$

$- 5.773m$

图 2.44

3. 如图 2.45 所示，一支水准路线 A 点的高程 $H_A = 22.654m$，$h_{AP} = + 1.424m$，$h_{PA} = - 1.436m$ 求 (1) 高差闭和差，(2) 改正后高差，(3) P 点的高程（A、P 间共有 4 个测站）。

4. A、B 两点相距 80 米，水准仪置于 A、B 中点 C，测得 A 尺上的读数为 1.321 米，B 尺的读数为 1.117 米，仪器搬到靠近 B 尺附近，又测得 A 尺上的读数为 1.695 米，B 尺的读数为 1.466 米，问水准管轴是否平行于视准轴，向上或向下？

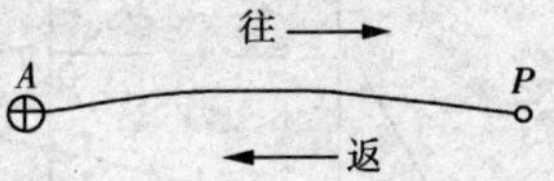

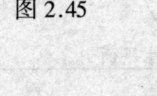

往 →
A
← 返
P

图 2.45

第3章 角度测量

角度测量是确定地面点位的工作之一,它分为水平角测量和竖直角测量。

3.1 水平角测量原理

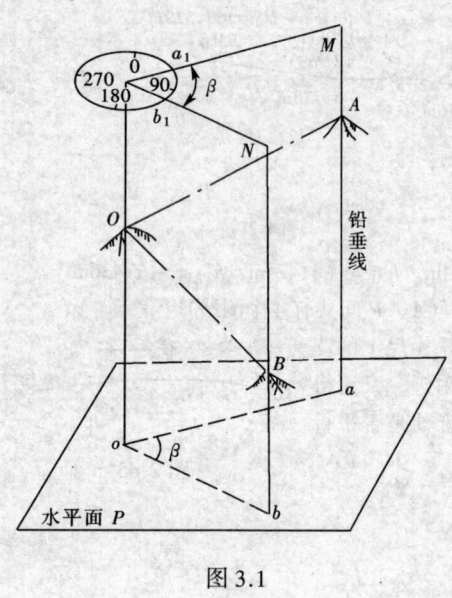

图 3.1

水平角是一点到两目标的方向线垂直投影在水平上所构成的角,如图 3.1 所示。

为了测出水平角,可以在通过 O 的铅垂线上的任何位置,水平放置一个在圆周上刻有分划的度盘,通过度盘与铅垂面 $OAao$,$OBbo$ 的交线,在度盘上读得相应的读数为 a_1、b_1 则水平角为:

$$\beta = b_1 - a_1 \qquad (3.1)$$

这就是水平角测量的原理。

由上述原理可知,用于测角的仪器,必须有度盘,且有使度盘处于水平的装置,为了瞄准目标,仪器必须有望远镜,并且能在水平方向转动,也能在竖直方向转动,经纬仪就是根据这些要求而制成的一种精密测角仪器。

3.2 DJ₆型光学经纬仪

经纬仪主要有光学经纬仪和电子经纬仪。

光学经纬仪主要采用玻璃度盘和光学测微装置。电子经纬仪采用光电扫描度盘和自动显示系统,具有体积小、重量轻、密封性好、读数自动显示、精度高的优点。随着科学技术的发展,电子经纬仪将逐步取代光学经纬仪。

常用的经纬仪按精度分:主要有 DJ₆、DJ₂ 等几种型号。"D"和"J"分别代表"大地测量"和"经纬仪"的含义,"6"和"2"代表该仪器一测回方向观测中误差的秒数。

工程上常用的经纬仪是 DJ₆ 型光学经纬仪,本节主要介绍 DJ₆ 型光学经纬仪。

3.2.1 DJ₆型光学经纬仪的构造

各种型号的光学经纬仪其基本构造大致相同。图 3.2 为北京光学仪器厂生产的 DJ₆ 型光学经纬仪的外形图及其部件的名称。

仪器主要由基座、水平度盘和照准部三部分组成,如图 3.3 所示。

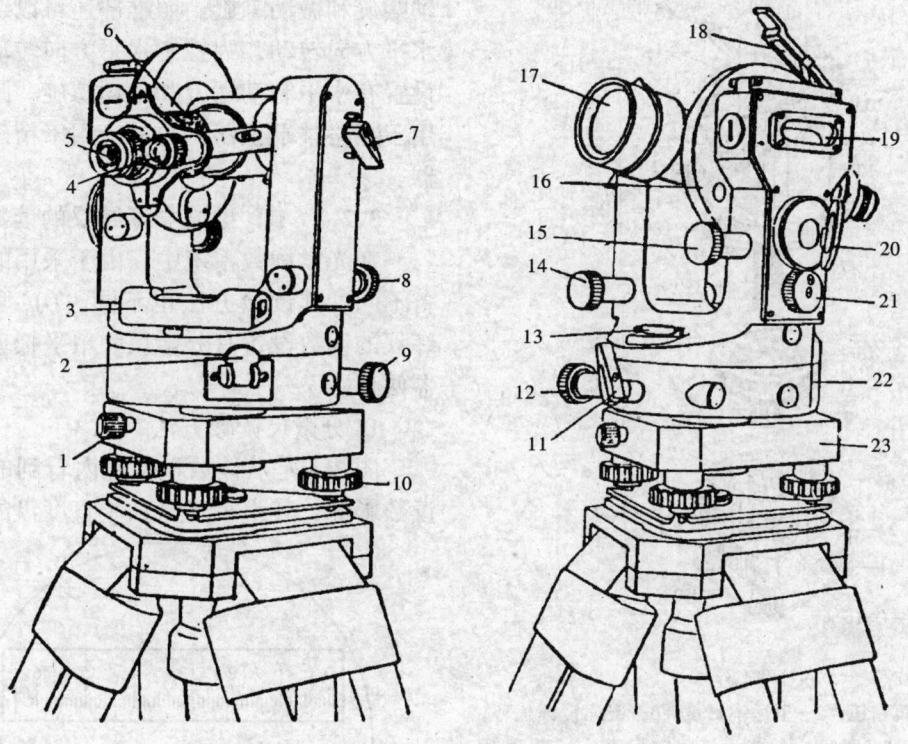

图 3.2

1—轴座连接螺旋；2—复测器扳手；3—照准部水准器；4—读数显微镜；5—望远镜目镜；6—物镜对光螺旋；7—望远镜制动螺旋；8—望远镜微动螺旋；9—水平微动螺旋；10—脚螺旋；11—水平制动螺旋；12—水平微动螺旋；13—圆水准器；14—望远镜微动螺旋；15—竖直指标水准管微动螺旋；16—竖直度盘；17—望远镜物镜；18—竖盘水准管反光镜；19—竖直指标水准管；20—反光镜；21—测微轮；22—水平度盘；23—基座

1. 基座

经纬仪的基座与水准仪的相同，三个脚螺旋用于整平仪器；由连接螺旋使仪器与三脚架相连。仪器的照准部通过轴套固定螺丝固定在基座上，因此在使用过程中，该螺丝切勿松动，以免仪器照准部脱离基座而坠地。

2. 水平度盘

水平度盘为一光学玻璃圆环，在圆环上刻有一圈 0°～360° 顺时针注记的分划线。水平度盘固定在空心的旋转轴上，它套在轴套的外面，且可以绕竖轴旋转。照准部与水平度盘的离合关系由固定在照准部外壳上的复测扳手控制。将复测扳手扳上，则照准部与水平度盘分离，转动照准部时水平度盘不动，此时水平度盘上读数随照准部的转动而改变。将复测扳手扳下，则照准部与水平度盘结合，转动照准部时水平度盘随着转动，读数不变。有的仪器没有设置复测扳手，而装置一水平度盘读数变换手轮，若须改变水平度盘读数，可以转动水平度盘变换手轮。

3. 照准部

照准部在基座上方，照准部主要有望远镜、横轴、测微器、竖轴和水准管等。望远镜可以绕横轴旋转，视准轴扫出一竖直面。为控制望远镜的上下转动，仪器设置有望远镜制

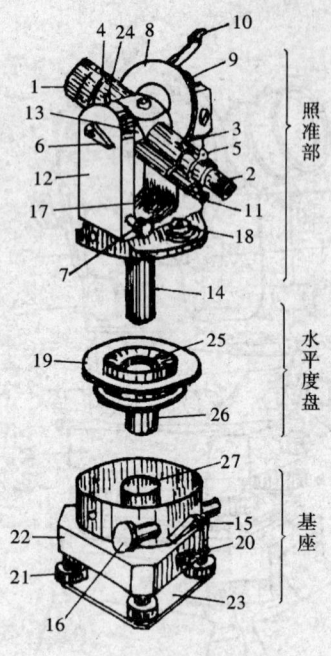

图 3.3

1—望远镜物镜；2—望远镜目镜；3—望远镜调焦环；4—准星；5—照门；6—望远镜固定扳手；7—望远镜微动螺旋；8—竖直度盘；9—竖盘指标水准管；10—竖盘水准管反光镜；11—读数显微镜目镜；12—支架；13—水准轴；14—竖直轴；15—照准部制动螺旋；16—照准部微动螺旋；17—水准管；18—圆水准器；19—水平度盘；20—轴套固定螺旋；21—脚螺旋；22—基座；23—三角形底板；24—罗盘插座；25—度盘轴套；26—外轴；27—度盘旋转轴套

照准部

水平度盘

基座

动螺旋和微动螺旋。照准部还可以绕竖轴作水平方向转动，为控制水平方向转动，仪器设置有水平制动螺旋和微动螺旋。圆水准盒用于粗略整平仪器，水准管用于精确整平仪器。

3.2.2 DJ$_6$型光学经纬仪的读数

在光学读数系统中，由于采用的读数设备不同，其读数方法也不同。DJ$_6$型光学经纬仪的读数设备有分微尺和单平板玻璃测微器两种。

1. 分微尺读数方法

图 3.4 是从读数显微镜内看到的分微尺读数影像，其水平度盘和竖直度盘的一个分

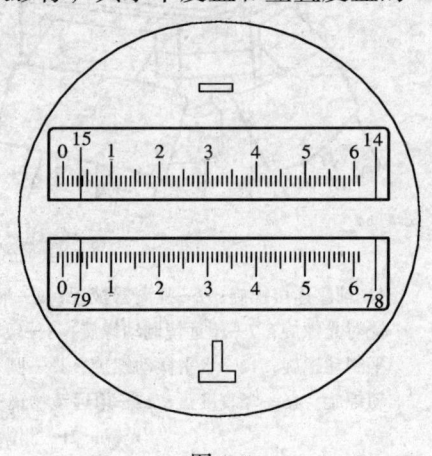

图 3.4

格均为 1 度。在光路中装有一个分微尺，划分为 60 格，因此每格为 1 分，经透镜放大后，度盘上一格的像恰与分微尺 60 格的像等长。度从度盘上读，分在分微尺上读，小于 1 分的值，则在分微尺上估读。图 3.4 中水平度盘读数为 15°03′48″，竖直度盘读数为 79°03′48″。

2. 单平板玻璃测微器读数

图 3.5 是从读数显微镜内看到单平板读数的影像，上面显示的刻度为测微尺，中部有一根指标线，测微尺每 5 分注记，其最小分划为 20 秒。中间窗口为竖直度盘像，下部窗口为水平度盘像，两窗口中部的双丝为指标线，读数时，先转测微轮使度盘分划线移到双丝中

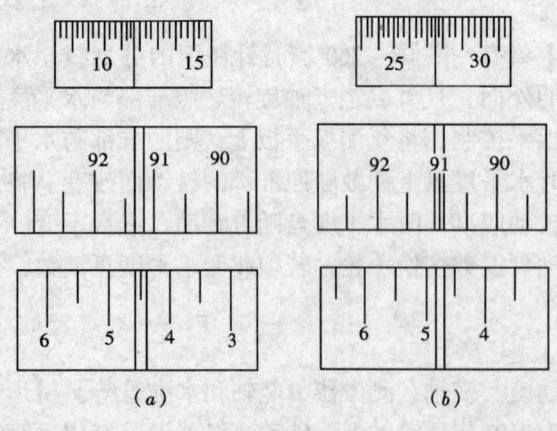

图 3.5

间，先读出度盘上的读数，再在测微尺上读分和秒。

图 3.5（a）中，指标线夹住 4°30′，再从测微尺上读得 11′44″，因此水平盘读数为 4°30′ + 11′44″ = 4°41′44″，同样图 3.5（b），竖盘读数为 91°27′30″。

3.2.3　DJ$_2$ 型光学经纬仪

如图 3.6 为 DJ$_2$ 型光学经纬仪的外形图及其部件的名称，DJ$_2$ 型光学经纬仪是一种精度较高的经纬仪，常用于精密工程测量和控制测量。

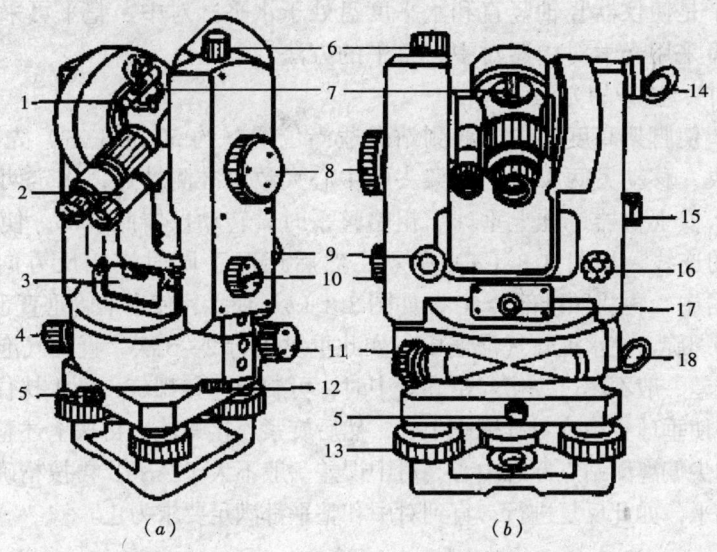

（a）　　　　　　　　（b）

图 3.6

1—竖盘；2—读数显微镜；3—管水准器；4—水平制动螺旋；5—轴座固定螺旋；6—望远镜制动螺旋；7—准星；8—测微器手轮；9—望远镜微动螺旋；10—换像手轮；11—水平微动螺旋；12—水平度盘位置变换手轮；13—脚螺旋；14—竖盘进光反光镜；15—竖盘指标水准管观察镜；16—竖盘指标水准管微动螺旋；17—光学对中器；18—水平度盘进光反光镜

图 3.7 为 DJ$_2$ 型光学经纬仪的读数装置。上窗数字为度，中间突出小方框中所注数字为整 10′，左下侧为分和秒。

读数方法，瞄准目标后，转动测微轮，使度盘对径分划线重合，即可读取读数，图 3.7 读数为 150°01′55″。

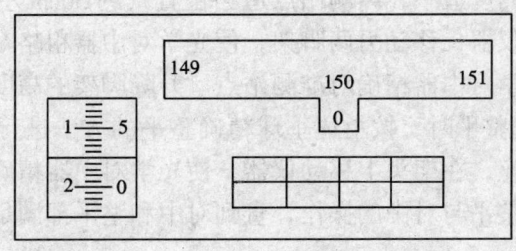

图 3.7

3.3 经纬仪的使用

经纬仪的使用包括经纬仪的安置、照准及读数三项操作，现分述如下。

3.3.1 经纬仪的安置

经纬仪的安置包括对中、整平两个步骤。对中是使仪器中心与测站点标志中心在同一铅垂线上，整平是使仪器竖轴竖直和水平度盘处于水平。对中、整平可采用垂球对中、整平的方法，也可采用光学对中器对中、整平的方法。

1. 垂球对中、整平的方法

张开脚架，使脚架高度适中，离测站点适当位置（约50cm左右）先固定一脚架，连接螺丝位于中央，移动另两脚架，使架头的中心大致对准测站点，固定两脚架，同时保持架头大致水平。安上仪器，挂上垂球。粗略整平时，转动仪器照准部，使水准管平行于任意两只脚螺旋的连线，如图3.8（a）所示，然后用两手同时按相反方向转动两脚螺旋，使水准管气泡居中，再将照准部转90°，如图3.8（b）所示，使水准管垂直于原两脚螺旋的连线，转动另一脚螺旋，使水准管气泡居中。如此重复进行2～3次，直到气泡在任何位置都居中为止。居中误差一般不超过一格。精确对中时，可旋松连接螺旋，两手扶住仪器基座，在架头上移动仪器，使垂球尖精确对准标志中心，然后旋紧连接螺旋。再按上述整平的操作方法整平，此时若垂球尖偏离测站点标志中心（对中误差一般不大于3mm）再按精确对中和整平的操作方法对中、整平，如此反复进行，直到对中和整平都满足要求为止。

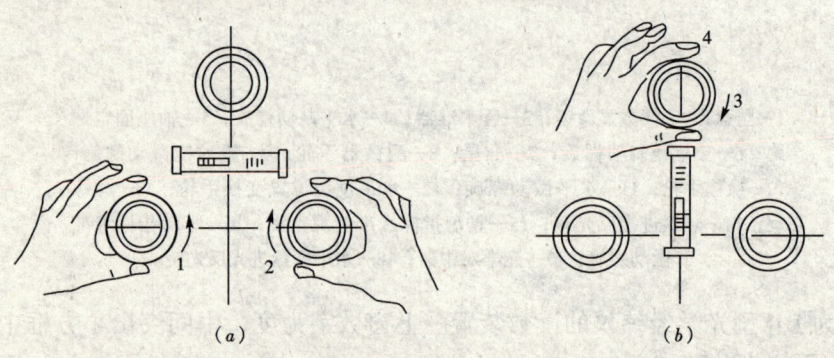

图3.8

2. 光学对中器对中、整平的方法

张开脚架，使脚架高度适中，离测站点适当位置（约50cm左右）先固定一脚架，连接螺旋位于中央，安上仪器，移动另两脚架，使光学对中器粗略对准测站点，固定这两脚架，转三脚螺旋，使光学对中器精确对准测站点。升降脚架的高度，使圆水准气泡粗约居中（气泡在高处）。精确整平时，按上述垂球精确整平的方法进行。精确对中时，可旋松连接螺旋，两手扶住基座，在架头上移动仪器，使光学对中器精确对准测站点，然后旋紧连接螺旋，再重复精确整平与对中的操作，直到对中和整平都满足要求为止。光学对中误差一般不大于1mm。

3.3.2 瞄准目标

照准目标是用十字丝的交点去精确对准目标，其操作顺序是：

1．将望远镜对准明亮的背景，转动目镜调焦螺旋，使十字丝清晰。

2．用准星瞄准目标。

3．转动物镜调焦螺旋，使目标成像清晰，注意消除视差。

4．转动水平微动螺旋和竖直微动螺旋，使十字丝的交点和双丝精确对准和夹住目标，如图3.9所示。

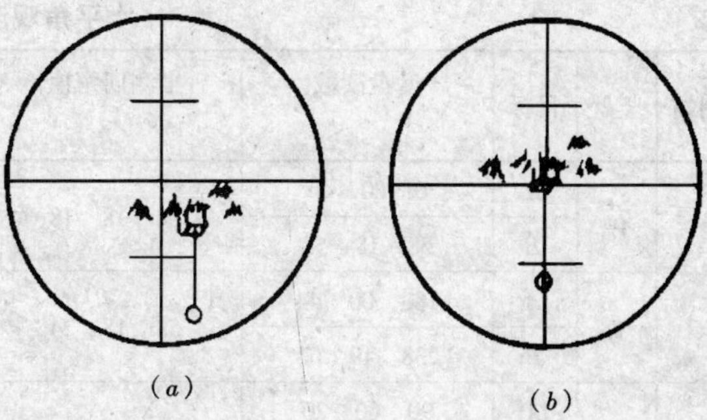

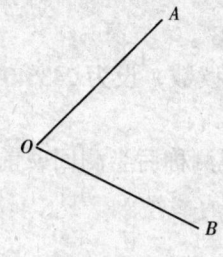

（a）　　　　　（b）

图3.9

3.3.3　读数

打开反光镜，转动读数显微镜调焦螺旋，使读数分划清晰，然后按仪器的读数设备进行读数。

3.4　水平角测量的方法

常用的水平角测量方法有测回法和方向观测法两种。

3.4.1　测回法

测回法常用于测两个方向之间的夹角，见图3.10。

1．测回法测角步骤

（1）在测站点 O 安置仪器（对中、整平）。

（2）盘左位置精确瞄准目标 A，使水平度盘读数约大于 $0°00'00''$，如为 $0°00'40''$。

（3）盘左位置顺时针转仪器瞄准目标 B 读数，设读数为 $58°18'58''$。

（4）盘右位置瞄准目标 B 读数，设读数为 $238°19'08''$。

图3.10

（5）盘右位置，逆时针转仪器瞄准目标 A 读数，设读数为 $180°00'44''$。

以上盘左位置观测称前半测回,盘右位置观测称后半测回,前后两个半测回合称一个测回。

2．提高测角精度的方法

采用测几个测回的方法，提高测角精度。为减少水平度盘刻划不均匀的误差对测角的影响，每测回应按 $\frac{180}{n}$ 的差数改变度盘起始读数，以开始下一测回的观测。例如，测回数 $n=2$，则各测回的起始方向读数应约大于 $0°$、$90°$。

3．记录与计算

将观测值记入手簿，记录与计算见表3.1所示。

4．精度要求

规范要求半测回角值之差不超过 $\pm 40''$，各测回角值互差不超过 $\pm 40''$。

3.4.2　方向观测法

测回法只适用于测两个方向之间的夹角。当观测方向超过两个时，须把各方向组合为一组，依次观测称方向观测法。图3.11为三方向，采用方向观测法。

1．观测步骤

（1）在测站点 O 安经纬仪（对中、整平）。

测站	竖盘	目标	度盘读数 ° ′ ″	半测回角值 ° ′ ″	一测回角值 ° ′ ″	各测回平均角值 ° ′ ″	备注
1	左	A	0 00 40	58 18 18			
		B	58 18 58		58 18 21		
O	右	A	180 00 44	58 18 24		58 18 24	
		B	238 19 08				
2	左	A	90 00 20	58 18 20			
		B	148 18 40		58 18 26		
O	右	A	270 00 22	58 18 32			
		B	328 18 54				

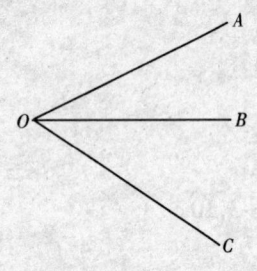

图 3.11

（2）盘左位置瞄准起始方向 A，调使仪器水平度盘读数约大于 0°00′00″，设为 0°00′20″。

（3）盘左位置顺时针转仪器，依次瞄准 B 和 C 读数，设为：63°40′38″、118°11′42″。

（4）盘右位置，瞄准 C 读数，设为 298°11′58″。

（5）盘右位置，逆时针转仪器依次瞄 B、A 读数，设为 243°40′52″、180°00′25″。

以上盘左位置观测称前半测回，盘右位置观测称后半测回，前半测回、后半测回合称一个测回。

2．提高测角精度的方法

为了提高测角精度，采用测几个测回的方法。为减少水平度盘刻划不均匀误差对测角的影响，要求每个测回的起始方向读数应按 $\frac{180}{n}$ 进行变换。

3．记录与计算

将观测数据记入手簿，记录与计算见表 3.2。

测站	目标	水平度盘读数		归零后读数		一测回方向 平均值
		盘 左 ° ′ ″	盘 右 ° ′ ″	盘 左 ° ′ ″	盘 右 ° ′ ″	° ′ ″
O	A	0 00 20	180 00 25	0 00 00	0 00 00	0 00 00
	B	63 40 38	243 40 52	63 40 18	63 40 27	63 40 22
	C	118 11 42	298 11 58	118 11 22	118 11 33	118 11 28

4．精度要求

规范要求半测回角值之差 DJ_6 为 18″、DJ_2 为 12″。各测回同一方向互差：DJ_6 为 24″、DJ_2 为 12″。

3.4.3 水平角测量的误差来源及注意事项

水平角测量的精度受各方面的因素影响，为提高测角精度，须研究产生误差的原因，采取相应的措施消除或减小误差对水平角测量的影响。

水平角测量的误差主要来源于仪器误差、观测误差和外界条件的影响三个方面。

1. 仪器误差

仪器本身制造不精密，结构不完善，以及校正后的残余误差称仪器误差。

仪器校正后不完善的误差，如视准轴不垂直横轴的残余误差，横轴不垂直于竖轴的残余误差，在观测中可采用盘左盘右读数取平均值的方法消除其影响。度盘偏心误差也可采用上述方法消除。水平度盘分划不均匀的误差可采用变换度盘位置的方法消除。但竖轴倾斜时的误差，不能采用观测方法消除，而且观测目标越高，影响越大，因此在观测目标较高时，如在山区要特别注意整平仪器。

2. 观测误差

观测误差是由观测者的熟练程度以及习惯而产生的误差，主要有以下几个方面。

（1）对中误差

仪器对中误差对测角的影响，主要与对中偏差及测站点到目标点的距离有关。经研究，距离越短，对中偏差越大，测角误差也越大，因此要求在距离短时应特别注意仔细对中，对中偏差一般不超过 2 毫米。

（2）照准误差

照准误差与望远镜的放大率、目标的形状、照准目标部位清晰度、人眼的分辨能力、观测习惯等因素有关。为减少此项误差对测角的影响，要求照准时尽量瞄准目标的底部，目标要求竖直。

（3）整平误差

在观测过程中，水准气泡偏离一格就会影响测角精度，在观测中注意观察水准气泡，若超过一格要重新整平仪器。

（4）读数误差

读数误差主要与仪器的读数设备、观测者的习惯、读数照明情况不佳、反光镜进光不好、读数显微镜目镜没调好等因素有关。

3. 外界条件影响

外界条件对测角的影响主要有：大风影响仪器的稳定；强阳光、大气折光影响照准精度。在观测中要注意打伞遮阳，成像不清晰、仪器不稳定时要停止观测。

3.5 竖直角测量

3.5.1 竖直角测量原理

竖直角是在同一铅垂面内，水平视线与倾斜视线之间的夹角。

如图 3.12（a）中，视线方向在水平视线之上，竖直角为仰角，角值为正，角值范围为 0°～+90°。如图 3.12（b）中，视线方向在水平视线之下，竖直角为俯角，角值为负，角值范围为 0°～-90°。

若在测站上设置一个竖直度盘，望远镜照准目标时的竖盘读数与望远镜水平时的读数之差即为竖直角。

3.5.2 竖盘的构造

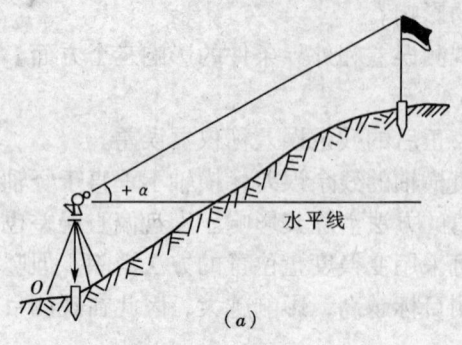
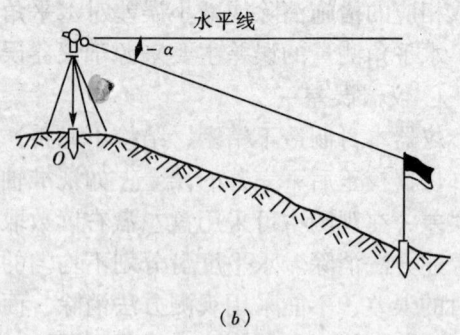

$$(a) \qquad\qquad\qquad (b)$$

图 3.12

如图 3.13 所示，光学经纬仪竖直度盘的装置包括竖直度盘、竖直度盘指标水准管和读数指标，当仪器整平后，竖直度盘随望远镜在竖直面内转动；通过竖盘指标水准管的微动螺旋，使水准管气泡居中，指标处于正确位置。此时，竖盘读数应为 90° 或 90° 的整倍数。新型的仪器则采用自动补偿竖盘结构（原理与自动安平水准仪相似），其竖盘指标采用自动补偿装置代替水准管，即使仪器稍有倾斜，竖盘指标也自动居于正确位置，可以随时读数，提高了观测速度和精度。

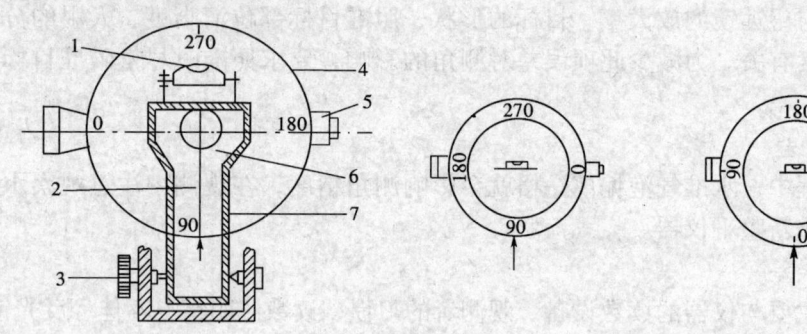

图 3.13

3.5.3 竖直角的计算公式

由竖直角测量原理知，竖直角是目标方向线与水平方向线在竖直度盘上的读数差，虽然各种仪器竖直度盘的注记形式不同，但是当视准轴水平时，不论盘左或盘右，竖盘的读数是个定值。因此测量竖直角，只须对目标方向线读数。在计算竖直角时，须判断计算公式。即在观测竖直角之前，将望远镜放在大致水平的位置，观察竖盘读数，然后向上仰起望远镜，若竖盘读数增加，则竖直角的计算公式为：

$$\alpha = 瞄准目标时的读数 - 视线水平时读数$$

若竖盘读数减少，则竖直角的计算公式为：

$$\alpha = 视线水平时的读数 - 瞄准目标时的读数$$

图 3.14 为常用 DJ_6 型光学经纬仪的竖盘注记形式。在盘左位置，视线水平时竖盘读数为 90°，当望远镜仰起读数减少，设 L 为照准目标的读数。在盘右位置，视线水平时竖盘读数为 270°，当望远镜仰起读数增加，设 R 为照准目标的读数。根据竖直角计算公式：

$$盘左 \qquad \alpha_L = 90° - L \qquad\qquad (3.2)$$

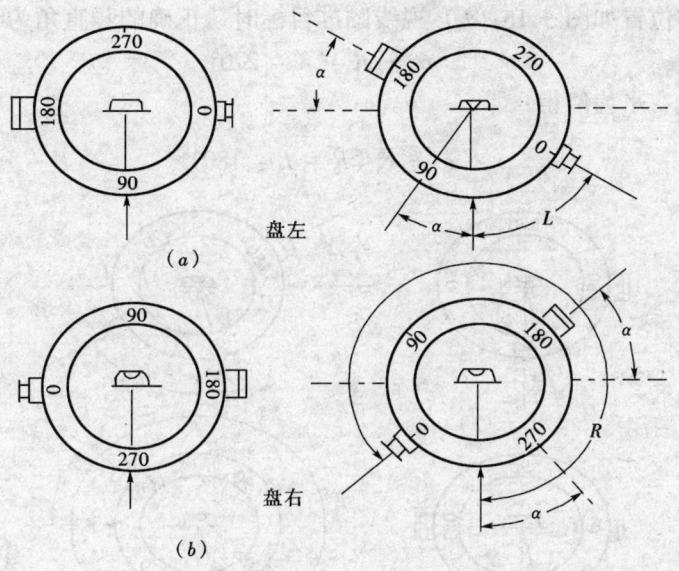

图 3.14

$$盘右 \qquad \alpha_R = R - 270° \tag{3.3}$$

平均竖直角为：

$$\alpha = \frac{1}{2}(\alpha_L + \alpha_R) = \frac{1}{2}(R - L - 180°) \tag{3.4}$$

3.5.4 竖直角观测

在竖直角测量之前，须判断竖直角的计算公式。其观测步骤举例说明如下：

1. 在测站点上安经纬仪，对中整平。

2. 盘左位置，使十字丝横丝切于目标，转竖盘指标微动螺旋，使竖盘水准管气泡居中，读取竖盘读数，设为：93°10′20″，并记入手簿。

3. 盘右位置，使十字丝横丝切于目标，转竖盘指标微动螺旋，使竖盘水准管气泡居中，读取竖盘读数，设为266°49′10″，并记入手簿。

竖直角测量的记录与计算见表 3.3

			竖直角观测手簿										表 3.3

测站	目标	竖盘位置	竖盘读数			竖 直 角			指标差	平均竖直角			备注
			°	′	″	°	′	″	″	°	′	″	
0	A	左	93	10	20	− 3	10	20	− 15	− 3	10	35	竖盘注记形式如图 3.14
		右	266	49	10	− 3	10	50					

3.5.5 竖盘指标差

在竖直角的计算中，当视准轴水平，竖盘竖直时，竖盘读数应是 90°的整倍数，如图 3.14 所示。但实际上竖盘指标不是指在 90°或 270°上，它与 90°或 270°相差一个 X 角，X 称竖盘指标差。如图 3.15（a）为盘左位置，由于有指标差存在，当指标水准管气泡居中，视线瞄准目标时，读数大了一个 X 值，则正确竖直角为：

$$\alpha = 90° - (L - X) \tag{3.5}$$

同样，盘右位置如图 3.15（b）视线瞄准目标时，正确的竖直角为：

$$\alpha = R - X - 270°\qquad(3.6)$$

取盘左、盘右平均值得：

$$\alpha = \frac{1}{2}(R - L - 180)\qquad(3.7)$$

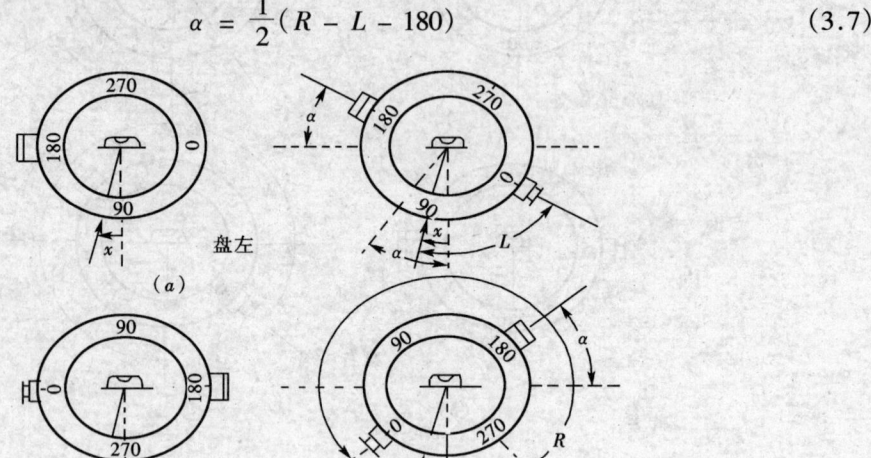

图 3.15

从（3.7）式中知，在测量竖直角时，用盘左、盘右测得的竖直角的平均值，可以消除竖盘指标差的影响。

将（3.5）、（3.6）式相减得：

$$2X = (L + R) - 360°$$

$$X = \frac{1}{2}(L + R - 360°)\qquad(3.8)$$

式（3.8）为竖盘指标差的计算公式。规范规定，竖直角测量时，指标差的限差，DJ_2 型经纬仪不得超过 ±15″，DJ_6 型经纬仪不得超过 ±25″。

3.6 经纬仪的检验与校正

3.6.1 经纬仪的主要轴线及其应满足的条件

经纬仪主要轴线之间的几何关系如图 3.16，根据水平角和竖直角测量原理，经纬仪的主要轴线应满足下列条件：

1. 水准管轴垂直于竖轴。

2. 十字丝竖丝垂直于横轴。

3. 视准轴垂直于横轴。

4. 横轴垂直于竖轴。

3.6.2 经纬仪的检验与校正

经纬仪应满足的几何关系，在仪器出厂前，虽然经过严格检验符合要求，但经过长途运输，长期使用，各轴线间的几何关系，会发生变动，为保证测量成果的精度，必须对经纬仪进行检验与校正。

1. 水准管轴垂直于竖轴的检验与校正

检验目的：使水准管轴垂直于竖轴。

检验方法：使水准管和一对脚螺丝平行，旋转这对脚螺丝，使水准管气泡居中。将照准部旋转180°若气泡仍然居中，说明水准管轴垂直于竖轴，否则须进行校正。

校正方法：用拨针拨动水准管校正螺丝，使气泡向零点位置移动一半。

此项检验与校正须反复进行，直到满足要求为此，即气泡偏离零点不大于半格为止。

2. 十字丝竖丝垂直于横轴的检验与校正

检验目的：使十字丝竖丝垂直于横轴。

检验方法：整平仪器，用十字丝的交点精确瞄准一远方约与仪器同高的目标点，转动望远镜微动螺旋，若目标点始终不离开竖丝，如图3.17（a），说明十字丝竖丝垂直于横轴，否则须进行校正，如图3.17（b）。

校正方法：如图3.18所示，旋松四个压环螺丝，使十字丝分划板作微小转动，直到满足要求为止，然后拧紧压环螺丝。

3. 视准轴垂直于横轴的检验与校正

检验目的：使视准轴垂直于横轴。

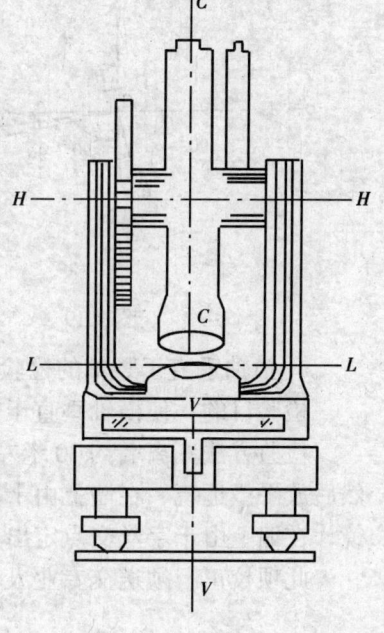

图3.16

检验方法：选择一平坦场地，在 A、B 两点（相距约100米）的中点 O 安仪器，在 A 点立标志，在 B 点横放一根水准尺，使其垂直于 OB 视线。要求标志、水准尺的高度、仪器的高度大致相等。盘左位置瞄准 A 点，倒转望远镜，在 B 尺上读数为 B_1，见图3.19（a）。盘右位置，瞄准 A 点，倒转望远镜，在 B 尺上读数为 B_2 见图3.19（b）。若 B_1、B_2 重合，说明视准轴垂直于横轴，否则须校正。

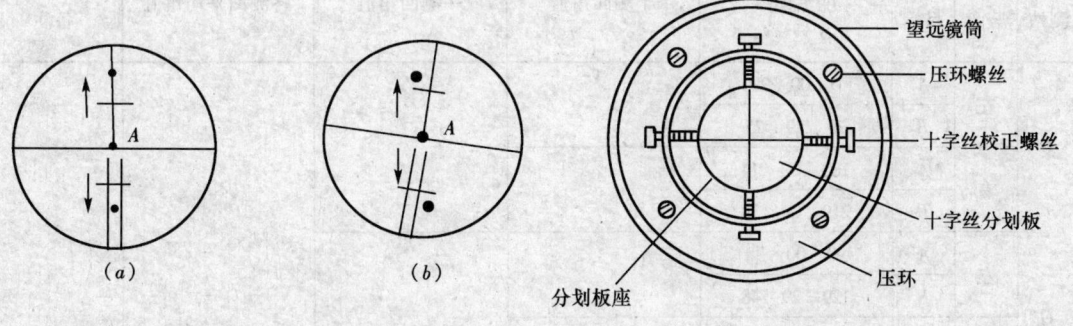

图3.17

图3.18

校正方法：在尺上定出 B_3 点，使 $B_2B_3 = \frac{1}{4}B_1B_2$，用校正针拨动十字丝左右两个校正螺丝，平移十字丝分划板，使十字丝交点与 B_3 点重合为止。

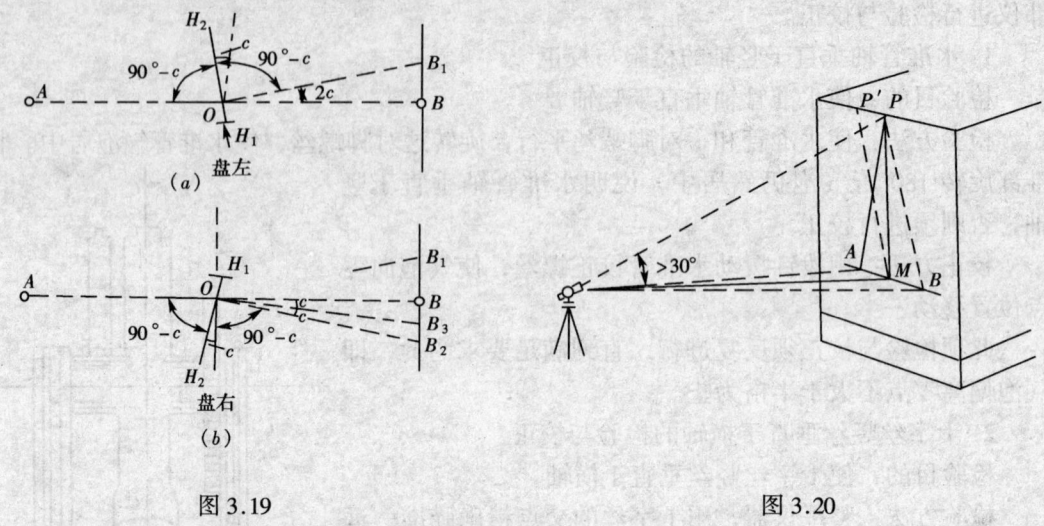

图 3.19　　　　　　　　　　　　　　图 3.20

4. 横轴垂直于竖轴的检验与校正

检验目的：使横轴垂直于竖轴。

检验方法：离墙约 30 米左右处安仪器，整平仪器，盘左瞄准墙上一点 P，如图 3.20，然后放平望远镜，在墙上由十字丝交点定出点 A，盘右瞄准墙上同一点 P，然后放平望远镜，在墙上由十字丝交点定出点 B，若 A、B 重合，说明横轴垂直于竖轴，否则须校正。

此项校正，须送交专业人员进行。

思 考 题

1. 什么叫水平角？水平角是根据什么原理测量的？

2. DJ$_6$ 型光学经纬仪主要由哪些部分组成？各部分的作用是什么？

3. 观测水平角时，仪器对中和整平的目的是什么？试述光学经纬仪用垂球对中整平；用光学对中器对中、整平和照准的操作方法。

4. 整理用测回法观测水平角的手簿。

测站	竖盘	目标	度盘读数 ° ′ ″	半测回角值 ° ′ ″	一测回角值 ° ′ ″	各测回平均角值 ° ′ ″	备注
O	左	A	0　00　20				
		B	39　29　25				
	右	A	180　00　14				
		B	219　29　38				
O	左	A	90　00　38				
		B	129　29　48				
	右	A	270　00　38				
		B	309　30　15				

5. 分述测微尺和测微轮式装置的仪器，如何操作仪器使某方向的水平读数为 0°00′00″。

6. 试述测回法测水平角的操作步骤。

7. 观测水平角时，为什么有时要测几个测回？若测回数为 4，则各测回的起始读数应是多少？

46

8. 水平角测量时产生误差的主要原因有哪些？为提高测角精度，测角时要注意采取哪些措施？

9. 整理下列竖直角观测记录。

测站	目标	竖盘位置	竖盘读数			竖直角			指标差	平均竖直角			备注
			°	′	″	°	′	″	″	°	′	″	
0	A	左	84	15	36								竖盘注记形式如图 3.14
		右	275	44	25								

10. 用盘左、盘右观测取平均值的方法可以消除哪些仪器误差？

11. 经纬仪有哪些主要轴线？各轴线之间应满足什么条件？

第4章 距离测量与直线定向

测量地面上两点间的距离是测量的基本工作之一。

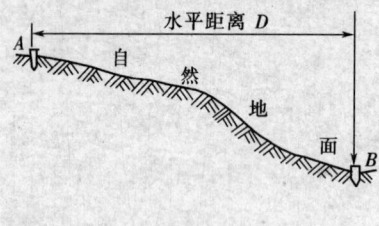

图 4.1

所谓两点间的距离，是指地面上两点垂直投影到水平面上的直线距离。实际工作中，需要测定距离的两点一般不在同一水平面上，沿地面直接测量所得距离往往是倾斜距离，需要将其换算为水平距离。测定距离的方法有钢尺量距、光电测距仪测距、光学视距法测距等。

为了确定地面两点间的相对位置关系，还要测量两点连线的方向。

本章主要介绍钢尺量距、视距测量、光电测距的基本方法及直线定向和用罗盘仪测定磁方位角。

4.1 钢 尺 量 距

4.1.1 量距工具

量距工具为钢尺，辅助工具有标杆、测钎、垂球等。

1. 钢尺

钢尺也称钢卷尺，尺宽约 1~1.5cm，长度有 20m、30m 及 50m 等几种。钢尺的刻划方式有多种，目前使用较多的为全尺刻有毫米分划，在厘米、分米、米处有数字注记。

（1）钢尺根据外形分为架式和盒式两种。

1）架式：如图 4.2 所示。

2）盒式：如图 4.3 所示。

钢尺抗拉强度高，不易拉伸，在工程中常用钢尺量距。

图 4.2

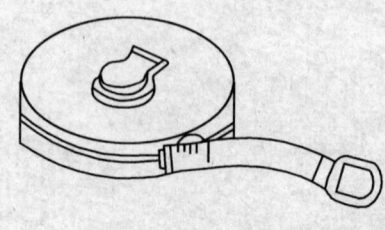

图 4.3

钢尺性脆、容易折断、容易生锈，使用时要避免扭折、受潮湿和车轧，用后要擦干净，并打上机油保存。

（2）钢尺以零点的位置不同，又分为端点尺和刻线尺，使用时要注意区别。

1）端点尺：以尺的最外端为零点，从建筑物墙面等位置量距比较方便。

2）刻线尺：以尺前端的第一个刻划为零点，适用于较高精度的量距工作。测量工作中常用的钢尺一般为刻线尺。

2. 标杆

标杆又称为花杆，长为2m、2.5m及3m等几种，直径为3～4cm。杆上油漆成红、白相间的20cm色段，标杆下端装有尖头铁脚，如图4.4所示。常用来插入地面，作为照准标志。

标杆一般用木料或合金材料制成，合金材料制成的标杆重量较轻，且可以收缩，携带方便。

3. 测钎

测钎用钢筋制成，上部弯成小圈，下部尖形。直径3～5mm，长度30～40cm，如图4.5所示。钎上也可用油漆涂成红、白相间的色段，量距时，将测钎插入地面，用以标定尺段端点的位置，也可作为照准标志。

4. 垂球

在量距工作中用于投点，如图4.6所示。

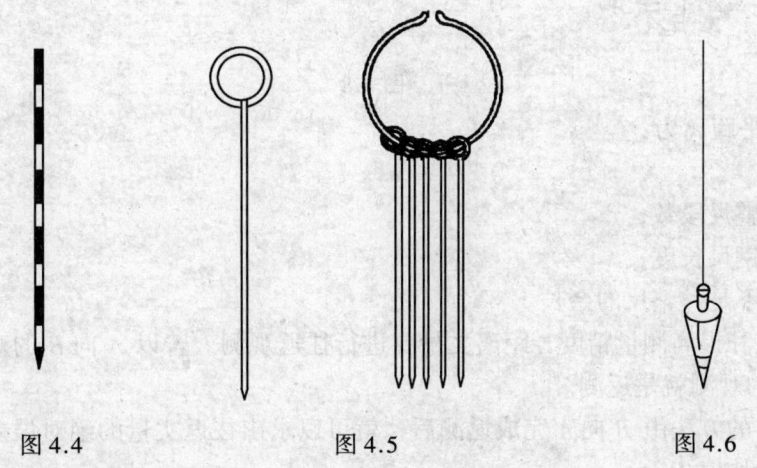

图 4.4   图 4.5   图 4.6

4.1.2　直线定线

在用钢尺进行距离测量时，若地面上两点间的距离超过一整尺段，或地势起伏较大时，要在直线方向上设立若干中间点，将全长分成几个等于或小于尺长的分段，以便分段丈量，这项工作称为直线定线。

根据精度要求的不同，可采用目估定线、拉线定线和经纬仪定线。

1. 目估定线

目估定线，又称为目测定线，是以三点成一线的原理，用目测的方法，指示第三根标杆插到地面两个已知点的连线方向上，定线精度较低。

2. 拉线定线

在定线时，先在 A、B 两点间拉一细线绳，沿着线绳定出各中间点。在一般距离测量中常用拉线定线法。

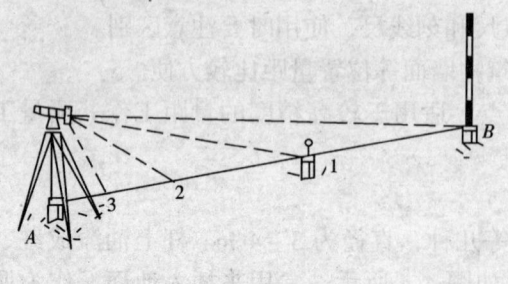

图 4.7

3. 经纬仪定线

当量距精度要求较高时，应采用经纬仪定线法。

如图 4.7 所示，欲在 A、B 两点间精确地标定出 1、2……点位置，可将经纬仪安置于 A 点，用望远镜瞄准 B 点，固定照准部制动螺旋，然后将望远镜下俯，用十字丝交点确定出 1 点的位置。同法可定出其余各点的位置。

4.1.3 钢尺量距的一般方法

1. 平坦地面的丈量方法

平坦地面的丈量工作，需由 A 至 B 沿地面逐个标出整尺段位置，并丈量出 B 端不足整尺段的余长。如图 4.8 所示。

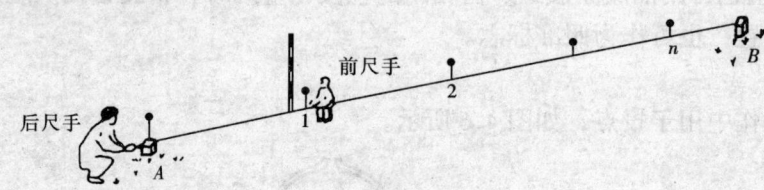

图 4.8

AB 的水平距离为：

$$D = n \times l + l' \qquad (4.1)$$

式中　n——整尺段数；

　　　l——钢尺长度；

　　　l'——不足一整尺的余长。

为了检核和提高测量精度，距离丈量要进行往返观测。若以 A 向 B 的观测作为往测，则由 B 向 A 的观测就是返测。

当以同样的方法由 B 向 A 完成返测后，就可以求出往返丈量的绝对误差 $|\Delta D|$ 和往返测量结果的平均值 $\overline{D}$。

往返测量的平均值为：　　$$\overline{D} = \frac{D_{往} + D_{返}}{2} \qquad (4.2)$$

往返测量的绝对误差为：　$$|\Delta D| = |D_{往} - D_{返}| \qquad (4.3)$$

对于距离，用绝对误差难以衡量其精度的高低。

【例 4.1】　某项工业管线测量工作中，由甲组往返丈量 EF 两点间的距离，往测结果为：$D_{EF} = 12.586\text{m}$，返测结果为：$D_{FE} = 12.572\text{m}$。由乙组往返丈量 MN 两点间的距离，往测结果为：$D_{MN} = 132.479\text{m}$，返测结果为：$D_{NM} = 132.465\text{m}$。则：

甲组往返测量的平均值为：$\overline{D}_{EF} = \dfrac{12.568 + 12.572}{2} = 12.579\text{m}$

50

乙组往返测量的平均值为：$\overline{D}_{MN} = \dfrac{132.479 + 132.465}{2} = 132.472m$

甲组往返测量的绝对误差为：$|\Delta D_{EF}| = |12.568 - 12.572| = 0.014m$

乙组往返测量的绝对误差为：$|\Delta D_{MN}| = |132.479 - 132.465| = 0.014m$

由该例的计算结果可以看出，虽然两组往返测量的绝对误差相等，但两组的丈量精度明显不相同。

显然，用绝对误差难以衡量距离测量的精度高低。所以，在测量工作中采用相对误差来表示距离测量的精度。

相对误差：往返测量的绝对误差与其平均值之比，并化成分子为 1 的分数形式，常用 K 表示。即为：

$$K = \frac{|D_{往} - D_{返}|}{\overline{D}} = \frac{|\Delta D|}{\overline{D}} = \frac{1}{\overline{D}/|\Delta D|} \tag{4.4}$$

相对误差分母愈大，则 K 值愈小，精度愈高；反之，精度愈低。

在各种测量工作中，距离往返测量后计算出的相对误差，不能大于规定的允许值。

即要求：$\qquad\qquad\qquad\qquad K \leqslant K_{允}$

只有当满足此条件时，才可以其平均值作为测量结果。否则，必须返工重测。

钢尺量距的相对误差一般不应超过 1/3000；在量距较困难的地区，其相对误差也不应超过 1/1000。如《工程测量规范》（GB50026—93）（以后出现时简称为《规范》）中规定，图根控制采用经纬仪导线测量时，边长往返丈量的相对误差不应大于 1/3000；导线全长的相对误差不应大于 1/2000。在建筑物施工放样中，对 5 层房屋、建筑物高度 15m 以下的，边长往返丈量的相对误差不应大于 1/3000；木结构、工业管线或公路铁路专用线，边长往返丈量的相对误差不应大于 1/2000 等。

【例 4.2】　在例 4.1 的工业管线测量工作中，相对误差的允许值为：

$$K_{允} = 1/2000$$

甲组测量的相对误差为：$K_{甲} = \dfrac{1}{12.579/0.014} = 1/898$

乙组测量的相对误差为：$K_{乙} = \dfrac{1}{132.472/0.014} = 1/9462$

显然：$K_{甲} > K_{允}$，甲组必须重新测量。而 $K_{乙} < K_{允}$，乙组观测正确，其平均值 132.472m 就是最后测量成果。

2. 倾斜地面的丈量方法

(1) 平量法

如图 4.9 所示，当地面坡度或高低起伏较大时，可采用平量法丈量距离。丈量时，后尺手将钢尺的零点对准地面点 A，前尺手沿 AB 直线方向将钢尺前端抬高，目测或借助仪器工具使尺子水平（必要时尺段中间设法托尺），在抬高的一端用垂球绳紧靠钢尺上某一刻划，以垂球尖投影于地面上，再插以测钎，得 1 点。此时可在尺子上读出 A、1 两点间的水平距离。同法继续丈量其余各尺段长度。当丈量至 B 点时，应注意垂球尖必须对准 B 点。为了方便丈量工作，

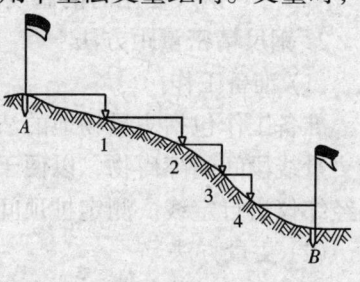

图 4.9

平量法往返测均应由高向低丈量。精度符合要求后，取往返丈量之平均值作为最后结果。

（2）斜量法

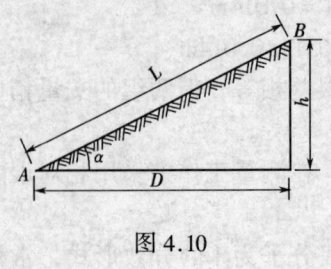

图 4.10

当倾斜地面的坡度较大且变化较均匀时，如图 4.10 所示，可以沿斜坡丈量出 A、B 两点间的倾斜距离 L，测出地面倾斜角 α 或 A、B 两点的高差 h，按下式计算 A、B 的水平距离 D：

$$D = L \times \cos\alpha \qquad (4.5)$$

或

$$D = \sqrt{L^2 - h^2} \qquad (4.6)$$

4.1.4 钢尺量距的精密方法

用前面介绍的一般方法量距，精度不高，通常相对误差只能达到 1/2000 ~ 1/5000。在有些精度要求较高的工程中，量距的相对误差要求小于 1/10000。若以钢尺进行量距，必须采用精密量距的方法。

精密量距要使用检定过的钢尺，采用精密量距的方法，对丈量结果进行计算处理。

1. 尺长方程式

较精确的钢尺出厂时应该经过检定；或者新购买的钢尺要送到专业部门进行检定；或者钢尺在使用一段时间后，尺长改正数会发生变化，需要重新检定，得出钢尺的尺长方程式。

尺长方程式要注明钢尺检定时的温度、所施加的拉力和所检定的尺长。钢尺上所标注的长度称为钢尺的名义长度，一般与实际长度不相等，两者之差称为尺长改正数。钢尺的实际长度与温度（t）、拉力（p）、尺长改正数（Δl）等因数有关。由于拉力可以使用拉力计施加标准拉力（钢尺检定时所施加的拉力：一般 30m 钢尺为 100N，50m 钢尺为 150N）加以控制，因此，钢尺的实际长度可表达为温度的函数式，称为尺长方程式。

尺长方程式的形式为：

$$l_t = l_o + \Delta l + \alpha(t - t_o)l_o \qquad (4.7)$$

式中　l_t——钢尺在温度为 t℃时的实际长度；

　　　l_o——钢尺的名义长度；

　　　t_o——钢尺检定时的标准温度，其值一般为 20℃；

　　　Δl——尺长改正数，即尺长在温度 t_o 时的改正数，其值为实际长度与名义长度之差；

　　　α——钢尺的膨胀系数，其值一般为 0.0000125/℃，即 1.25×10^{-5}/℃；

　　　t——钢尺使用时的温度。

2. 钢尺精密量距方法

（1）准备工作

准备工作包括丈量场地的清理、直线定线和测定桩顶间高差等工作。场地清理是清除待丈量线段间的障碍物，以便于丈量工作的进行。当待丈量线段长度超过一整尺段时，需用经纬仪进行定线。测定桩顶间高差的目的在于将倾斜距离换算成水平距离。

（2）丈量方法

精密量距工作一般由 5 人进行，2 人拉尺，2 人读数，1 人测定丈量时的钢尺温度兼记录员。

丈量时，后尺手挂拉力计于钢尺零端，前尺手执尺子末端，两人同时拉紧钢尺，把钢尺有刻划的一侧贴于木桩顶十字线交叉点，待拉力计指针指示在标准拉力时，由后尺手发出"预备"口令，两人拉稳尺子，由前尺手喊"好"，前后尺手在此瞬间同时读数，估读至0.5mm，记录员依次记 A 观测手簿，并计算尺段长度。

前后移动钢尺 1m 以上，同法再次丈量，每一尺段丈量三次，由三组读数算得的长度，其差值一般不应超过 ±3mm，否则应重测。如在限差之内，取三次丈量的平均值作为该尺段的观测成果。每一尺段应测定温度一次，估读至 0.5℃。同法丈量至终点完成往测。完成往测后，应立即返测。

3．丈量成果处理

如果用一把名义长度为 l_o 的钢尺，量得一个尺段的名义长度为 L_o，若求得丈量时钢尺的实际长度为 l_t，设尺段的实际长度为 L_t，则按比例关系有：

$$\frac{l_t}{l_o} = \frac{L_t}{L_o}$$

由此可求得该尺段的实际长度 L_t 为：

$$L_t = \frac{l_t}{l_o} L_o \tag{4.8}$$

【例 4.3】 用某钢尺在温度为 26.5℃时进行 A1 尺段的距离丈量，量得其长度 $\overline{L}_{A1} = 29.9213m$，并测得该尺段的高差 $h_{A1} = 0.160$，丈量时采用标准拉力。已知该尺的尺长方程式为：

$$l_t = 30m + 0.0015m + 1.25 \times 10^{-5} \times (t℃ - 20℃) \times 30m$$

求 A1 尺段的实际水平距离 D_{A1}。

【解】 $l_t = 30m + 0.0015m + 1.25 \times 10^{-5} \times (26.5℃ - 20℃) \times 30m = 30.0039m$

由式（4.8）可求得：$L_t = \frac{l_t}{l_o} L_o = \frac{30.0039}{30} \times 29.9213 = 29.9252m$

此值为 A1 尺段的倾斜距离，由式（4.6）可求得其水平距离为：

$$D_{A1} = \sqrt{L_{A1}^2 - h_{A1}^2} = \sqrt{29.9252^2 - 0.160^2} = 29.9248m$$

其余各段的计算同 A1 尺段。

若一测段距离较长，要观测许多尺段，将各测段计算水平距离求和得往测；然后再计算出其返测值，就可按式（4.4）计算相对误差，当满足精度要求时，按式（4.2）计算出该测段的水平距离。

4.1.5 钢尺量距注意事项

任何测量工作都不可避免的存在有误差，钢尺量距也是如此。其误差主要来源于尺长误差、温度变化误差、拉力误差、钢尺不水平的误差、钢尺垂曲的误差、定线误差、丈量误差等等。

下面简要讨论这些误差对量距结果的影响及为消除或减小这些误差而应采取的措施。

1．尺长误差

在精密量距时，所用钢尺必须经过检定，以求得尺长改正数。尺长误差具有系统积累性，它与所量距离成正比。

在一般丈量时，当尺长误差的影响不大于所量直线长度的 1/10000 时，可不考虑此影响。否则，要进行尺长改正计算。

2. 温度变化误差

钢尺长度随着外界气温的变化也会发生变化，若量距时的温度与检定温度不同，则会产生此误差。需要指出的是，丈量时的空气温度与地面温度往往是不一样的。尤其是夏天在水泥地面上丈量时，尺子和空气的温度相差很大。为减小这一误差的影响，量距工作宜选择在温度变化较小的阴天进行。

3. 拉力误差

钢尺长度会随着拉力的增加而变长，若量距时施加的拉力与检定时的拉力不同，则会产生此误差。因此，进行较精确的量距时，应使用弹簧秤施加检定时的标准拉力，否则，要进行拉力改正计算。

在一般丈量时，只要用手保持适当的拉力即可满足精度要求。

4. 尺子不水平的误差

这种误差是指一般距离测量中，直接丈量水平量距时，目估钢尺不水平而引起的水平距离误差。

5. 钢尺垂曲的误差

当悬空丈量距离时，钢尺中部会受重力影响向下垂曲，而产生量距误差。在精密量距时，要进行垂曲改正计算。

在一般量距时，应在尺段中间设法托尺。

6. 定线误差

当丈量的两点间距离超过一个整尺段时，需要进行定线。若定线有误差，将直线量成一条折线，实际上距离就量长了。这一误差类似于钢尺不水平所产生的误差，是竖直面内的偏差，而定线误差是水平面内的偏差。

在一般量距时，用目估定线即可满足精度要求。

7. 丈量误差

如钢尺两端点刻划与地面标志点未对准所产生的误差，插测钎误差，估读误差等，都属此类误差。这一误差系偶然误差，无法完全消除，作业时应尽量仔细认真对待。

4.2 视 距 测 量

视距测量是根据几何光学原理，利用望远镜内的视距丝，测定两点间水平距离和高差的一种方法。这种方法的精度比直接测量的精度低（视距测量水平距离的相对精度约为 1/300），但操作简便，不受地形限制，且精度能满足地形测量中对碎部点位置的要求，所以视距测量广泛地应用于地形测量中。

4.2.1 视距测量的基本原理

1. 视线水平时的视距测量原理

如图 4.11 所示，欲测定 A、B 两点间的水平距离 D 及高差 h，在 A 点安置仪器，B 点竖立视距尺（一般用普通水准尺即可）。望远镜视准轴水平时（如用水准仪进行观测），照准 B 点标尺，视线与标尺垂直交于 Q 点。若尺上 M、N 两点成像在十字丝两根视距丝

m、n 处，则标尺上 MN 长度可由上下视距丝读数之差求得。上、下视距丝读数之差称为尺间隔，用 l 表示。

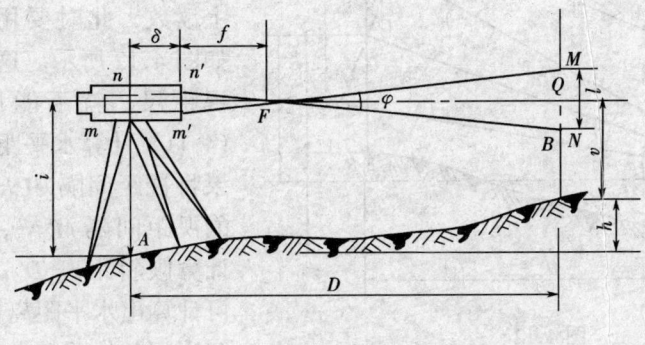

图 4.11

（1）水平距离

由 $\triangle m'n'F$ 与 $\triangle MNF$ 相似得：

$$\frac{FQ}{l} = \frac{f}{p} \Rightarrow FQ = \frac{f}{p} \cdot l$$

式中　l——尺间隔，$l = M - N$；

　　　f——物镜焦距；

　　　p——视距丝间隔。

由图中可以看出：

$$D = FQ + f + \delta$$

式中　δ——物镜至仪器中心的距离。

令 $\dfrac{f}{p} = K$ 为乘常数，$f + \delta = C$ 为加常数，则有：

$$D = K \cdot l + C \tag{4.9}$$

目前测量仪器中常用的为内对光望远镜，在设计制造时，已适当选择了组合焦距及其他有关参数，使得加常数 C 约等于零。仪器设计的 $\varphi = 34'22.63''$，由图可以看出：

$$\operatorname{tg} \frac{\varphi}{2} = \frac{\dfrac{p}{2}}{f} = \frac{1}{2} \cdot \frac{1}{\dfrac{f}{p}} = \frac{1}{2K}$$

则有：

$$K = \frac{1}{2 \cdot \operatorname{tg} \dfrac{\varphi}{2}} = 100$$

因此，式（4.9）可写成：

$$D = K \cdot l = 100 \cdot l \tag{4.10}$$

（2）高差

由图 4.11 可得出两点间高差 h：

$$h = i - v \tag{4.11}$$

式中　i——仪器高；

　　　v——觇标高，即望远镜十字丝中丝在标尺上的读数。

2. 视线倾斜时的视距测量原理

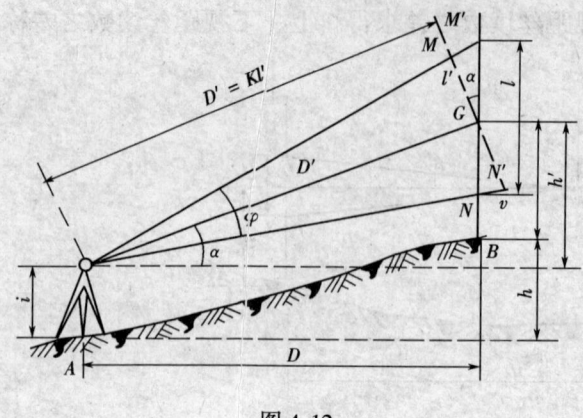

图 4.12

在地面起伏较大的地区进行视距测量时，必须使视线倾斜才能在标尺上读数，此时要用经纬仪进行观测，如图 4.12 所示。这时视线不再垂直于视距尺，就不能用式（4.10）和式（4.11）计算水平距离 D 和高差 h。如果将视距间隔 MN 换算为与视线垂直的视距间隔 $M'N'$，就可用式（4.10）计算倾斜距离 D'，再根据竖直角 α，可计算出水平距离 D 及高差 h。因此，解决问题的关键在于求出 MN 和 $M'N'$ 之间的关系，即 l 与 l' 之间的关系。

（1）水平距离

从图 4.12 可以看出：

$$l = M - N, \quad l' = M' - N', \quad D' = K \cdot l'$$

$$D = D' \cdot \cos\alpha = K \cdot l' \cdot \cos\alpha$$

$$l' = 2D \cdot \text{tg}\frac{\varphi}{2} = 2D \cdot \sec\alpha \cdot \text{tg}\frac{\varphi}{2}$$

$$l = D \cdot \text{tg}\left(\alpha + \frac{\varphi}{2}\right) - D \cdot \text{tg}\left(\alpha - \frac{\varphi}{2}\right)$$

代入化简可得：

$$D = K \cdot l \cdot \cos^2\alpha \cdot \left(1 - \text{tg}^2\alpha \cdot \text{tg}^2\frac{\varphi}{2}\right) \tag{4.12}$$

在实际观测中 α 一般不超过 $\pm 45°$，因此：

$$\text{tg}^2\alpha \cdot \text{tg}^2\frac{\varphi^2}{2} \leqslant \frac{1}{40000}$$

可见，式（4.12）括号内的第二项对普通视距测量影响极小，可忽略不计，因而可有：

$$D = K \cdot l \cdot \cos^2\alpha = D \cdot \cos^2\alpha \tag{4.13}$$

（2）高差

由图 4.12 中还可以看出，A、B 两点间的高差为：

$$h' = D \cdot \text{tg}\alpha = K \cdot l \cdot \cos^2\alpha \cdot \text{tg}\alpha = K \cdot l \cdot \cos\alpha \cdot \sin\alpha = \frac{1}{2} \cdot K \cdot l \cdot \sin 2\alpha$$

故：

$$h = \frac{1}{2} \cdot K \cdot l \cdot \sin 2\alpha + i - v \tag{4.14}$$

在实际工作中，一般尽可使觇标高 v 等于仪器高 i，这样可以简化高差 h 的计算。

式（4.13）和式（4.14）为视距测量计算的基本公式，当视线水平时，竖直角 $\alpha = 0$，即成为式（4.10）和式（4.11）。

56

4.2.2 视距测量观测

1. 在测站上安置仪器，量取仪器高 i；

2. 转动经纬仪，用盘左照准标尺，读取上丝、下丝标尺读数 M、N，求出尺间隔 l；

3. 读取中丝读数 v，调节竖盘指标水准管使气泡居中，读取竖盘读数 L，求出竖直角 α。

4.2.3 视距测量误差及注意事项

1. 读数误差

在视距测量中，标尺读数的误差与标尺的最小分划、标尺距离仪器的远近、望远镜的放大倍率等因素有关。施测时距离不能过大，要在《规范》规定的范围之内，读数时要注意消除视差。

2. 垂直折光影响

视距测量中，光线是从不同密度的大气层通过的，光线越接近地面，折光影响越显著。因此，观测时应尽可能使视线距地面 1m 以上。

3. 标尺倾斜引起的误差

标尺立得不直，对距离的影响与标尺的倾斜程度有关，并随地面的坡度增加而使误差增大。因此，视距测量时应尽可能把标尺立直。

4. 视距乘常数 K 的误差

由于仪器制造及外界温度变化等因素，使视距乘常数 K 值不为 100。K 调值应在 100 ± 0.1 之内，否则应进行校正，或者要采用其实测值进行计算。

此外，还有视距尺分划误差、竖直角观测误差等，都会使视距测量产生误差。

4.3 直 线 定 向

确定地面上两点的相对位置，仅知道两点间的水平距离是不够的，还必须确定此直线与标准方向之间的水平夹角。确定一条直线与标准方向之间的水平角度关系，称为直线定向。

4.3.1 标准方向的种类

标准方向也称为基本方向。直线定向时，常用的标准方向有：真子午线方向、磁子午线方向和坐标纵线方向。

1. 真子午线方向

通过地球表面某点的真子午线的切线方向，称为该点的真子午线方向。真子午线方向是用天文测量的方法或陀螺经纬仪测定的。

2. 磁子午线方向

磁针在地面某点自由静止时所指的方向，就是该点的磁子午线方向，磁子午线方向可用罗盘仪测定。由于地球的南北磁极与地球的真南北极不一致（磁北极约在北纬 74°、西经 114°左右；磁南极约在南纬 69°，东经 114°附近）。因此，地面点的真子午线方向与磁子午线方向是不一致的，两者间的夹角称为磁偏角，用 δ 表示。地面上不同点的磁偏角是不同的。若磁子午线北端偏向真子午线以东，称为东偏，规定磁偏角为"$+\delta$"；若磁子午线北端偏向真子午线以西，称西东偏，规定磁偏角为"$-\delta$"。如图 4.13 所示为东偏。

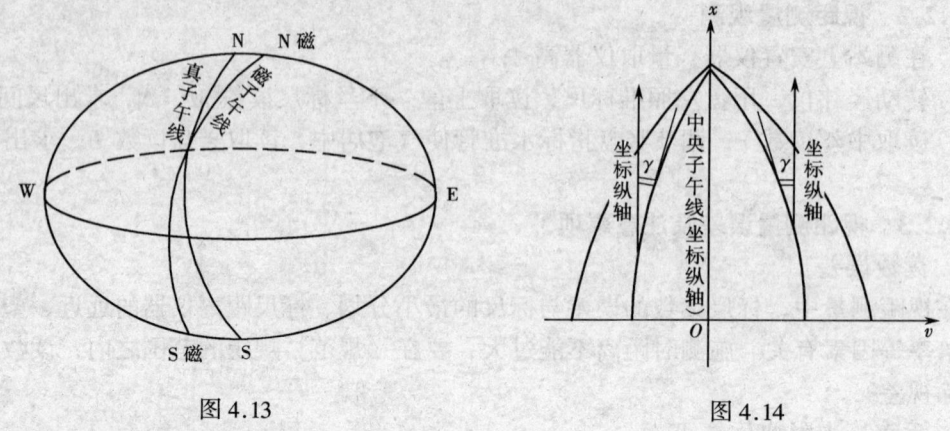

图 4.13　　　　　　　　　　　　　图 4.14

3. 坐标纵轴方向

测量平面直角坐标系中的纵轴（x 轴）方向，称为该点的坐标纵轴方向。地面上各点真子午线方向与高斯平面直角坐标系中坐标纵线之间的夹角称为子午线收敛角，用 γ 表示。坐标纵线北端偏向真子午线以东，称为东偏，规定子午线收敛角为"$+\gamma$"；坐标纵线北端偏向真子午线以西，称为西偏，规定子午线收敛角为"$-\gamma$"。地面各点子午线收敛角大小随点的位置不同而不同，由赤道向南北两极方向逐渐增大。如图 4.14 所示。

4.3.2　直线方向的表示方法

1. 方位角

由标准方向的北端起量到某一直线间的夹角，称为该直线的方位角。

方位角按顺时针方向推算为其值为正（$0° \leqslant \alpha < +360°$），按反时针方向推算其值为负（$-360° < \alpha \leqslant 0°$）。由于标准方向有三种，因此，直线的方位角也有三种。

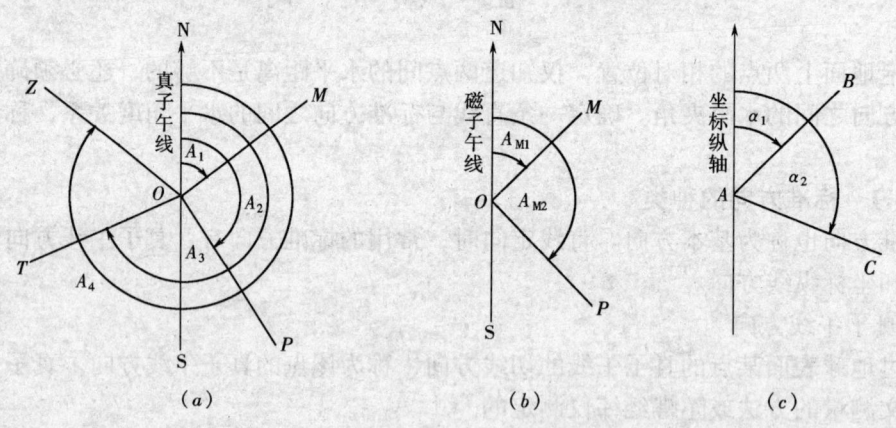

图 4.15

（1）真方位角

由真子午线方向的北端起量到某一直线间的夹角，称为该直线的真方位角，一般用 A 表示。如图 4.15（a）所示，A_1、A_2、A_3、A_4 分别表示直线 OM、OP、OT、OZ 四个方向线的真方位角。

（2）磁方位角

由磁子午线方向的北端起量到某一直线间的夹角，称为该直线的磁方位角，用 A_M 表示。如图 4.15（b）所示，A_{M1}、A_{M2} 分别表示 OM、OP 两方向线的磁方位角。

（3）坐标方位角

由坐标纵轴方向的北端起量到某一直线间的夹角，称为该直线的坐标方位角，简称方位角，用 α 表示。如图 4.15（c）所示，α_1、α_2 分别表示 OB、OC；两方向线的坐标方位角。

一条直线的坐标方位角，不论是按顺时针方向推算的正值，还是按反时针方向推算的负值，在 $\pm 360°$ 范围内，其同一函数值大小相等、符号相同。当方位角在 $\pm 3 \times 360°$ 范围内时，一般计算器都能计算出正确结果，有些计算器在 $\pm 4 \times 360°$ 范围内也能计算出正确结果。

在实际工作中，坐标方位角一般按顺时针方向推算，以正值表示（$0° \leqslant \alpha < +360°$）。

一条直线有正反两个方向，我们把直线前进方向称为直线的正方向。如图 4.16 所示，以 A 点为起点 B 点为终点的直线 AB，其坐标方位角 α_{AB}，称为直线 AB 的正方位角。而直线 BA 的坐标方位为 α_{BA}，称为直线 AB 的反方位角。

由图 4.16 可以看出，一条直线的正、反坐标方位角相差 180°，即：

$$\alpha_{BA} = \alpha_{AB} \pm 180° \tag{4.15}$$

2. 象限角

直线的方向，有时需要用小于 90° 的锐角及所在象限名称来表示。

由标准方向的北端或南端量到直线所夹的锐角，称为该直线的象限角，以 R 表示。

象限角按顺时针方向推算为其值为正（$0° \leqslant R < +90°$），按反时针方向推算其值为负（$-90° < R \leqslant 0°$）。如图 4.17 所示，象限角 R_1 和 R_3 是按顺时针方向推算的，为正值；而 R_2 和 R_4 是按反时针方向推算的，为负值。

测量平面直角坐标系中的象限，从北方向起顺时针方向按 Ⅰ、Ⅱ、Ⅲ、Ⅳ 编号的（如图 1.2 所示）。在有些工作中，象限角的值是指其绝对值。

如图 4.16 所示，直线 P_1、P_2、P_3、P_4 的象限角分别为北东 R_1、南东 R_2、南西 R_3 和北西 R_4。

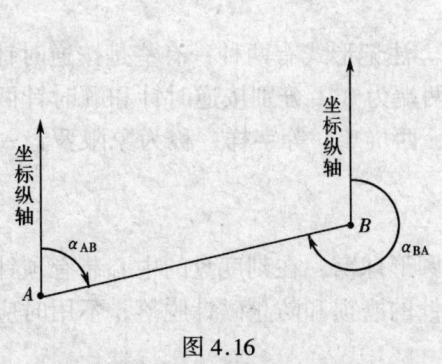

图 4.16

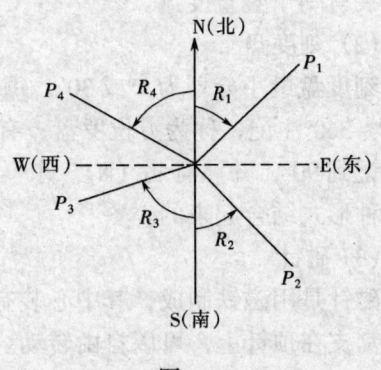

图 4.17

3. 坐标方位角和象限角的换算关系

当直线位于第 Ⅰ、Ⅳ 象限时（X 为正值），象限角和方位角都是从北端算起，所以象限角与方位角相等；当直线位于第 Ⅱ、Ⅲ 象限时（X 为负值），象限角是从南端算起，象限角与方位角相差 180°。

由图 4.18 可得坐标方位角与象限角的换算关系，见表 4.1。

坐标方位角与象限角换算　　　　　　　　　　　　表 4.1

直线方向	由坐标方位角推算象限角	由象限角推算坐标方位角
第 I 象限（北东）	$R_1 = \alpha_1$	$\alpha_1 = R_1$
第 II 象限（南东）	$R_2 = \alpha_2 - 180°$	$\alpha_2 = 180° + R_2$
第 III 象限（南西）	$R_3 = \alpha_3 - 180°$	$\alpha_3 = 180° + R_3$
第 IV 象限（北西）	$R_4 = \alpha_4 - 360°$	$\alpha_4 = 360° + R_4$

4.3.3　罗盘仪及其使用

罗盘仪是一种用来测量直线磁方位角的仪器、结构简单，使用方便，常用在精度要求不高的测量工作中。

1. 罗盘仪的构造

罗盘仪主要由望远镜、刻度盘和磁针三部分组成，如图 4.19 所示。

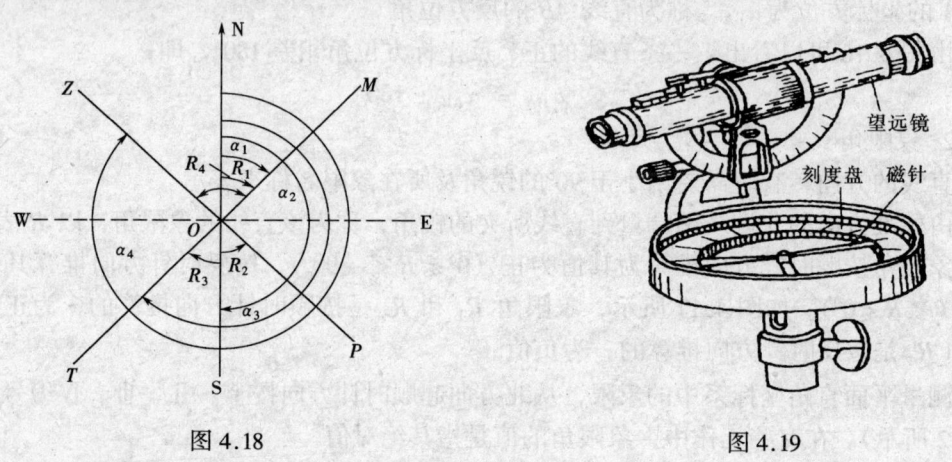

图 4.18　　　　　　　　　　　　　图 4.19

（1）望远镜是瞄准目标用的照准设备，采用外对光式。为了测量竖直角，在望远镜一侧还装有一个竖直度盘。

（2）刻度盘

刻度盘最小分划为 1° 或 30′，每 10° 作一注记。注记形式有两种：有些是按逆时针方向从 0°～360° 注记，称为方位罗盘；有些是南、北两端为 0°，分别按逆时针和顺时针两个方向注记到 90°，并注有北（N）、东（E）、南（S）、西（W）等字样，称为象限罗盘；也有将两种形式结合起来的。

（3）磁针

磁针是用磁铁制成，其中心装有镶着玛瑙的圆形球窝，在刻度盘的中心装有顶针，磁针球窝支在顶针上，可以自由转动。为了减少顶针的磨损和防止磁针脱落，不用时应用固定螺旋将磁针固定。

罗盘盒内装有水准器，用来指示罗盘仪的水平。

2. 罗盘仪的使用

用罗盘仪测定直线的磁方位角（或磁象限角）时，先将罗盘仪安置在直线的起点对中、整平。松开磁针固定螺旋放下磁针，再松开水平制动螺旋，转动仪器，用望远镜照准直线的另一端点上所立的标杆，待磁针静止后，如刻度盘的0°对向目标时，则读出磁针北端所指的度盘读数，即为该直线的磁方位角（或磁象限角）。

罗盘仪使用时，仪器附近不要有铁器，选择测站点时应避开高压线、铁栅栏等，以免因局部磁场的干扰而引起读数误差或造成读数错误。

4.4 光电测距仪简介

钢尺量距劳动强度大，工作效率低，尤其在地形条件比较复杂的情况下，钢尺量距非常困难，甚至无法进行。随着光电技术的发展，出现了以红外光、激光、电磁波为载波的光电测距仪。与传统的钢尺量距相比，光电测距有精度高、作业效率高、受地形影响小等优点。测距仪按测程分为远程测距仪（大于25km）、中程测距仪（10～25km）和短程测距仪（小于10km）。短程测距仪常以红外光做载波，故称红外测距仪。红外测距仪采用半导体砷化镓（GaAs）发光二极管作为光源。这种测距仪具有体积小、亮度高、功耗低、寿命长的优点。因此，红外测距仪被广泛应用于工程测量和地形测量中。

4.4.1 光电测距基本原理

如图4.20所示，欲测定 A、B 两点间的距离 D，在 A 点上安置测距仪，在 B 点上安置反射棱镜。由 A 点测距仪发射光波，该光波经 B 点反射棱镜反射回

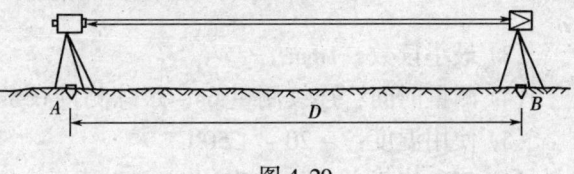

图4.20

测距仪。光波在空气中的传播速度 c 是已知的，测出光波在 A、B 两点间的往返传播时间 t，可按下式求出 A、B 两点的距离 D：

$$D = \frac{1}{2} \cdot c \cdot t \qquad (4.16)$$

据测定时间 t 的方法的不同，测距仪分为脉冲式测距仪和相位式测距仪。红外测距仪是一种相位式测距仪，通过测定发射的调制光波与接收到的光波相位移来间接测定时间 t。

4.4.2 RED2L型红外测距仪及其使用

图4.21为较见的 RED2L 型红外光电测距仪，其主机通过连接件安装在经纬仪上。下面就该仪器的性能及使用方法作一简要介绍。

1. 仪器结构

RED2L 测距仪主要包括：测距仪主机、反光镜、电源等。图4.22为测距仪的操作面板。

通过主机上的 SF2 换算器插座 8 与 SF2 换算器（图4.23所示）连接，可完成平距测量、高差测量、坐标测量、放样测量等工作。

2. 仪器主要性能

（1）测程：单块棱镜 3.8km；三块棱镜 5.0km。

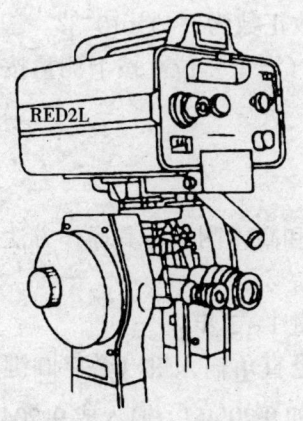

图4.21

（2）标称精度：±（5mm + 3 × 10⁻⁶·D）

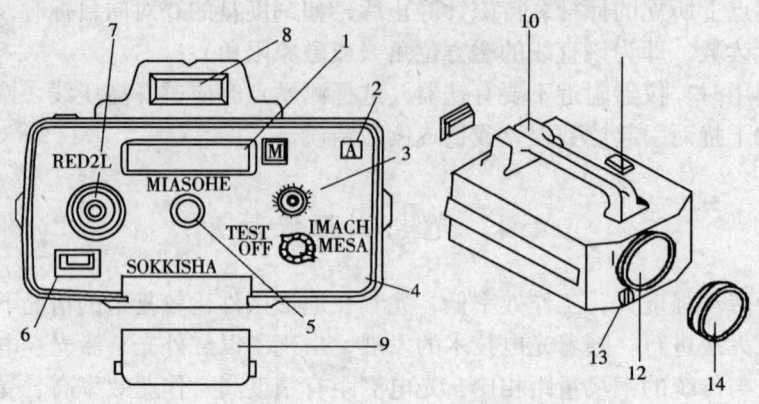

图 4.22

1—显示器；2—音响开关；3—气象修正；4—模式变换旋钮；5—测量键；
6—光强表；7—照准望远镜；8—换算器 SF2 接续插座；9—内部电池；10—把
手；11—棱镜常数旋钮；12—物镜；13—数据输出端；14—物镜罩

(3) 最小读数：1mm

(4) 测量时间：连续测量 6s；跟踪测量 0.5s。

(5) 使用温度： $-20 \sim +50℃$

(6) 气象修正方式：自动

4.4.3 RED2L 操作与使用方法

1. 斜距测量

(1) 在测站上安置经纬仪，对中、整平，用连接件将测距仪主机安装于经纬仪上。在镜站上安置反射棱镜，对中、整平棱镜，并用粗瞄器将棱镜对准测距仪。

(2) 装上电池后用测距仪望远镜照准反射棱镜，如图 4.24 所示。

(3) 将测量模式变换旋钮 4 从 OFF 位置于"TEST"（自检校）位，仪器开始自行检校。显示屏分别出现"$\boxed{\text{BAT OK}}$"、"$\boxed{\text{TEST OK}}$"字样表示仪器正常，自检完成，接着显示"$\boxed{\text{M}-3\ 045}$"形式的字样，表明棱镜常数为"-30mm"，气象改正数为"45×10^{-6}"。

(4) 自检校完成后，将测量模式变换旋钮 4 置于"MEAS"（测量）位。按下测量按钮 5（MEASURE）后开始测量斜距，约 6s 后显示测得的距离值。

(5) 停止测量再次按下测量键 5 即可。

2. 平距测量和高差测量

RED2L 主机装配上 SF2 换算器后可自动进行水平距离测量和高差测量，其操作方法如下：

(1) 安置仪器、镜站、并进行仪器自检校，方法同斜距测量 1~3 步。

(2) 将模式变换旋钮 4 置于 MEAS 位，按下 SF2 换算器之竖直角输入键（数字 $\boxed{0}$ 键），显示屏显示 $\boxed{\text{VANG}}$ 字样，此时即可按小数形式输入竖直角值。如 $9°20'45''$，输入成 9.2045，最后按下 $\boxed{\text{END}}$ 键结束输入。

(3) 按下水平距离测量键（数字 $\boxed{7}$ 键），屏幕显示 $\boxed{\text{H DIST}}$，开始进行平距测量，约 6s

62

后显示水平距离。若按下 STOP 键则停止测量。

（4）按下斜距测量键（数字 6 键），屏幕显示 Z DIST，开始进行斜距测量。若按下 STOP 键则停止测量。

（5）按下高差测量键（数字 8 键），屏幕显示 V DIST 开始进行高差测量，若按下 STOP 键则停止测量。

（6）在按下 STOP 键停止测量后，若需重新呼出本次测量的平距、高差和斜距，可按相应的数字键。如再按下 7 呼出平距，按下 8 呼出高差等。

坐标测量、放样测量可参考 RED2L 使用说明书。

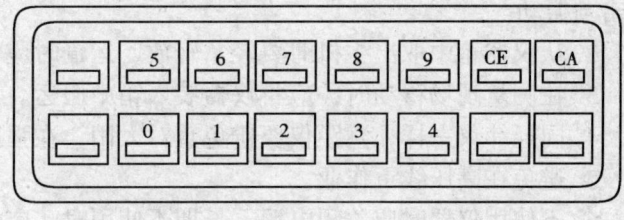

4.4.4 设置仪器自动修正值

使用光电测距仪进行距离测量时，需进行下列两项仪器修正值的设置。

1. 气象修正

RED2L 红外测距仪的气象修正按下式计算：

$$X = 278.96 - \frac{0.3872P}{1 + 0.003661t}$$

$$(4.17)$$

气象修正值呼出键	
0	天抽距（或高度角）输入键及"0"置数键
1	水平角输入键及"1"置数键
2	放样测量数据输入键及"2"置数键
3	"3"置数键
4	"4"置数键
.	小数点键
	输入结束键
	数据呼出键及符号（±）变换键
5	放样测量键及"5"置数键
6	斜距离测量键及"6"置数键
7	水平距离测量键及"7"置数键
8	高差测量键及"8"置数键
9	Y 坐标测量键及"9"置数键
CE	X 坐标测量键及置数清除键
CA	测量停止键及测量模式清除键

图 4.23

式中　X——气象修正值，ppm（$1\text{ppm} = 1 \times 10^{-6}$）；

　　　P——测距时的大气压，mmHg（$1\text{mmHg} = 133.3\text{Pa}$）；

　　　t——测距时的大气温度，℃。

气象修正值也可用随仪器提供的气象修正表查得。设置时，旋转气象修正旋钮 3，置位于计算或查表所得的值。

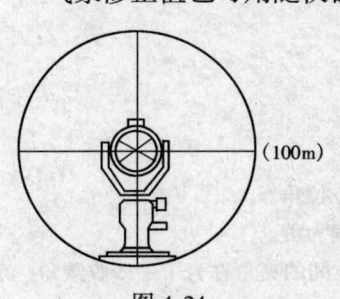

（100m）

图 4.24

2. 棱镜常数

棱镜常数随所使用棱镜的不同而不同，利用 RED2L 主机上的棱镜常数设置钮，可进行棱镜常数的设定，仪器会根据所设定的值自动对所测距离进行改正。

4.4.5 测距仪使用注意的事项

1. 测距仪是精密仪器，在使用时应十分小心，防止大的冲击与振动。

2. 从仪器箱中取出主机时要轻拿轻放，运输时应将主机箱装入防震木箱中。

3. 在测量现场移动时，应将仪器装入箱中搬运。

4. 同经纬仪一样，测距仪要避免直对太阳，在强阳光下或下雨时应给仪器打伞。

5. 避免在高压线下作业。

6. 不使用仪器时应关闭电源，长期不使用时，应将电池取出。

思 考 题

一、解释名词

1. 直线定线：

2. 直线定向：

3. 真子午线方向：

4. 磁子午线方向：

5. 坐标纵轴方向：

6. 坐标方位角：

7. 反坐标方位角：

8. 象限角：

二、填空题

1. 钢尺根据外形分为_____和_____两种。

2. 钢尺以零点的位置不同分为_____和_____，使用时要注意区别。

3. 钢尺性脆，容易折断，也容易生锈，使用时要_____。

4. 确定_____与_____称为直线定向。

5. 罗盘仪主要由_____、_____和_____三部分组成。

三、单选题

1. 真子午线是通过地面上某点指向地球（   ）

A. 南极的方向线   B. 北极的方向线   C. 南北极的方向线

2. 测量平面直角坐标系中采用（   ）来计算点的坐标。

A. 真方位角   B. 坐标方位角   C. 磁方位角

3. 直线的象限角是由子午线的（   ）与直线所夹的锐角。

A. 南端   B. 北端   C. 南端或北端

4. 距离丈量的精度是用（   ）来衡量的。

A. 绝对误差   B. 相对误差   C. 容许误差

5. 已知 EF 的正方位角为 153°，则其反方位角为（   ）。

A. – 153°   B. 351°   C. 333°

6. 已知 EF 的正方位角为 153°，则其象限角的绝对值为（   ）。

A. 37°   B. 27°   C. 63°

四、判断题（对打"√"，错打"×"）

1. 磁子午线方向是用天文测量的方法或陀螺经纬仪测定的。   （   ）

2. 由子午线的北端顺时针方向量至某一直线的夹角称为该直线的方位角。   （   ）

3. 磁子午线与坐标子午线之间的夹角称为磁偏角，东偏为正，西偏为负。   （   ）

4. 地面上各点的真子午线方向与高斯平面直角坐标系中坐标纵线之间的夹角称为子午线收敛角，东偏为正，西偏为负。   （   ）

5. 钢尺量距有精度高、作业效率高、受地形影响小等优点。　　　　　　　　　（　　）

6. 视距测量是根据几何光学原理，利用望远镜内的视距丝，测定两点间水平距离和高差的一种方法。　　　　　　　　　　　　　　　　　　　　　　　　　　　　　　　　（　　）

五、问答题

1. 如何用罗盘仪测定直线的磁方位角和象限角？

2. 如何进行目估定线？

3. 如何用经纬仪定线？

4. 正反坐标方位角之间有什么关系？

5. 什么叫象限角？象限角与坐标方位角之间如何转换？

六、计算题

1. 在进行图根导线测量时，丈量一段距离，$D_{往} = 126.843\text{m}$，$D_{返} = 126.880\text{m}$，计算这段距离的丈量结果的精度是否合格？若合格其结果应该是多少？

2. AB 直线的坐标方位角为：$215°36'30''$，求象限角是多少？

3. 已知 EF 直线的方位角为：$347°48'24''$，求象限角是多少？

4. 已知 MN 的坐标方位角为：$145°30'54''$，求其反方位角是多少？

5. 在一测站点 A 上进行视距测量时，测站点的高程为：$H_A = 1584.40\text{m}$，仪器高 $i_A = 1.45\text{m}$，测点 P 上水准尺的上、中、下三丝读数分别为：2.676、1.450、0.224，经纬仪盘左时竖盘读数为 $98°48'30''$（该经纬仪竖盘为顺时针注记），求 A 点到 P 点的距离及 P 点的与高程。

6. 用一把尺长方程式为 $l_t = 30\text{m} + 0.0018\text{m} + 1.25 \times 10^{-5} \times (t - 20℃) \times 30\text{m}$ 的钢尺，在温度为 26.5℃时丈量得 AB 尺段的距离为 $\overline{L}_{AB} = 29.9213\text{m}$，并测得 AB 尺段的高差为 $h_{AB} = -0.368\text{m}$，丈量时采用标准拉力。计算 AB 尺段的实际水平距离 $D_{AB} = ?$

七、思考题

1. 视距测量有哪些优缺点？

2. 一个测站上的视距测量工作是如何进行的？

3. 精密量距时应考虑哪些影响精度的因素？用什么方法保证量距精度？

4. 光电测距仪是利用什么原理测量距离的？

第5章　小地区控制测量与地形测量

5.1　控制测量概述

测量工作必须遵循"从整体到局部，由高级到低级、先控制后碎部"的原则，即先在全测区范围内，选定若干个具有控制作用的点位，组成一定的几何图形，以较精确的方法，测定这些点位的平面位置和高程。

测定控制点的工作，称为控制测量。控制测量分为平面控制测量和高程控制测量；平面控制测量是测定控制点的平面位置（X、Y），高程控制测量是测定控制点的高程（H）。

5.1.1　平面控制测量

平面控制测量一往采用三角测量和导线测量，近年来又有了 GPS 卫星定位测量。

1. 三角测量

将控制点（如图 5.1 中 A、B、C、D、E、F、G、H 点）组成相互连接的三角形，测量出起算边（如图中 AB、GH 边）的长度，并测量所有三角形的内角，再根据已知边的坐标方位角、已知点的坐标，求出其余各点的坐标，称为三角测量。

用三角测量的方法测定的平面控制点称为三角点。

由三角点组成的控制网称为三角网。在全国范围内统一建立的控制网，称为国家控制网。

国家平面控制网以往主要是用三角测量的方法，根据"由高级到低级的"原则建立的，分为一、二、三、四等，它是全国测绘各种比例尺地形图的基本控制，也是各项工程基本建设的依据，并为研究地球的形状和大小、军事科学及地震预报等提供重要的研究资料。

2. 导线测量

将控制点（如图 5.2 中 B、1、2、3、4 点）用折线连接起来称为导线。测量出各导线边的长度和各个转折角的大小，根据起算边（如 AB 边）的坐标方位角和和起算点（如 B 点）的坐标，计算出其他点的坐标，称为导线测量。

用导线测量的方法测定的平面控制点称为导线点。

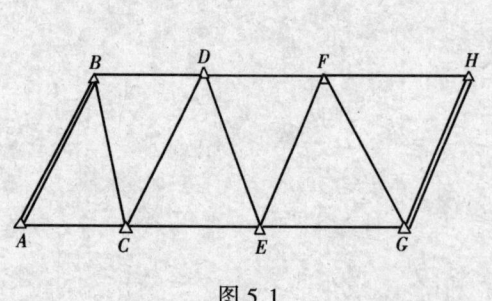

图 5.1

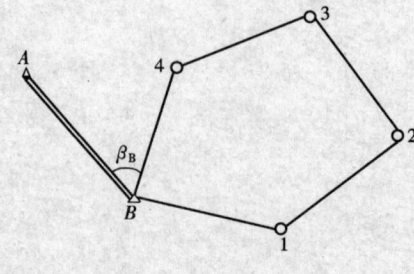

图 5.2

城市建设中的平面控制网称为城市平面控制网。城市平面控制网以往多是用导线测量的方法建立的。城市平面控制网以国家控制点为基础，根据测区的大小、城市规划和施工测量的需要，布设成不同的等级，供大比例尺地形图测绘及施工测量使用。

3.GPS 卫星定位测量

目前，GPS 卫星定位测量已经得到了广泛的应用，全国 GPS 大地网已经布设完成。这种先进的测量方法精度高、效率高、操作方便，具有很多的优越性，正逐步普及应用于各项工程建设的工程测量工作当中（详见第 8 章）。

根据国家建设部 1999 年发布的《城市测量规范》，城市平面控制网的主要技术要求见表 5.1 和表 5.2。

光电测距导线的主要技术要求 表 5.1

等级	闭合环或附合导线长度（km）	平均边长（m）	测距中误差（mm）	测角中误差（″）	导线全长相对闭合差
一级	3.6	300	≤±15	≤±5	≤1/14000
二级	2.4	200	≤±15	≤±8	≤1/10000
三级	·1.5	120	≤±15	≤±12	≤1/6000

钢尺量距导线的主要技术要求 表 5.2

等级	附合导线长度（km）	平均边长（m）	往返丈量相对误差	测角中误差（″）	导线全长相对闭合差
一级	2.5	250	≤1/20000	≤±5	≤1/10000
二级	1.8	180	≤1/15000	≤±8	≤1/7000
三级	1.2	120	≤1/10000	≤±12	≤1/5000

5.1.2 高程控制测量

国家高程控制测量主要采用水准测量的方法建立，分为一、二、三、四等，按"由高级到低级"的原则逐级加密布设。一、二等水准测量是用高精度水准仪和精密水准测量方法施测，其成果作为全国范围内的高程控制。三、四等水准测量常作为小地区建立高程控制网的依据。

城市规划建设及各种工程建设需要建立的高程控制网分为二、三、四等水准测量及图根水准测量。

用水准测量的方法测定控制点的高程，精度较高。但是在山区或丘陵地区，由于地面高差较大，水准测量比较困难，以往采用三角高程测量的方法测定地面点的高程，这种方法可以保证一定的精度，而且工作又较迅速简便。近些年来，由于测距仪和全站仪的广泛应用，使得用三角高程测量方法建立的高程控制网的精度不断提高。现在，利用 GPS 水准测量将使这一工作速度更快、精度更高。

5.1.3 小地区控制测量

在小地区（面积在 $10km^2$ 以下）范围内建立的控制网，称为小地区控制网。小地区控制测量应根据测区的大小建立"首级控制"和"图根控制"。

为测图建立的控制网，称为图根控制网。在已经有基本控制网的地区测绘大比例尺地形图，应该进一步的进行加密，布设图根控制网。

组成图根控制网的控制点，称为图恨控制点，简称图根点。

测定图根点的工作，称为图根控制测量。

首级控制是加密图根点的依据。图根点是直接供测图使用的控制点。图根点的密度应根据测图比例尺和地形条件而定，常规成图方法平坦开阔地区图根点的密度见表5.3规定。

地形复杂、隐蔽以及城市建筑区，应根据测图需要加大图根的密度。

小地区平面控制常用导线测量，高程控制常用四等、图根水准测量和三角高程测量。

平坦开阔地区图根点的密度（点/km²）   表5.3

测图比例尺	1:500	1:1000	1:2000
图根点密度	150	50	15

5.2 导线测量的外业工作

导线测量是建立小地区平面控制网的主要方法，特别适用于地物分布比较复杂的城市建筑区、通视较困难的隐蔽地区、带状地区以及地下工程等。

导线测量根据观测方法和精度要求的不同，有许多种类。控制测量中常用的有经纬仪导线和光电测距导线。

用经纬仪测定各转折角，用钢尺测定其边长的导线，称为经纬仪导线。

用光电测距仪测定边长的导线，则称为光电测距导线。

表5.4和表5.5为两种图根导线量距的技术要求。

图根钢尺量距导线测量的技术要求   表5.4

比例尺	附合导线长度（m）	平均边长（m）	导线相对闭合差	测回数 DJ₆	方位角闭合差
1:500	500	75			
1:1000	1000	120	≤1/2000	1	≤ ±60″$\sqrt{n}$
1:2000	2000	200			

注：n 为测站数。

图根光电测距导线测量的技术要求   表5.5

比例尺	附合导线长度（m）	平均边长（m）	导线相对闭合差	测回数 DJ₆	方位角闭合差（″）	测距 仪器类型	测距 方法与测回数
1:500	900	80					
1:1000	1800	150	≤1/2000	1	≤ ±40″$\sqrt{n}$	Ⅱ级	单程观测 1
1:2000	3000	250					

注：n 为测站数。

5.2.1 导线布设的形式

根据测区的地形及测区内控制点的分布情况，导线布设形式可分为下列三种基本形式：

1. 支导线

如图5.3所示，从已知的高级控制点 B（X_B、Y_B）和已知边 AB 的方位角（α_{AB}）出发，在测量出两点间的水平距离 D_{B1}、D_{12} 及相邻两条边之间的水平角度 β_B、β_1 后，就可以推算出 1、2 点的平面坐标来，其平面位置就确定了。

这种从已知点和已知边观测推算出待测点的导线，称为支导线。

当支导线没有检核条件时，无法控制误差的积累，边数一般不可超过四条。

在隧道等特殊工程测量中，只能采用支导线形式测量，而导线边数较多时，必须进行往返观测或重复观测，以检核观测成果并进行平差计算。

2. 附合导线

如图 5.4 所示，从已知高级控制点 B（X_B、Y_B）和已知边 AB 的方位角（α_{AB}）出发，经过导线点 1、2、3，最后附合到另一个高级控制点 C（X_C、Y_C）和已知边 CD 的方位角（α_{CD}）上，称为附合导线。附合导线的优点是具有检核观测成果的作用。

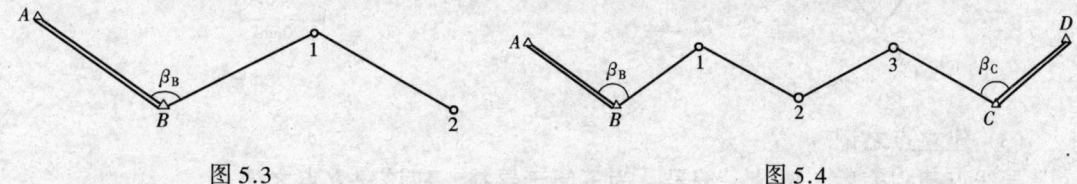

图 5.3   图 5.4

3. 闭合导线

从一点出发最后又回到该点上，形成一个闭合多边形，称为闭合导线。如图 5.5 所示，1234 所组成的闭合导线形式，常用于独立坐标系中。

如图 5.2 所示，当工程需要采用统一坐标系时，要与高级控制点进行连接测量。

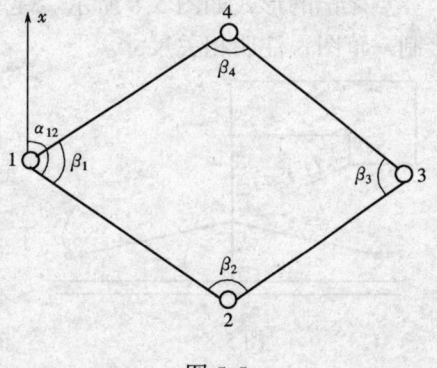

5.2.2 导线测量的外业工作

导线测量的外业工作包括选点、量边、测角及连接测量等。

图 5.5

1. 选点及建立标志

选点前，应先到有关部门收集资料，并在图上规划导线的布设方案，然后踏勘现场，根据测区的范围、地形条件、已有的控制点和施工要求选定导线点。

（1）选点时应注意以下事项：

1）相邻导线点间应通视良好、地面较平坦，便于测角和量距。

2）导线点应选在土质坚实、便于保存标志和安置仪器的地方。

3）导线点应选在视野开阔处，以便施测周围地形。

4）导线各边的长度应尽可能大致相等，其平均边长应符合表 5.4 和表 5.5 的规定。

5）导线点应有足够的密度、分布均匀合理，以便能够控制整个测区。具体要求见表 5.3。

（2）埋设标志

导线点选定后，应在点位上埋设标志。导线点的标志有临时性标志和永久性标志两种。

1）临时性标志：当点位的要求使用期限较短时，在每个点位上打下一个大木桩，桩顶钉一小铁钉，必要时在周围浇筑混凝土，如图 5.6 所示。

2）永久性标志：当点位的要求使用期限较长时，应埋设混凝土桩或石桩，桩顶刻"十"字，以"十"字的交点作为点位的标志，如图 5.7 所示。

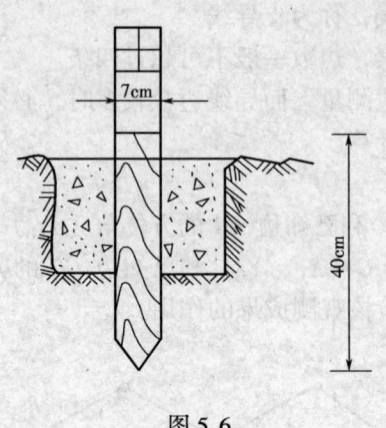

图 5.6

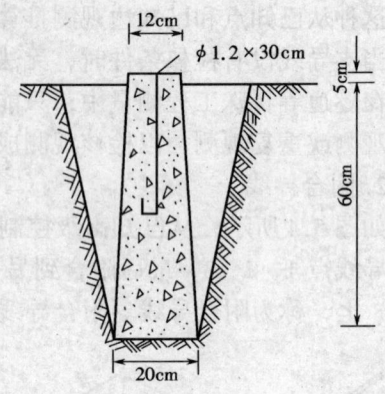

图 5.7

（3）建立点之记

导线点建立完后，要统一编号。为了便于寻找，应该建立点之记。

点之记的形式如图 5.8 所示。建立点之记，应量出导线点至附近明显地物的距离，并绘制一草图，注明相关尺寸。

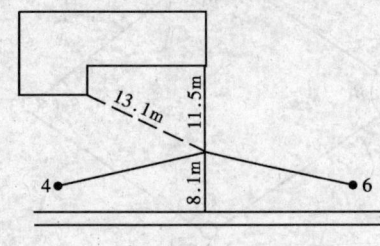

图 5.8

2．量边

导线边长可以用光电测距仪测定，也可以用检定过的钢尺按精密量距的方法进行丈量，有关要求见表 5.4 和表 5.5。

对于图根导线应往返丈量，往返丈量的相对误差不得大于 1/3000。当尺长改正数小于尺长的 1/10000、量距时的平均尺温与检定时温度之差小于 ±10℃、尺面倾斜小于 1.5% 时，可不进行改正计算，直接取其往返丈量的平均值作为结果。

3．测角

导线的转折角有左角和右角之分，位于前进方向左侧的水平角，称为左角，反之则为右角。图根导线的水平角度测量，一般用 DJ$_6$ 型光学经纬仪观测一测回，盘左、盘右测得角值互差要小于 ±40″，取其平均值作为最后结果。

4．连接测量

为了使测区的坐标与国家或地区相统一，布设的导线应与高级控制点进行连接测量。

5.3　导线测量的内业计算

导线测量内业的计算目的是根据已知的起始数据和外业的观测成果计算出导线点的坐标。进行内业计算前，要仔细检查所有外业观测成果有无遗漏、记错、算错，成果是否都符合精度要求，保证原始资料的准确性。计算时应绘制导线略图，在相应位置上注明已知数据及观测数据，以便进行导线的计算。

5.3.1 导线坐标计算的概念

1. 坐标正算

由已知点坐标、已知边长和坐标方位角求未知点坐标，称为坐标正算。直线两端点的坐标之差，称为坐标增量。如图 5.9 所示，设 AB 直线两个端点的坐标分别为（X_A、Y_A）和（X_B、Y_B），则 AB 间的纵、横坐标增量分别为：

$$\begin{aligned}\Delta X_{AB} &= X_B - X_A \\ \Delta Y_{AB} &= Y_B - Y_A\end{aligned} \tag{5.1}$$

根据图 5.9 的几何关系，可以写出坐标增量的计算公式：

$$\begin{aligned}\Delta X_{AB} &= D_{AB} \cdot \cos\alpha_{AB} \\ \Delta Y_{AB} &= D_{AB} \cdot \sin\alpha_{AB}\end{aligned} \tag{5.2}$$

图 5.9

式（5.2）中，因为距离 D_{AB} 恒为正值，所以坐标增量 ΔX 和 ΔY 的正负号由 $\sin\alpha$ 和 $\cos\alpha$ 的正负号决定，而 $\sin\alpha$、$\cos\alpha$ 的正负号由坐标方位角 α 的数值决定。根据点的坐标及算得的坐标增量，得到 B 点的坐标为：

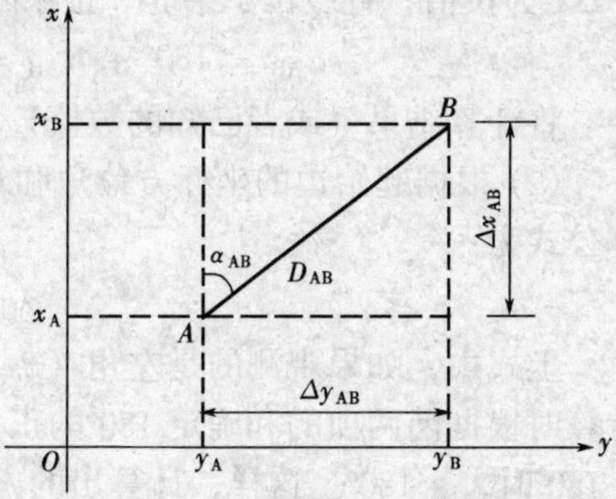

$$\begin{aligned}X_B &= X_A + \Delta X_{AB} \\ Y_B &= Y_A + \Delta Y_{AB}\end{aligned} \tag{5.3}$$

2. 坐标反算

由两个已知点的坐标，求其坐标方位角和边长，称为坐标反算。

导线测量中，已知边的方位角一般是根据坐标反算求得的。另外，在施工前也需要按坐标反算求出放样数据。

由图 5.9 可直接得到下面公式：

$$\begin{aligned}\Delta X_{AB} &= X_B - X_A \\ \Delta Y_{AB} &= Y_B - Y_A\end{aligned} \tag{5.4}$$

$$\begin{aligned}\alpha_{AB} &= \text{arctg}\frac{\Delta Y_{AB}}{\Delta X_{AB}} \\ D_{AB} &= \sqrt{\Delta X_{AB}^2 + \Delta Y_{AB}^2}\end{aligned} \tag{5.5}$$

5.3.2 支导线计算

如图 5.10 所示，支导线的计算步骤如下：

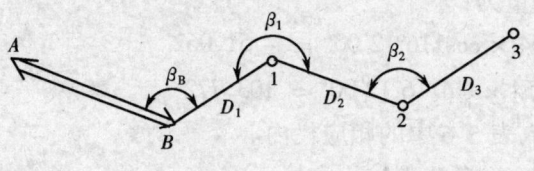

图 5.10

1. 将校核过的已知数据和观测数据填入导线计算表中相应栏内。

【例 5.1】 如图 5.10 所示的支导线中，已知 A 点的坐标：$X_A = 5618.412$、$Y_A = 7132.729$，B 点的坐标：$X_B = 5521.386$、$Y_B = 7194.256$。测得导线的左角为：$\beta_B = 148°34'48''$、$\beta_1 = 224°36'42''$、$\beta_2 = 136°23'24''$。量得导线边长为：$D_1 = 115.654$、$D_2 = 120.342$、$D_3 = 118.656$。将以上已知数据和观测数据填入表 5.6 中的相应栏内。

2. 推算各边坐标方位角

(1) 计算 AB 边 (起始边) 的坐标方位角 (α_{AB})

【例 5.2】 将例 5.1 中的数据代入式 (5.4)、式 (5.5) 有:

$$\Delta X_{AB} = X_B - X_A = -97.026$$

$$\Delta Y_{AB} = Y_B - Y_A = 61.527$$

$$R_{AB} = \text{arctg}\,\frac{\Delta Y}{\Delta X} = \text{arctg}\,\frac{61.527}{-97.026} = -32°22'48''$$

ΔX 为负值,直线位于第 II、III 象限,根据表 4.1 坐标方位角与象限角换算关系,有:

$$\alpha_{AB} = 180° + R_{AB} = 180 + (-32°22'48'') = 147°37'12''$$

将计算结果 (或者已知的数值) 填入表 5.6 中的相应栏内。

(2) 根据起始边的坐标方位角和观测的水平角推算其余各边的坐标方位角,方位角推算公式为:

$$\alpha_{前} = \alpha_{后} \pm \beta \pm 180° \qquad (5.6)$$

上式中,如果观测的是左角 ($\beta_{左}$),β 取 "+";若观测的是右角 ($\beta_{右}$),β 取 "-"。计算时根据前两项的和确定 180 的正负号,当 ($\alpha_{后} \pm \beta$) $\geqslant$ 180° 时,-180°;当 ($\alpha_{后} \pm \beta$) < 180° 时,+180°。这样,计算出的方位角必然在 0° ~ 360° 范围内。

或者将式 (5.6) 写成:

$$\alpha_{前} = \alpha_{后} + \beta_{左} - 180° \qquad (5.7)$$

$$\alpha_{前} = \alpha_{后} - \beta_{右} + 180° \qquad (5.8)$$

按式 (5.7) 和式 (5.8) 计算方位角,当计算出的方位角大于 360° 时,应减去 360°;当计算出的方位角为负值时,应加上 360°。

【例 5.3】 在例 5.1 中,根据起始边的坐标方位角 α_{AB},按式 (5.6) 可依次推算出其余边的坐标方位角 α_{B1}、α_{12}、α_{23} 等,并填入表 6.6 中的相应栏内。该题中观测的是左角 ($\beta_{左}$),β 取 "+",各边的方位角为:

$$\alpha_{B1} = \alpha_{AB} + \beta_B \pm 180° = 147°37'12'' + 148°34'48'' - 180° = 116°12'00''$$

$$\alpha_{12} = \alpha_{B1} + \beta_1 \pm 180° = 116°12'00'' + 224°36'42'' - 180° = 160°48'42''$$

$$\alpha_{23} = \alpha_{12} + \beta_2 \pm 180° = 160°48'42'' + 136°23'34'' - 180° = 117°12'16''$$

3. 计算坐标增量

根据已推算出的导线各边的坐标方位角和相应的观测边长,按式 (5.2) 计算各边的坐标增量。

【例 5.4】 在例 5.1 中,$B1$ 边的坐标增量为:

$$\Delta X_{B1} = D_1 \cdot \cos\alpha_{B1} = 115.654 \times \cos 116°12'00'' = -51.062$$

$$\Delta Y_{B1} = D_1 \cdot \sin\alpha_{B1} = 115.654 \times \sin 116°12'00'' = 103.772$$

同法计算出其余各边的坐标增量,并填入表 5.6 中的相应栏内。

4. 计算各点坐标

根据已计算出的导线各边的坐标增量,按式 (5.3) 计算各导线点的纵坐标 X:

$$X_1 = X_B + \Delta X_{B1}$$

$$X_2 = X_1 + \Delta X_{12}$$

$$X_3 = X_2 + \Delta X_{23}$$

将以上各式相加，得：

$$X_3 = X_B + \Sigma \Delta X \tag{5.9}$$

由上面的计算过程，可写出一般公式：

$$X_终 = X_始 + \Sigma \Delta X \tag{5.10}$$

同理可写出：

$$Y_终 = Y_始 + \Sigma \Delta Y \tag{5.11}$$

【例 5.5】 在例 5.1 中，导线点 1 的坐标为：

$$X_1 = X_B + \Delta X_{B1} = 5521.386 + (-51.062) = 5470.324$$

$$Y_1 = Y_B + \Delta Y_{B1} = 7194.256 + 103.772 = 7298.028$$

同法计算出其余各导线点的坐标，并填入表 5.6 中的相应栏内。

采用支导线测量，没有检核条件，不能进行平差计算，直接在表中计算出各导线点的坐标即可。

5.3.3 附合导线计算

如图 5.11 所示，附合导线的计算步骤如下：

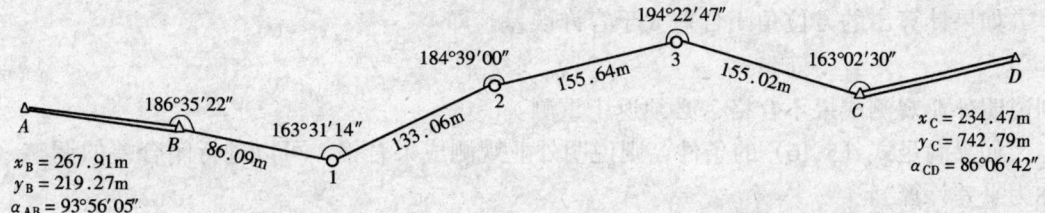

图 5.11

1. 将检核过的已知数据和观测数据填入导线计算表中相应栏内。

【例 5.6】 图 5.11 所示为一钢尺量距图根导线，所测角度为左转折角，将图中所示的已知数据和观测数据填入表 5.7 中的相应栏内。

2. 方位角闭合差的计算、检核和调整

(1) 方位角闭合差的计算

图 5.11 中，A、B、C、D 为已知点，1、2、3 为布设的导线点，根据起始边 AB 的坐标方位角 α_{AB} 及观测的各转折角 $\beta_左$，由式 (5.6) 可推算出各边的坐标方位角为：

$$\alpha_{B1} = \alpha_{AB} \pm \beta_B \pm 180°$$

$$\alpha_{12} = \alpha_{B1} \pm \beta_1 \pm 180°$$

$$\alpha_{23} = \alpha_{12} \pm \beta_2 \pm 180°$$

$$\alpha_{3C} = \alpha_{23} \pm \beta_3 \pm 180°$$

$$\alpha'_{CD} = \alpha_{3C} \pm \beta_{CD} \pm 180°$$

将以上各式相加，得：

$$\alpha'_{CD} = \alpha_{AB} \pm \Sigma\beta \pm 5 \times 180° \tag{5.12}$$

可得求最后一条边方位角的公式：

$$\alpha'_{终} = \alpha_{始} \pm \Sigma\beta \pm n \times 180° \tag{5.13}$$

式中，n 为转折角个数，其他规定同式（5.6）、式（5.7）和式（5.8）。

由于角度观测值中不可避免地含有误差，使得利用实测角度推算的方位角 $\alpha'_{终}$ 与已知的方位角 $\alpha_{终}$ 不相等，其差值称为方位角闭合差（用 f_α 表示）。即：

$$f_\alpha = \alpha'_{终} - \alpha_{终} \tag{5.14}$$

或者将式（5.13）式代入式（5.14），可得：

$$f_\alpha = \alpha_{始} \pm \Sigma\beta_{测} \pm n \times 180° - \alpha_{终} \tag{5.15}$$

当按式（5.15）计算时，如果求出的方位角闭合差 f_α 的绝对值非常接近 360° 的整倍数时，则要加减 360° 的整倍数，使 f_α 的绝对值接近于 0 才对。

（2）方位角闭合差的检核

计算出的方位角闭合差 f_α 必须小于规定的容许误差 $f_{\alpha容}$（也称为限差），即：

$$f_\alpha \leqslant f_{\alpha容} \tag{5.16}$$

按表 5.4 的规定，钢尺量距图根导线方位角闭合差的容许误差为：$f_{\alpha容} = \pm 60''\sqrt{n}$。

按表 5.5 的规定，光电测距图根导线方位角闭合差的容许误差为：$f_{\alpha容} = \pm 40''\sqrt{n}$。

式中 n 为转折角的个数。

如果计算出的方位角闭合差大于容许误差，即：

$$f_\alpha > f_{\alpha容} \tag{5.17}$$

则说明外业观测成果不合格，必须返工重测。

如果满足式（5.16）的条件，则说明外业观测成果合格，可以进行闭合差的调整（也称为平差计算）。

（3）方位角闭合差的调整

方位角闭合差的调整方法，是将闭合差按相反符号平均分配给各观测角 $\beta_{测}$，从而求得改正后的角值 $\beta_{改}$。

1）计算角度改正数 V_β

当导线观测的是左转折角 $\beta_{左}$ 时：$\quad V_{\beta左} = -\dfrac{f_\alpha}{n} \tag{5.18}$

改正数的检核：$\quad\quad\quad\quad \Sigma V_{\beta左} = -f_\alpha \tag{5.19}$

当导线观测的是右转折角 $\beta_{右}$ 时：$\quad V_{\beta左} = \dfrac{f_\alpha}{n} \tag{5.20}$

改正数的检核：$\quad\quad\quad\quad \Sigma V_{\beta右} = f_\alpha \tag{5.21}$

2）计算改正后角度 $\beta_{改}$

$$\beta_{改} = \beta_{测} + V_\beta \tag{5.22}$$

【例 5.7】 在例 5.6 中，由式（5.15）可计算出：

$$f_\alpha = \alpha_{始} \pm \Sigma\beta_{测} \pm n \times 180° - \alpha_{终} = + 16''$$

根据表 5.4 的要求可计算出：

$$f_{\alpha容} = \pm 60''\sqrt{n} = \pm 60''\sqrt{5} = \pm 134''$$

结果满足式（5.16）$f_\alpha \leqslant f_{\alpha容}$ 的要求，说明外业观测成果合格，可以进行闭合差的调整。

由式（5.18）可计算出：$V_{\beta左} = -\dfrac{f_\alpha}{n} = -\dfrac{16''}{5} = -3.2'' \approx -3''$

为了满足式（5.19）$\Sigma V_{\beta左} = -f_\alpha$ 的要求，进行强制分配，将 $V_{\beta 1}$ 改成 $-4''$。

由式（5.22）$\beta_{改} = \beta_{测} + V_\beta$，计算出所有改正后角度，将计算结果填入表 5.7 中。

3．坐标方位角的推算

由式（5.6）$\alpha_{前} = \alpha_{后} \pm \beta \pm 180°$，用改正后的角度推算出各边的坐标方位角，填入表 5.7 的相应栏中。

检核：此时推算出的终边坐标方位角必须与其已知值相等。

4．坐标增量及其闭合差的计算、检核与调整

（1）坐标增量的计算

由式（5.2）计算出各边的坐标增量，填入表 5.7 的相应栏中。

（2）坐标增量闭合差的计算

根据起点的已知坐标（$X_{始}$、$Y_{始}$），利用计算出的坐标增量（$\Delta X_{测}$、$\Delta Y_{测}$），推算出的终点坐标（$X'_{终}$、$Y'_{终}$）与已知的终点坐标（$X_{终}$、$Y_{终}$）不相等，其差值称为坐标增量闭合差，纵、横坐标增量闭合差分别用 f_X 和 f_Y 表示，即：

$$f_X = X'_{终} - X_{终}$$
$$f_Y = Y'_{终} - X_{终} \tag{5.23}$$

将式（5.10）和式（5.11）代入式（5.23），有：

$$f_X = \Sigma \Delta X_{测} - (X_{终} - X_{始})$$
$$f_Y = \Sigma \Delta Y_{测} - (Y_{终} - Y_{始}) \tag{5.24}$$

由于坐标增量闭合差的出现，使计算出的终点与已知的终点不重合，而产生了一段距离 f_D，称为导线全长闭合差，由几何关系有：

$$f_D = \sqrt{f_X^2 + f_Y^2} \tag{5.25}$$

f_D 与导线全长的比值，并将分子化为 1 的形式，称为导线全长相对闭合差，用 K 表示，即：

$$K = \frac{f_D}{\Sigma D} = \frac{1}{\dfrac{\Sigma D}{f_D}} \tag{5.26}$$

式中 ΣD 为所导线边的长度总和。K 值的分母越大，其值越小，精度就越高。其容许值 $K_{容}$ 应满足表 5.4 和表 5.5 的要求。

（3）坐标增量闭合差的检核

计算出的方位角闭合差 f_α 必须小于规定的容许误差 $f_{\alpha容}$（也称为限差），即：

$$f_\alpha \leqslant f_{\alpha容} \tag{5.27}$$

按表 5.4 的规定，钢尺量距图根导线全长相对闭合差的容许误差为：$K_{容} = 1/2000$。

按表 5.5 的规定，光电测距图根导线全长相对闭合差的容许误差为：$K_{容} = 1/4000$。

当 $K > K_{容}$ 时，说明成果的精度不合格，应对内、外业成果进行仔细检查，必要时需重测。

当 $K \leqslant K_{容}$ 时，说明精度合格，可对 f_X 和 f_Y 进行调整。

（4）坐标增量闭合差的调整

调整的原则是将其反号按边长成正比例地分配到各边的纵、横坐标增量中。

1）坐标增量改正数的计算

坐标增量改正数用 δ_X 和 δ_Y 表示，第 i 边的改正数为：

$$\delta_{Xi} = -f_X \cdot \frac{D_i}{\Sigma D}$$

$$\delta_{Yi} = -f_Y \cdot \frac{D_i}{\Sigma D}$$

(5.28)

坐标增量改正数的检核：

$$\Sigma \delta_X = -f_X$$

$$\Sigma \delta_Y = -f_Y$$

(5.29)

2）计算改正后坐标增量 $\Delta X_{改}$ 和 $\Delta Y_{改}$

$$\Delta X_{改i} = \Delta X_{测i} + \delta_{Xi}$$
$$\Delta Y_{改i} = \Delta Y_{测i} + \delta_{Yi}$$

(5.30)

改正后坐标增量检核：

$$\Sigma \Delta X_{改} = X_{终} - X_{始}$$

$$\Sigma \Delta Y_{改} = Y_{终} - Y_{始}$$

(5.31)

将计算结果填入表 5.7 的相应栏中。

【例 5.8】 在例 5.6 中，由式（5.24）可计算出：

$$f_X = \Sigma \Delta X_{测} - (X_{终} - X_{始}) = +0.02$$

$$f_Y = \Sigma \Delta Y_{测} - (Y_{终} - Y_{始}) = +0.06$$

由式（5.25）可计算出： $f_D = \sqrt{f_X^2 + f_Y^2} = \pm 0.06$

由式（5.26）可计算出： $K = \frac{f_D}{\Sigma D} = \frac{1}{\dfrac{\Sigma D}{f_D}} = 1/8800$

钢尺量距图根导线全长相对闭合差的容许误差为：$K_{容} = 1/2000$，$K \leqslant K_{容}$ 时，说明精度合格，可对 f_X 和 f_Y 进行调整。

按式（5.28）和式（5.30）计算出坐标增量改正数和改正后坐标增量的值，并进行检核，将结果填入表 5.7 中。

5. 计算各导线点的坐标

由起始点的已知坐标及改正后的坐标增量，用式（5.3）可依次推算出其余各点坐标，将结果填入表 5.7 中。

检核：此时推算出的终点坐标必须与其已知值相等。

5.3.4 闭合导线计算

闭合导线是特殊的附合导线，当附合导线的起给（边）点与终（边）点重合时，便形

成了闭合导线。因此，闭合导线与附合导
线的平差计算方法相同，而且还要简单一
些。

当导线布设成为图 5.12 的形式时，
因为 $X_{终} = X_{始}$、$Y_{终} = Y_{始}$，所以式
（5.24）便可简化为：

$$f_X = \Sigma \Delta X_{测}$$
$$f_Y = \Sigma \Delta Y_{测} \qquad (5.32)$$

改正后坐标增量检核式（5.31）便可简化
为：

$$\Sigma \Delta X_{改} = 0$$
$$\Sigma \Delta Y_{改} = 0 \qquad (5.33)$$

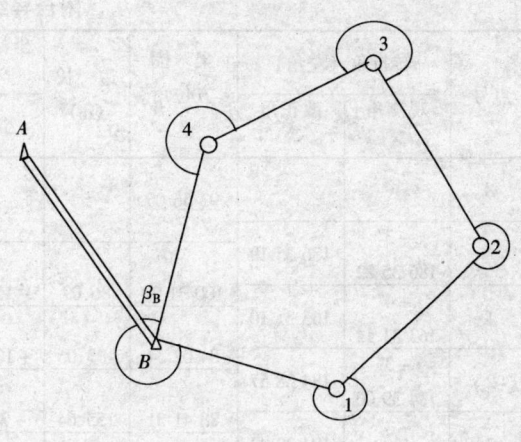

图 5.12

当导线布设成为图 5.5 形式时，不但 $X_{终} = X_{始}$、$Y_{终} = Y_{始}$，而且 $\alpha_{始} = \alpha_{终}$，还可以将
式（5.15）简化为：

$$f_\alpha = \pm \Sigma \beta_{测} \pm n \times 180° \qquad (5.34)$$

或者，当观测的是闭合图形的内角时（如图 5.5 所示），式（5.34）也可写成：

$$f_\alpha = \pm \Sigma \beta_{测} \pm (n - 2) \cdot 180° \qquad (5.35)$$

当观测的是闭合图形的外角时（如图 5.12 所示），式（5.34）也可写成：

$$f_\alpha = \pm \Sigma \beta_{测} \pm (n + 2) \cdot 180° \qquad (5.36)$$

支导线坐标计算

表 5.6

点号	转折角（左角）		坐标方位角 ° ′ ″	边长 （m）	坐标增量计算值（m）		改正后坐标增量（m）		坐标（m）		点号
	观测角 ° ′ ″	改正角 ° ′ ″			$\Delta X'$	$\Delta Y'$	ΔX	ΔY	X	Y	
A									5618.412	7132.729	A
B	148 34 48		147 37 12						5521.386	7194.256	B
1	224 36 42		116 12 00	115.654	− 51.062	103.772			5470.324	7298.028	1
3	136 23 34		160 48 42	120.342	− 113.656	39.553			5356.668	7337.581	2
3			117 12 16	118.656	− 54.246	105.530			5302.422	7443.111	3
辅助计算											

附合导线坐标计算　　　　　　　　　　表 5.7

点号	转折角（左角）观测角 ° ′ ″	改正角 ° ′ ″	坐标方位角 ° ′ ″	边长 (m)	ΔX′	ΔY′	ΔX	ΔY	X	Y	点号
A			93 56 05								A
B	−3″ 186 35 22	186 35 19					−15.72	(−1) +84.63	297.91	219.27	B
			100 31 24	86.09	−15.72	+84.64					
1	−4″ 163 31 14	163 31 10					+13.81	(−1) +132.33	252.19	303.90	1
			84 02 34	133.06	+13.82	+132.34					
2	−3″ 184 39 00	184 38 57					(−1) +3.54	(−2) +155.58	260.00	436.23	2
			88 41 31	155.64	+3.55	+155.60					
3	−3″ 194 22 47	194 22 44					(−1) −35.07	(−2) +150.98	269.54	591.81	3
			103 04 15	155.02	−35.06	+151.00					
C	−3″ 163 02 30	163 02 27	86 06 42						234.47	742.79	C
D											D
Σ	892 10 53	892 10 37		529.81	−33.42	+523.58	−34.44	+523.52			

辅助计算	$f_\alpha = +16''$		$f_X = +0.02$		$f_D = \pm 0.06$
	$f_{\alpha容} = \pm 134''$		$f_Y = +0.06$		$K = 1/8800 < 1/2000$

闭合导线坐标计算　　　　　　　　　　表 5.8

点号	转折角（右角）观测角 ° ′ ″	改正后值 ° ′ ″	坐标方位角 ° ′ ″	边长 (m)	ΔX′	ΔY′	ΔX	ΔY	X	Y	点号
1			65 30 00	178.77	+4 +74.13	+5 +126.27	+74.17	+162.72	5608.29	5608.29	1
									5682.46	5771.01	2
2	+10″ 87 25 24	87 25 34	158 04 26	136.85	+3 −126.95	+4 +51.10	−126.92	+51.14	5555.54	5822.15	3
3	+10″ 88 36 12	88 36 22	249 28 04	162.92	+3 −57.14	+4 −152.57	−57.11	−125.53	5498.43	5669.62	4
4	+11″ 98 39 36	98 39 47	330 48 17	125.82	+2 109.84	+4 −61.37	+109.86	−61.33	5608.29	5608.29	1
1	+11″ 85 18 06	85 18 17	65 30 00								
2											
Σ	359 59 18	360 00 00		604.36	−0.12	−0.17	0	0			

辅助计算	$f_\alpha = +42''$		$f_X = −0.12$		$f_D = 0.21$
	$f_{\alpha容} = \pm 120''$		$f_Y = −0.17$		$K = 1/2800 < 1/2000$

【例5.9】 一钢尺量距的图根闭合导线，已知数据及观测数据如图 5.13 所示。计算过程如下：

78

1. 将已知数据和观测数据填入导线计算表 5.8 中相应栏内。

2. 方位角闭合差的计算与调整

该闭合图形观测的是内角（按点的编号方向为右角），由式（5.34）可求得：

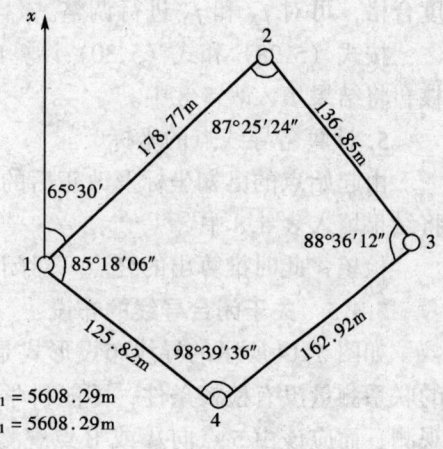

$$f_\alpha = \pm \Sigma\beta_测 \pm (n-2)\cdot 180°$$

$$= -359°59'18'' + 360°$$

$$= +42''$$

钢尺量距图根导线方位角闭合差的容许误差为：

$$f_{\alpha容} = \pm 60'\sqrt{n}$$

$$= \pm 60'\sqrt{4} = \pm 120''$$

图 5.13

结果满足式（5.16）$f_\alpha \leqslant f_{\alpha容}$ 的要求，说明外业观测成果合格，可以进行闭合差的调整。由于该闭合图形观测的是右角，可按式（5.20）计算出：

$$V_{\beta右} = \frac{f_\alpha}{n} = \frac{42''}{4} = 10.5'' \approx 11''$$

为了满足式（5.21）$\Sigma V_{\beta右} = f_\alpha$ 的要求，进行强制分配，将 $V_{\beta2}$ 和 $V_{\beta3}$ 改成 10''。

由式（5.22）$\beta_改 = \beta_测 + V_\beta$，计算出所有改正后角度，将计算结果填入表 5.8 中。

3. 坐标方位角的推算

由式（5.6）$\alpha_前 = \alpha_后 + \beta \pm 180°$，用改正后的角度推算出各边的坐标方位角，填入表 5.8 的相应栏中。

检核：此时推算出的终边（对闭合导线仍是始边）坐标方位角必须与其已知值相等。

4. 量及其闭合差的计算、检核与调整

（1）坐标增量的计算

由式（5.2）计算出各边的坐标增量，填入表 5.8 的相应栏中。

（2）坐标增量闭合差的计算

由式（5.32）可计算出：

$$f_X = \Sigma\Delta X_测 = -0.12$$

$$f_Y = \Sigma\Delta Y_测 = -0.17$$

由式（5.25）可计算出：

$$f_D = \sqrt{f_X^2 + f_Y^2} = \pm 0.21$$

由式（5.26）可计算出：

$$K = \frac{f_D}{\Sigma D} = \frac{1}{\dfrac{\Sigma D}{f_D}} = 1/2800$$

钢尺量距图根导线全长相对闭合差的容许误差为：$K_容 = 1/2000$，$K \leqslant K_容$ 时，说明精度合格，可对 f_X 和 f_Y 进行调整。

按式（5.28）和式（5.30）计算出坐标增量改正数和改正后坐标增量的值，并进行检核，将结果填入表5.8中。

5. 计算各导线点的坐标

由起始点的已知坐标及改正后的坐标增量，用式（5.3）可依次推算出其余各点坐标，将结果填入表5.8中。

检核：此时推算出的终点（对闭合导线仍是始点）坐标必须与其已知值相等。

5.3.5 关于闭合导线的布设

如图5.14所示的导线布设形式是不合理的，因为是在支导线基础上所布设的，其中的联系测量没有检核条件，不能科学地进行平差计算。图5.14中，不应该由5点向1点观测，而应该由5点向A或B点观测，以形成闭合导线（附合导线）。

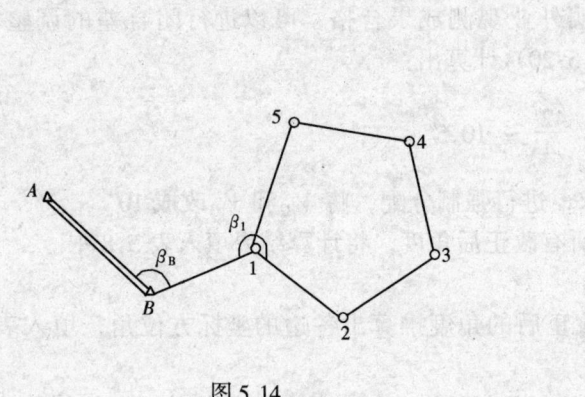

图5.14

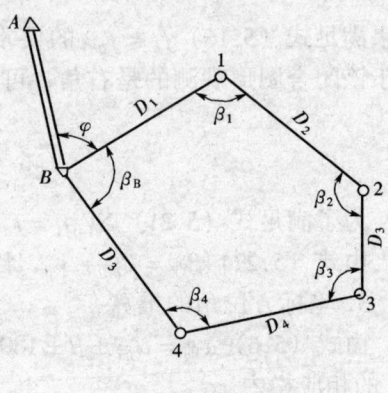

图5.15

图5.15所示的导线观测形式也是不合理的，它也是在支导线的基础上所布设的闭合导线，应该按图5.12的形式观测，以形成闭合导线（附合导线）。

5.4 高程控制测量

小地区高程控制测量的方法主要有水准测量和三角高程测量。如果测区地势比较平坦，可采用四等或图根水准测量，三角高程测量则主要用于山区或丘陵地区的高程控制。四等与图根水准测量的主要技术要求见表5.9。

5.4.1 图根水准测量

图根水准测量其精度低于四等水准测量，故称为等外水准测量，用于加密高程控制网与测定图根点的高程。图根水准路线可根据图根点的分布情况，布设成闭合路线、附合路线或结点网形式。当水准路线布设成支线时，应进行往返观测，其路线总长要小于2.5km。图根水准点一般可埋设临时标志。图根水准测量通常采用第2章所述方法施测。

等　级	附合路线长度（km）	水准仪	视线长度（km）	视线高度	水准尺	观测次数		往返较差、附合或环线闭合差	
						与已点连测的	附合或环线的	平地（mm）	山地（mm）
四等	15	DS$_1$	100	三丝能读数	因　瓦	往反各一次	往一次	$\pm 20\sqrt{L}$	$\pm 6\sqrt{n}$
		DS$_3$	80		单、双面				
图根	5	DS$_3$	100	中丝能读数	单面	往返各一次	往一次	$\pm 40\sqrt{L}$	$\pm 12\sqrt{n}$
		DS$_{10}$							

注：表中 L 为水准路线长度，以 km 为单位；n 为测站个数。

5.4.2 四等水准测量

四等水准测量除用于建立小地区的首级高程控制外，还可作为大比例尺测图、工程测量以及变形监测的基本控制。四等水准点应埋没永久性标志。四等水准多采用双面尺法观测，下面介绍双面尺法的观测程序。

1. 每站的观测顺序

规范规定，对四等水准测量采用中丝读数法，观测顺序为后 – 后 – 前 – 前，具体如下：

（1）先照准后视尺黑面，视距丝读数（距离读至 0.1m）记入观测簿（1）、（2）栏；中丝读数记入（3）栏，见表 5.10。

（2）照准后视尺的红面，中丝读数记入（4）栏。

（3）照准前视尺的黑面，视距丝和中丝的读数记入（5）、（6）、（7）栏。

（4）照准前视尺的红面，中丝读数记入（8）栏。

每次中丝读数前，水准管气泡必须严格居中。

2. 每站的计算与检核

每站上要进行视距计算、高差计算和检核计算。

（1）视距计算

（11）＝（1）–（2）（后视距离）；

（12）＝（5）–（6）（前视距离）；

（13）＝（11）–（12）（视距差，规定此差不得大于 5m）；

（14）＝（13）本站＋（14）前站（视距累积差，此累积差不得大于 10m）。

（2）高差计算

（10）＝（3）＋K–（4），（9）＝（7）＋K–（8）；

（10）、（9）称为同一尺黑红面读数差（规定不超过 3mm）；

（15）＝（3）–（7），（16）＝（4）–（8）；

（17）＝（15）–［（16）±100］＝（9）–（10）；100 为两红面水准尺的常数差；

（17）为黑、红面所测高差之差（规定不超过 5mm）；

（18）＝$\frac{1}{2}$［（15）＋（16）±100）］（平均高差，取至 0.1mm）。

（3）检核计算

$(17)=(15)-[(16)\pm100]=(10)-(9)$（不得超过 5mm）；$(18)=\dfrac{1}{2}\big[(15)+((16)\pm100)\big]=(15)-\dfrac{1}{2}(17)$；

四等水准测量记录（双面尺法）　　　　　　　　表 5.10

测站编号	后尺 下丝／上丝 后距 视距差 d (m)	前尺 下丝／上丝 前距 Σd (m)	方向及尺号	水准尺读数 (m) 黑面	水准尺读数 (m) 红面	K+黑-红	平均高差 (m)	备注
	(1) (2) (11) (13)	(5) (6) (12) (14)	后 前 后－前	(3) (7) (15)	(4) (8) (16)	(9) (10) (17)		
1	1.571 1.197 37.4 -0.2	0.739 0.363 37.6 -0.2	后2 前3 后－前	1.384 0.551 +0.833	6.171 5.239 +0.932	0 -1 +1	+0.8325	
2	2.121 1.747 37.4 -0.1	2.196 1.821 37.5 -0.3	后3 前2 后－前	1.934 2.008 -0.074	6.621 6.796 -0.175	0 -1 +1	-0.0745	
3	1.914 1.539 37.5 -0.2	2.055 1.678 37.7 -0.5	后2 前3 后－前	1.726 1.866 -0.140	6.513 6.554 -0.041	0 -1 +1	-0.1405	1. k 为常数 $k_2=4787$ $k_3=4687$ 2. 带小数点的数据为 m，不带的为 mm
4	1.965 1.700 25.5 -0.2	2.141 1.874 26.7 -0.7	后3 前2 后－前	1.832 2.007 -0.175	6.519 6.793 -0.274	0 -1 -1	-0.1745	
5	0.565 0.127 43.8 +0.2	2.792 2.356 43.6 -0.5	后2 前3 后－前	0.356 2.574 -2.218	5.144 7.261 -2.117	-1 0 -1	-2.2175	
6	1.540 1.069 47.1 +1.5	2.813 2.357 45.6 +1.0	后3 前2 后－前	1.284 2.580 -1.296	5.971 7.368 -1.397	0 -1 +1	-1.2965	
			Σ后 Σ前 Σ后－Σ前	8.516 11.586 -3.070	396.39 40.011 -3.072		Σ平均高差 -3.071	

注：表中括号中数字表示相应观测读数与计算之次序。

82

在每页进行检核计算时：$\sum$（18）$= \frac{1}{2}\left[\left(\sum(3) - \sum(7)\right) + \left(\sum(4) - \sum(8)\right)\right.$

当测站为奇数时：$\sum$（18）$= \frac{1}{2}\left(\sum(3) - \sum(7) + \sum(4) - \sum(8) \pm 100\right)$。

距离检核计算为：

$\sum$后下 − 后上 $= \sum$后距

$\sum$前下 − $\sum$前上 $= \sum$前距

$\sum$后距 − $\sum$前距 $= \sum d$

$\sum d$ 要与本页最后一站的积累相同。

5.4.3　三角高程测量

用水准测量的方法测定控制点的高程，精度较高。但是在山区或丘陵地区，控制点间的高差难以用水准测量方法测得，可以采用三角高程测量的方法。这样比较迅速简便，又可保证一定的精度。

如图 5.16 所示，用三角高程测量方法测定 A、B 两点之间的高差 h_{AB} 方法如下：

1. 在 A 点安置经纬仪，B 点竖立标杆；

2. 量出觇标高 v 及仪器高 i；

3. 横丝照准标杆顶部，测得竖直角 α；

4. 如果 A、B 两点间水平距离 D_{AB} 已知，则由图 5.16 可有：

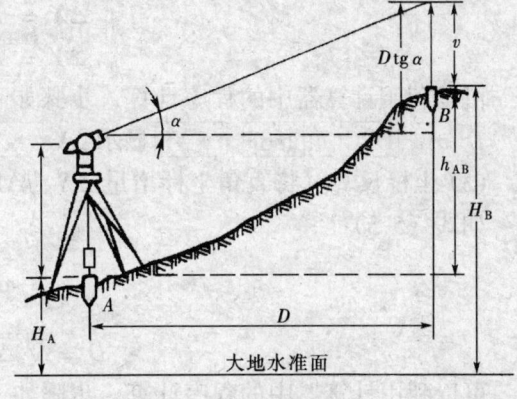

$$h_{AB} = D \cdot \text{tg}\alpha + i - v \qquad (5.37)$$

上式中要注意 α 的正、负号，当 α 为仰角时取正号，俯角时取负号。

5. 设 A 点的高程为 H_A，则 B 点的高程为：

图 5.16

$$H_B = H_A + D \cdot \text{tg}\alpha + i - v \qquad (5.38)$$

三角高程测量，一般应进行对向观测，即由 A 向 B 观测，又由 B 向 A 观测，这样是为了消除地球曲率和大气折光的影响。当对向观测高差较差在限差之内时，取其平均值作为最后结果。

目前，由于广使用了光电测距仪测量距离，使三角高程测量的精度大幅度提高，可以达到四等水准测量精度。

按国家建设部 1999 年发布的《城市测量规范》，四等光电测距高程观测时，对向观测高差较差的限差为：

$$f_{h容} = \pm 40\sqrt{D}\,(\text{mm}) \qquad (5.39)$$

式中　D——所测两点间的水平距离，以 km 为单位；

路线闭合差限差要求同四等水准测量。

5.4.4　常用电子计算器的几种测量计算功能

1. SHARP 系列（以 EL − 506A 为例）

（1）角度计算

1）在进行角度计算时，要在 DEG 状态下进行（按 $\boxed{\text{DRG}}$ 键转换屏幕显示成为 DEG）。角度以小数形式输入，小数点之前为度"°"，在小数点之后为分"'"和秒"""。

如输入 65°8'6" 时，分和秒在必须是两位数，即应输入为 65.0806。

2）无论是进行角度的加减运算还是进行三角函数计算，都要将以度分秒为单位的数值换算为以度为单位的数值，方法是输入角度后按 $\boxed{\text{DEG}}$ 键。

如计算 sin65°8'6" 的值时，先输入 65.0806，然后按 $\boxed{\text{DEG}}$ 键后为 65.135，再按 $\boxed{\sin}$ 键，结果为 0.907301041。

3）计算器计算出的角度结果是以度为单位的数值，按 $\boxed{\text{2ndF}}$ 及 $\boxed{\rightarrow\text{DMS}}$ 键可转换为以度分秒为单位的数值。

如 65.135 按 $\boxed{\text{2ndF}}$ 及 $\boxed{\rightarrow\text{DMS}}$ 键可转换为 65.0806，即为 65°8'6"。

（2）坐标正算（将极坐标 D、α 换算成直角坐标增量 ΔX、ΔY）

如式（5.2）：

$$\Delta X = D \cdot \cos\alpha$$

$$\Delta Y = D \cdot \sin\alpha$$

可以利用计算器中的程序计算，步骤如下：

D $\boxed{a}$ α $\boxed{\text{DEG}}$ $\boxed{b}$ $\boxed{\text{2ndF}}$ $\boxed{\rightarrow XY}$ 显示 ΔX $\boxed{\rightarrow XY}$ 显示 $\boxed{\Delta Y}$

（3）坐标反算（将直角坐标增量 ΔX、ΔY 换算成极坐标 D、α）

如式（5.5）：

$$\alpha = \text{arctg} \frac{\Delta Y}{\Delta X}$$

$$D = \sqrt{\Delta X^2 + \Delta Y^2}$$

可以利用计算器中的程序计算，步骤如下：

ΔX $\boxed{a}$ ΔY $\boxed{b}$ $\boxed{\text{2ndF}}$ $\boxed{\rightarrow r\theta}$ 显示 D $\boxed{\rightarrow XY}$ 显示 α

2. CASIO 系列（以 fx – 180P 为例）

（1）角度计算

1）在进行角度计算时，要在 DEG 状态下进行（按 $\boxed{\text{MODE}}$ 及 $\boxed{4}$ 键使屏幕显示成为 DEG）。角度以度、分、秒输入，在度"°"、分"'"、秒""" 后均按 $\boxed{\circ\prime\prime}$ 键。

如输入 65°8'6" 时，过程为 65 $\boxed{\circ\prime\prime}$ 8 $\boxed{\circ\prime\prime}$ 6 $\boxed{\circ\prime\prime}$，屏幕显示是以度为单位的数值，即 65.135。

2）无论是进行角度的加减运算还是进行三角函数计算，均可直接进行计算。

如计算 sin65°8'6" 的值时，过程为 65 $\boxed{\circ\prime\prime}$ 8 $\boxed{\circ\prime\prime}$ 6 $\boxed{\circ\prime\prime}$，屏幕显示为 65.135，按 $\boxed{\sin}$ 键结果为 0.907301041。

3）计算器计算出的角度结果是以度为单位的数值，按 $\boxed{\text{INV}}$ 及 $\boxed{\circ\prime\prime}$ 键可转换为以度分秒为单位的数值。

如 65.135，按 $\boxed{\text{INV}}$ 及 $\boxed{\circ\prime\prime}$ 键便显示为 65°8°6"，即为 65°08'06"。

（2）坐标正算（将极坐标 D、α 换算成直角坐标增量 ΔX、ΔY）

利用计算器中的程序计算，步骤如下：

D $\boxed{\text{INV}}$ $\boxed{\text{P}\rightarrow\text{R}}$ α $\boxed{=}$ 显示 ΔX $\boxed{\text{INV}}$ $\boxed{\text{X}\longleftrightarrow\text{Y}}$ 显示 ΔY

（3）坐标反算（将直角坐标增量 ΔX、ΔY 换算成极坐标 D、α）

利用计算器中的程序计算，步骤如下：

ΔX $\boxed{INV}$ $\boxed{R \to P}$ ΔY $\boxed{=}$ 显示 D $\boxed{INV}$ $\boxed{X \longleftrightarrow Y}$ 显示 α

例如，AB 长度为 100m，坐标方位角为 $36°52'12''$，按式（5.2）计算其坐标增量要输入两次数据，还要进行函数运算，计算速度较慢。而应运坐标转换（坐标正算）功能，可很快计算出其坐标增量为：

$$\Delta X = 80m$$
$$\Delta Y = 60m$$

5.5 大比例尺地形图的测绘方法

5.5.1 地形图的基本知识

地形图测绘是将地球表面的地物和地貌，按一定的比例尺和规定的图式符号，用正射投影的方法测绘在图纸上。表示地面点的平面位置和高程的图称为地形图。仅表示出地物的平面位置的图称为平面图。一般来说，按一定的投影方法和比例尺在平面图纸上表示地球表面空间位置和自然属性的图，统称为地图。地图分为普通地图和专题地图（例如：地质图，森林分布图等），地形图和平面图都属于普通地图。

地形图在经济建设、国防建设和科学研究中有着广泛应用。在城市和工程建设规划、设计和施工的各个阶段要用到各种比例尺的地形图。

1. 地形图比例尺

地形图比例尺是指地形图上某一线段的长度与地面上相应线段的水平距离之比。地形图比例尺分为数字比例尺和图示比例尺。

（1）数字比例尺

数字比例尺常用分子为 1 的分数表示。设图上任意两点间距离为 d，地面上相应的水平距离为 D。则该图比例尺为：

$$\frac{d}{D} = \frac{1}{M} \tag{5.40}$$

式中，M 为比例尺分母，M 值越小比例尺越大。

通常把 1:500、1:1000、1:2000 和 1:5000 的图称为大比例尺地形图；把 1:1 万、1:2.5 万、1:5 万，1:10 万的图称为中比例尺图；把 1:20 万、1:50 万、1:100 万的图称为小比例尺图。在工程建设中常要用到是大比例尺地形图。

（2）图示比例尺

为了减少由于图纸伸缩变形引起的误差，也为了用图方便，通常在地形图上绘制出一直线线段，并用数字注记该线段上一定长度所代表地面上相应的水平距离，图 5.17 所示为 1:2000 图示比例尺，它取图上 2cm 线段长度为基本单位，每基本单位长度分为 10 小格，每小格的长度代表地面上 4m 的水平距离，每基本单位代表地面上 40m 的水平距离。

（3）比例尺精度

人的肉眼在图上一般能分辨出的最小距离为 0.1mm，因此把图纸上 0.1mm 所代表的实际

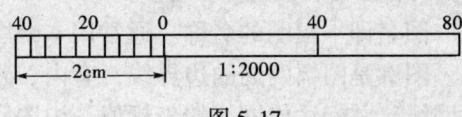

图 5.17

水平距离称为比例尺精度。显然，比例尺大小不同，其比例尺精度数值也不同。

地形图比例尺精度对测图和工程用图有着重要的意义。例如，要测绘 1:5000 的地形图，其比例尺精度为 0.5m，实际测图时，距离精度只要达到 0.5m 就可以了。又如，工程设计中，为了能反映地面上 0.1m 的精度，所选地形图的比例尺就不能小于 1:1000。

表 5.11 列出了几种大比例尺地形图的精度，可以看出：比例尺越大，精度越高。当然，比例尺越大，表示的地形地貌就越详细，但其测绘工作量因此会成倍地增加。所以，采用何种比例尺，应根据实际的工程需要而定。

大比例尺地形图的精度 表 5.11

比例尺	1:500	1:1000	1:2000	1:5000
比例尺精度（m）	0.05	0.1	0.2	0.5

2. 大比例尺地形图的分幅、编号和图廓

为了便于管理和使用地形图，需要将地形图进行统一的分幅和编号。城市或工程建设中，大比例尺地形图主要采用正方形分幅编号方法。某些特殊工程也可采用其他分幅编号方法。

（1）正方形分幅编号

一幅 1:5000 地形图的图幅，其大小为 40cm × 40cm，表示实地面积为 4km²。1:2000、1:1000 和 1:500 的图幅大小为 50cm × 50cm，其表示的实地面积、图幅数见表 5.12。

地形图图幅大小 表 5.12

比例尺	图幅大小（cm）	实地面积（km²）	1:5000 图幅内的分幅数
1:5000	40 × 40	4	1
1:2000	50 × 50	1	4
1:1000	50 × 50	0.25	16
1:500	50 × 50	0.0625	64

大比例尺地形图正方形分幅，是以 1:5000 地形图为基础，取图幅西南角的坐标（以 km 为单位）作为其图幅编号。图 5.18 所示的 1:5000 地形图的编号为 40 – 20。由表 5.12 可知，将 1:5000 地形图作四等分，得到四幅 1:2000 比例尺的地形图，在 1:5000 地形图图号之后加上 1:2000 地形图相应的代号：Ⅰ、Ⅱ、Ⅲ、Ⅳ作为 1:2000 地形图的编号。例如 40 – 20 – Ⅰ。每幅 1:2000 地形图又可分为四幅 1:1000 地形图，一幅 1:1000 地形图再分成四幅 1:500 地形图，其附加的各自代号均可用罗马字Ⅰ、Ⅱ、Ⅲ、Ⅳ。图 5.18 的正方形分幅编号图中，画斜线的 1:1000 地形图的图号为 40 – 20 – Ⅳ – Ⅲ，而画格线的 1:500 地形图的图号为 40 – 20 – Ⅳ – Ⅱ – Ⅱ。

（2）其他分幅编号

按全国进行统一图幅编号会给工程带来一些不便，可以考虑采用其他分幅编号方法。

（3）图名和图廓

图名即本幅图的名称。通常用本幅图内重要地名、村庄、厂矿企业或突出的地物来命名。图廓是图幅四周的边界线，有内、外图廓之分。内图廓上按 10cm 长度绘有纵横坐标格网线，并标注格网线的坐标值。内图廓是地形图的图幅边界线，外图廓是图幅最外边的

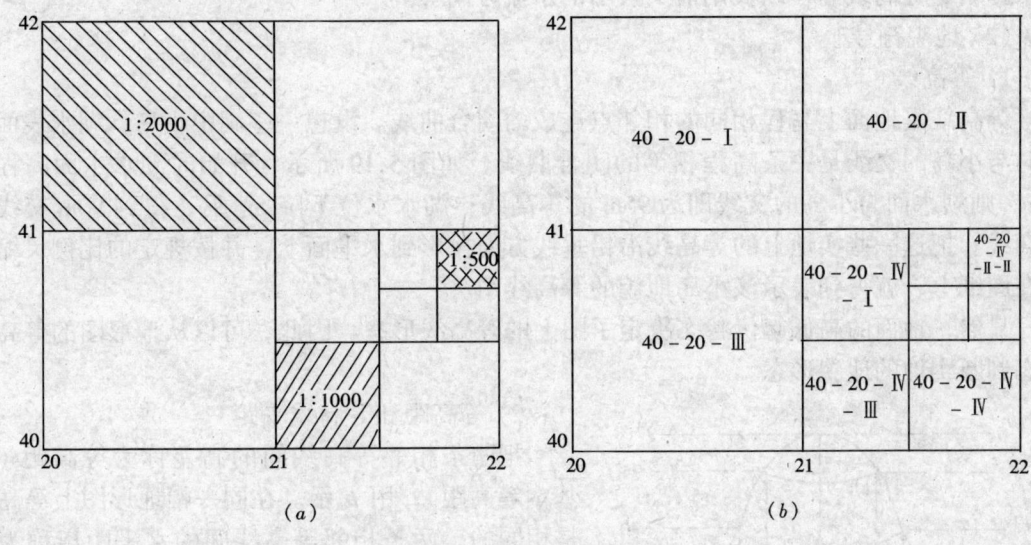

图 5.18

粗实线。

地形图上用接图表来注明本幅图与相邻幅图的关系，供查找相邻幅图使用。图幅编号、图名、接图表均标注在外图廓上方。如图 5.30 所示，为一幅 1:2000 的地形图，其图号为 10.0 – 21.0（采用独立地区图幅编号）。在图廓的上方，画有该幅图的编号、图名和接图表。在图廓下面注有比例尺、坐标系统、高程系统、测图时间等。

3. 地物符号和地貌符号

地面上天然或人工形成的固定性物体称为地物，如湖泊、河流、房屋、道路等；地表的起伏形态称为地貌，如山头、盆地、山脊、山谷、鞍部等。地形是地物和地貌的总称，地形图上用地物和地貌符号来表示地形。

（1）地物符号

为了测图和用图的方便，地物要按统一规定的图式符号在地形图上表示出来。地物符号可分为比例符号、非比例符号、半比例符号与注记符号。图 5.20、图 5.21 是国家测绘部门发布的有关《1:500、1:1000、1:2000 地形图图式》的部分内容。

1）比例符号

可按测图比例尺用规定的符号在地形图上绘出的地物符号称为比例符号，如地面上的房屋、桥梁、旱田等。

2）线性符号

某些线状延伸的地物，如铁路、公路、通信线、围墙、篱笆等，其长度可按比例尺绘出，但其宽度不能按比例尺表示的称为线性符号，也称为半比例符号。

3）非比例符号

某些地物，如独立树、界碑、水井、电线杆、水准点等，无法按比例尺在图上绘出其形状，只能用其中心位置和特定的符号表示，称为比非比例符号。

4）注记符号

图上用文字和数字所加的注记和说明称为注记符号，如房屋的结构和层数、厂名、校名、路名、等高线高程以及用箭头表示的水流方向等。

（2）地貌符号

1）等高线

等高线是地面上高程相同的相邻点连成的闭合曲线。设想一座湖中小岛，湖水表面静止时与小岛的交线是一条高程相等的闭合曲线。如图 5.19 所示，开始时湖水水面高程为95m，则湖水面与小岛的交线即为 95m 的等高线；湖水水位下降 5m 后，得到 90m 交线的等高线。把这一些实地上的等高线沿铅垂线方向投影到水平面上，并按规定的比例尺缩小绘在图纸上，就得到表示该小岛地貌的等高线图。

显然，地面的高低起伏状态决定了图上的等高线形态。因此，可以从地形图的等高线形态判断实地的地貌形态。

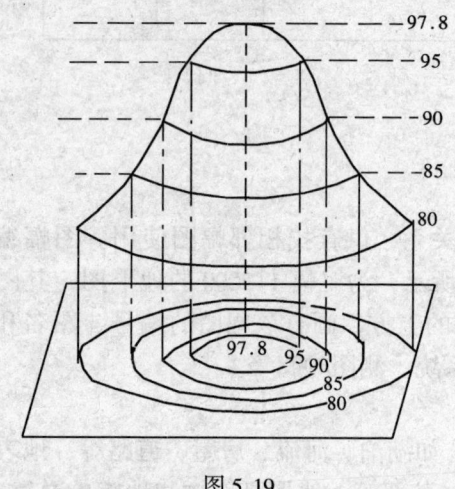

图 5.19

2）等高距和等高线平距

把两条相邻等高线间的高差称为等高距（或基本等高距），用 h 示。在同一幅地形图上等高距是相同的。两条相邻等高线间的水平距离称为等高线平距，用 d 表示。等高线平距随地面坡度的变化而改变。

如表 5.13 所示，地形图上等高距按测图比例尺和测区的地形类别选择，图上以基本等高距绘制的等高线称为首曲线（或基本等高线）。每隔四条首曲线加粗的一条等高线称为计曲线，在计曲线上注记高程。当基本等高线不足以表示出局部地貌特征时：按二分之一基本等高距绘制的等高线称为间曲线；按四分之一基本等高距绘制的等高线称为助曲线。

基本等高距（m）　　　　　　　　　　　　　　　　　　表 5.13

比例尺	地 形 类 别		
	平地	丘陵	山区
1:500	0.5	0.5	0.5～1.0
1:1000	0.5	0.5～1.0	1.0
1:2000	0.5～1.0	1.0	2.0

3）典型地貌及其等高线

尽管地球表面的高低起伏变化复杂，但不外乎由山头、盆地、山脊、山谷、鞍部等几种典型地貌组成。

a. 山头与洼地（盆地）

典型地貌中地表隆起并高于四周的高地称为山地，其最高处为山头。山头的侧面为山坡，山地与平地相连处为山脚。洼地是四周较高中间凹下的低地，较大的洼地称为盆地。

b. 山脊与山谷

山地上线状延伸的高地为山脊，山脊的棱线称山脊线，即分水线。两山脊之间的凹地为山谷，山谷最低点的连线称山谷线或集水线。

88

地形图图式符号

符号名称	1:500 1:1000 1:2000	符号名称	1:500 1:1000 1:2000
三角点 凤凰山—点名 394.468—高程	凤凰山 3.0 394.468	灌木林 （a）大面积的	(a) 1.0 0.5
导线点 Ⅰ16—等级、点号 84.46—高程	2.0 Ⅰ16 84.46	（b）独立灌木丛 独立树	(b) 1.5
图根点 （a）埋石的 N16—点号 84.46—高程	(a) 1.5 N16 84.46 2.5	（a）阔叶	(a) 3.0 0.7
（b）不埋石的 25—点号 62.74—高程	(b) 1.5 25 62.74	（b）针叶	(b) 3.0 0.7
水准点 Ⅱ京石5—等级、 点号 32.804—高程	2.0 Ⅱ京石5 32.804	旱地	1.0 2.0 10.0 10.0
一般房屋 砖—建筑材料 3—房屋层数	砖3 1.5 2	菜地	2.0 2.0 10.0 10.0
建筑中房屋	建	花圃	1.5 1.5 10.0 10.0
破坏房屋	破	地类界、地物范围线	1.5 0.25
棚房	45° 1.5	公路	0.15 0.3 沥 砾
窑洞 地面上的 （a）住人的 （b）不住人的 地面下的 （a）依比例尺的 （b）不依比例尺 的台阶	(a) 2.5 2.0 (b) (a) (b) 0.5 0.5 0.5	简易公路 道路中桩点 路标	0.15 碎石 1.0 1.5 1.5 60° 3.0 1.0
喷水池	4.0 1.0	大车路	8.0 2.0 0.15 4.0 1.0 0.15
垃圾台	2.0 1.6 不表示	小路	0.3 1.5
旗杆	1.5 4.0 1.0 1.0	内部道路	0.5
彩门、牌坊、牌楼	1.0 0.5 1.0 2.0	建筑中的简易公路	0.5 1.0 0.15 0.15
水塔	1.0 3.5 1.0		

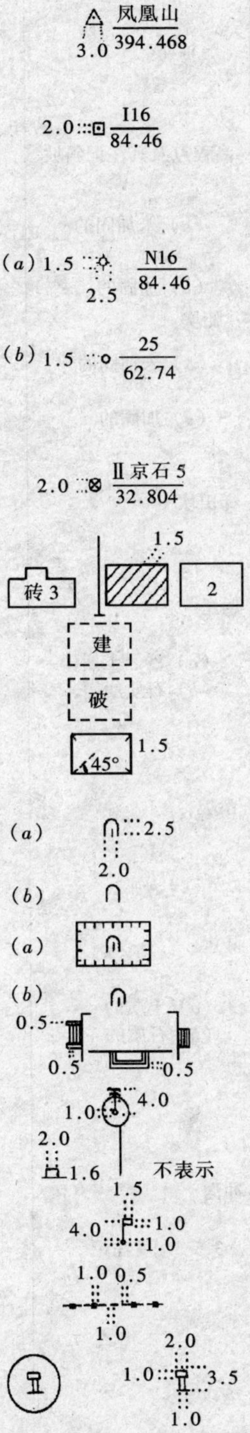

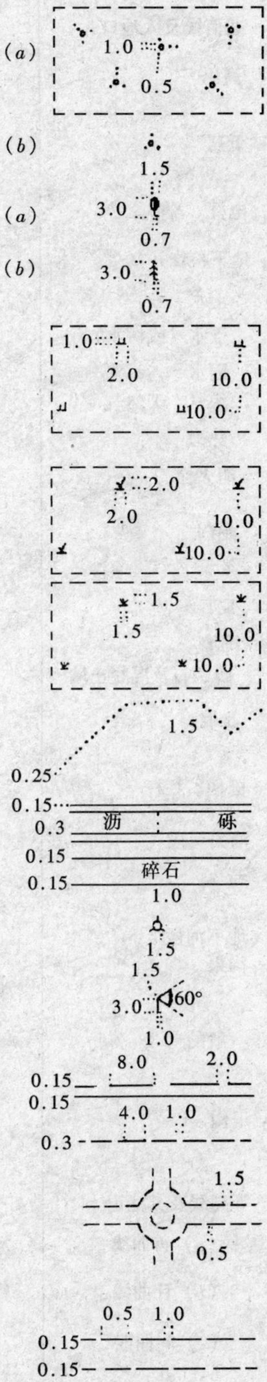

图 5.20

89

地形图图式符号

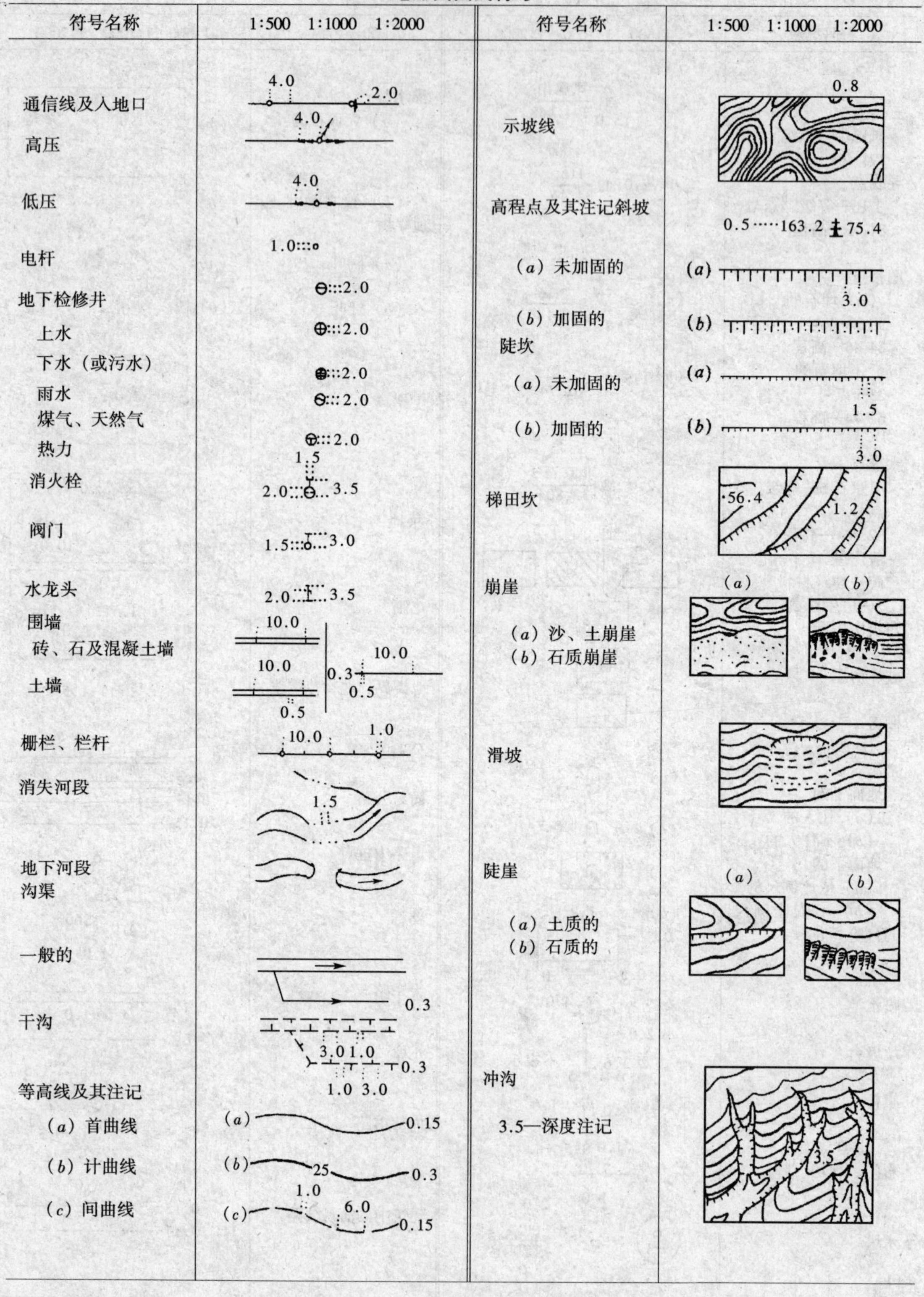

符号名称	1:500　1:1000　1:2000	符号名称	1:500　1:1000　1:2000
通信线及入地口		示坡线	
高压		高程点及其注记斜坡	0.5……163.2 ±75.4
低压		（a）未加固的	
电杆		（b）加固的 陡坎	
地下检修井		（a）未加固的	
上水		（b）加固的	
下水（或污水）			
雨水		梯田坎	·56.4　1.2
煤气、天然气			
热力		崩崖	
消火栓		（a）沙、土崩崖	
阀门		（b）石质崩崖	
水龙头		滑坡	
围墙			
砖、石及混凝土墙			
土墙		陡崖	
栅栏、栏杆		（a）土质的	
消失河段		（b）石质的	
地下河段沟渠			
一般的		冲沟	
干沟		3.5—深度注记	
等高线及其注记			
（a）首曲线			
（b）计曲线			
（c）间曲线			

图 5.21

90

c. 鞍部

鞍部一般指山脊线与山谷线的交会之处，是在两山峰之间呈马鞍形的低凹部位。

d. 陡崖与悬崖

坡度在70°以上的山坡称为陡崖，陡崖处等高线非常密集甚至重叠，可用陡崖符号来代替等高线。下部凹进的陡崖称悬崖，悬崖的等高线投影到地形图上会出现相交情况，上述典型地貌及其等高线如图5.22及图5.23所示。

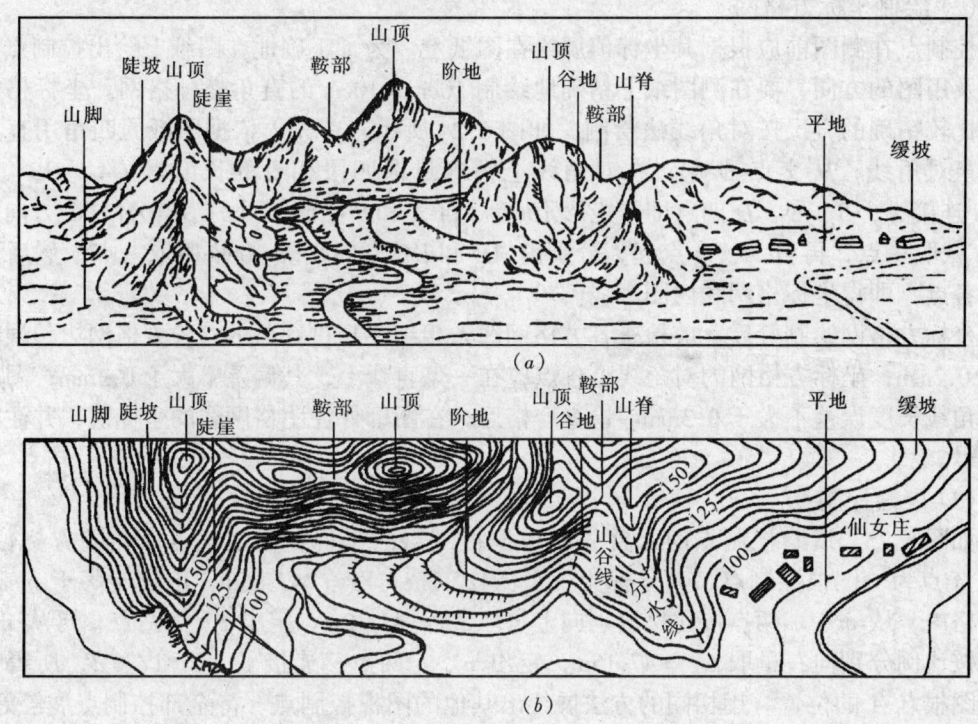

图5.22

4）等高线的特性

a. 同一条等高线上各点的高程都相同。

b. 等高线应是闭合曲线，若不在本图幅内闭合，则在相邻图幅闭合。只有在遇到用符号表示的陡崖和悬崖时，等高线才能断开。

c. 除了悬崖和陡崖处外，不同高程的等高线不能相交或重合。

d. 山脊线和山谷线与等高线正交。

e. 同一幅地形图上等高距相同。等高线平距越小，等高线越密，则地面坡度越陡；等高线平距越大，等高线越疏，则地面坡度越缓。

5.5.2 大比例尺地形图的测绘

大比例尺地形图测绘要先进行控制测量，然后根据图根控制点测定地物和地貌特征点的

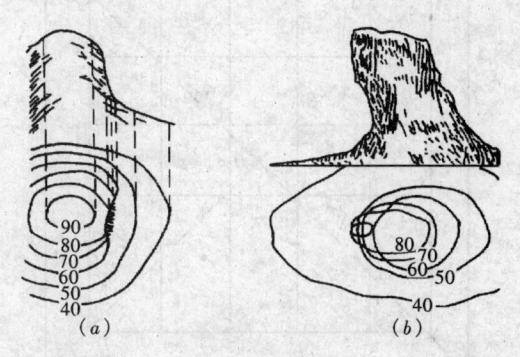

图5.23

（a）陡崖；（b）悬崖

91

位置，再按规定的比例尺和图式符号绘制地形图。

1. 测图前的准备工作

（1）图纸准备

地形图的图纸，一般选用一种表面打毛的半透明聚酯薄膜，其厚度为 0.07～0.1mm。聚酯薄膜具有伸缩变形小、透明度高、不怕潮湿、牢固耐用、可用清水洗涤、可在底图上着墨、直接晒蓝图等优点。但聚酯薄膜怕折、易燃、会老化，使用及保管时应当注意。

（2）绘制坐标方格网

控制点在测图前应根据其坐标值展绘在图纸上。为了正确地在图纸上绘出控制点的位置以及用图的方便，要在测图纸上精确地绘制 10cm × 10cm 的直角坐标格网。坐标格网可以用比较精确的直尺按对角线法绘制。如图 5.24 所示，首先，依据图纸的四角用直尺画出两条对角线，从交点 O 起，在对角线上精确量取四段相等的长度得 OA、OB、OC、OD，连接 A、B、C、D 四点即得矩形 $ABCD$。自 A 和 B 点起，分别沿 AD 和 BC 方向每隔 10cm 截取一点，再自 A、D 点起，分别沿 AB 和 DC 方向每隔 10cm 截取一点，然后连接相应各点，即得坐标格网和内图廓线。

坐标方格网绘制好后，应检查各方格网线条粗细不超过 0.2mm；各方格网边长误差不超过 0.2mm；坐标方格网的对角线上各点应在一条直线上，其偏差不大于 0.3mm；图廓线及对角线长度误差不大于 0.3mm。检查合格后，在图廓外注明格网线的坐标值，并注明图幅编号。

（3）展绘控制点

如图 5.25，展绘控制点时，首先应根据控制点的坐标，确定该点所在的方格位置。图中 A 点为一图根控制点，其坐标为 $X_A = 542.12$m，$Y_A = 747.15$m，该点应落于 $mnqp$ 这一方格内，从 m、n 两点按比例分别向上量取 $\Delta X = 42.12$m，定出 c、d 两点；再从 m、p 两点按比例分别向右量取 $\Delta Y = 47.15$m，定出 a、b 两点，连接 a、b 和 c、d，所得交点即为图根点 A 的位置。用相同的方法展绘出其他的图根控制点。待全部控制点展绘好后，检查图纸上展绘控制点之间的距离与实际距离是否相符，其限差为 0.3mm，对超限的控制点应重新展绘。经校对无误后，可按《地形图图式》规定注记控制点的点号及其高程。

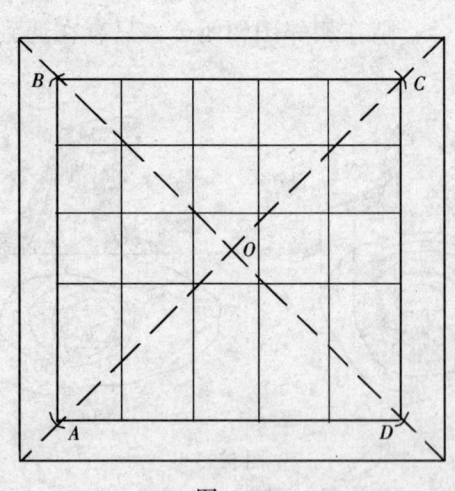

图 5.24   图 5.25

2. 碎部测量

碎部测量的方法比较多，经纬仪测绘法是常用的方法之一。它是用极坐标法测量碎部点的水平距离和高差，用量角器和比例尺将碎部点标定在图纸上，并在点的右侧注记高程。当图纸上碎部点足够时，即可对照实地按规定的图式符号勾绘地物和地貌。

用经纬仪测绘法测地形图时，将经纬仪安置在一控制点（测站点）上，绘图平板安放在测站点附近。选定测站点至另一控制点的方向为起始方向（零方向），配置该方向的度盘读数为 0°00′，在碎部点上立水准尺，用经纬仪测出碎部点方向的水平盘读数（水平角），以及测站点至碎部点的水平距离和高差。

(1) 碎部点的选择

反映地物轮廓和几何位置的点称为地物特征点；地貌可以看做是由许多不同的曲面组成，这些曲面的交线称为地貌特征线（如山脊线和山谷线等），地貌特征线上的变坡、变向点称为地貌特征点。

测图时，碎部点的选择合理与否，直接关系到测图的质量和速度。因此，碎部点应选在地物和地貌的特征点上。《规范》规定，建筑物轮廓线的凸凹部在图上大于 0.4mm、简单建筑大于 0.6mm 时都要绘制出来。对于地物，如能依比例尺在地形图上显示出来，要实测出其轮廓线的转折点，如房角、道路中心线、河岸线等的转折点；对于不能依比例尺在图上显示的地物，如水井、独立树及电杆等，要实测其中心位置。对于地貌应测出最能反映地貌特征的地性线，如山脊线、山谷线、山脚线等。此外还应测出山顶、山谷底、鞍部和其他地面坡度变化处的地貌特征点。通常，应在现场把有关的地貌特征点连起来，用铅笔轻轻地勾出地性线。用点划线表示山脊线，用虚线表示山谷线。然后在两相邻点之间，按其高程内插出等高线。在碎部测量中，还应注意碎部点要分布均匀，尽量一点多用。有关城市建筑区碎部点的最大间距和最大视距见表 5.14，非城市建筑区最大间距和最大视距可适当放宽 25%；对于一般地区（地面平坦，坡度无显著变化）应按表 5.15 选择足够密度的碎部点。

(2) 经纬仪测绘法操作步骤

将经纬仪安置在测站点 A 上，绘图板安放于测站点旁，如图 5.26 所示。在一个测站上测量工作的步骤如下：

表 5.14

测图比例尺	最大视距（m）	
	主要地物点	次要地物点和地形点
1:500	实测	70
1:1000	80	120
1:2000	150	200

表 5.15

测图比例尺	地形点最大间距（m）	最大视距（m）	
		主要地物点	次要地物点和地形点
1:500	15	60	100
1:1000	30	100	150
1:2000	50	180	250

1) 安置仪器

安置经纬仪于测站点 A 上，对中、整平、量取仪高 i，填入记录手簿。

2) 定向

经纬仪照准另一控制点 B，配置水平度盘读数为 0°00′00″，即置 AB 方向为水平度盘的零方向。

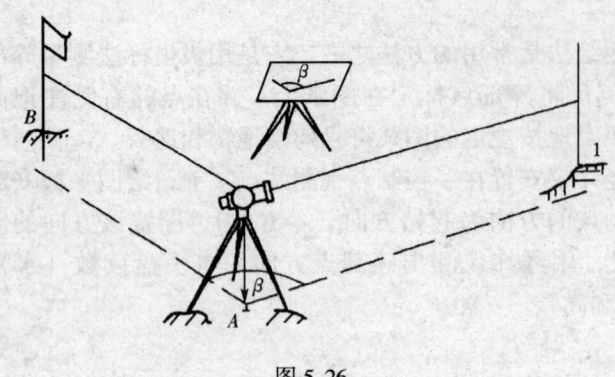

图 5.26

3) 立尺

立尺人员应根据测图范围和实地情况，与观测员、绘图员共同商定跑尺路线，选定立尺点，依次将水准尺立在地物、地貌特征点上。

4) 观测

旋转照准部，瞄准碎部点 1 上的水准尺，读取水平角 β，使竖盘指标水准管居中，在尺上读取上丝、下丝读数（或直接读出尺间隔 l）、中丝读数 v、竖盘读数 L（竖直角 α）。竖盘读数、水平角读数到 $1'$，半测回即可。

5) 记录

依次将观测值填入记录手簿。对于具有特殊意义的碎部点，如房角、电杆、山头、鞍部等，应在备注中加以说明，见表 5.16。

碎部测量记录表　　　　　　　　　　　　　　　　　　　　表 5.16

测站点：A			仪器高：1.45m		观测者：×××	指标差：			
后视点：B			测站高程：108.40m		记录者：××× 年　月　日				

测点	尺上读数（m）			尺间隔（m）	竖盘读数 °'"	竖直角 °'"	水平角 °'"	距离（m）	高程（m）	备注
	下丝	上丝	中丝							
1	1.687	1.214	1.450	0.473	87 53	2 07	64 54	47.2	110.15	房角
2	1.679	1.321	1.500	0.358	90 00	0 00	20 54	35.8	108.35	房角
3	1.643	1.256	1.450	0.387	92 25	−2 25	98 19	38.6	106.77	电杆

6) 计算

碎部点的高程 H_1 和测站 A 至碎部点 1 的水平距离 D 和高差 h 按式（4.13）和式（4.14）计算，即：

$$D = K \cdot l \cdot \cos^2\alpha = D \cdot \cos^2\alpha$$

$$h = \frac{1}{2} \cdot K \cdot l \cdot \sin 2\alpha + i - v$$

则其高程为：
$$H_1 = H_A + h$$

7) 展绘碎部点

如图 5.27 所示，用细针将量角器的圆心固定在图上测站点处，转动量角器，使量角器上等于水平角 β 的刻划线对准图上的起始方向（相应于实地的零方向 AB），此时量角器的零方向便是碎部点 1 的方向。按测得的水平距离和测图比例尺在该方向上定出点 1 的位置，并在该点右侧注明其高程。

同法，测绘出本站上其余各碎部点的平面位置与高程。并对照实地绘出等高线和地

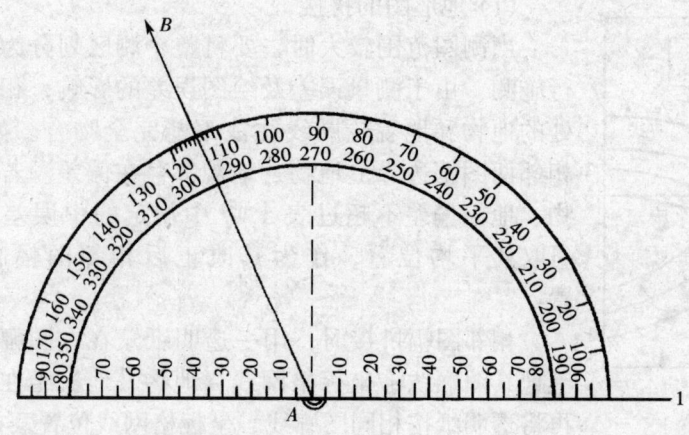

图 5.27

物。为了保证测图质量，仪器搬到下一测站时，应首先检查上一测站所测部分碎部点的平面位置和高程。若测区面积较大时，考虑到相邻图幅的拼接问题，每幅图应向图廓外测出5mm。

3. 地形图的绘制

地形图的绘制一般是在现场，对照实地描绘地物和等高线。

（1）地物描绘

地物描绘是按《地形图图式》规定的符号在实地描绘地物。对于建筑物的轮廓用直线连接，道路、河流则用光滑曲线逐点连接。不能按比例尺描绘的地物，如电杆、烟囱、水井等，应在图上绘出其中心位置，或按规定的非比例符号表示。

（2）等高线勾绘

地貌主要是用等高线来表示。为了便于勾绘等高线，首先用铅笔轻轻描绘出山脊线、山谷线等地性线，然后根据地性线附近的碎部点高程勾绘出等高线。如图 5.28 所示，地面上两碎部点 A、B 的高程分别为 62.8m 及 56.1m，若取 1m 等高距时，其间有 57、58、59、60、61、62m 共六条等高线通过。由于碎部点是选在地面坡度变化处，因此相邻两点间山坡可视为均匀坡度。这样可在两相邻碎部点的连线上按平距与高差成比例的关系，内插出两点间各条整米等高线。勾绘等高线时，先目估定出高程为 57m 的点和高程为 62m 的点，然后将该两点间距离五等分，定出高程为 58、59、60、61m 的等高线。同理可定出其他相邻碎部点间等高线应通过的位置。将高程相同的相邻点用光滑的曲线连接，即为等高线。

勾绘等高线时，要对照实地，先画计曲线，后画首曲线，并注意等高线通过山脊线和山谷线的走向。地形图等高距的选择与测图比例尺和地形坡度有关。对于不能用等高线表示的地貌，如悬崖、陡崖、冲沟等应按《地形图图式》规定的符号表示。

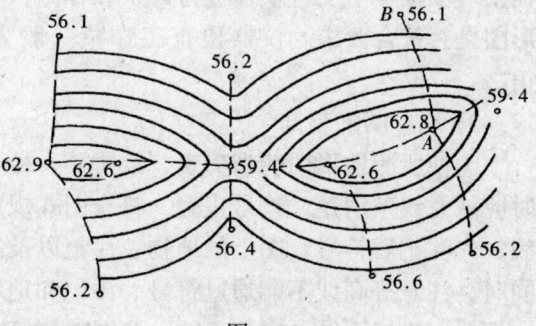

图 5.28

4. 地形图的拼接、检查与整饰

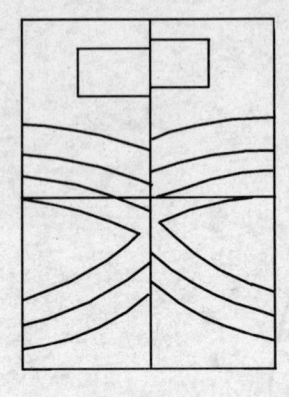

图 5.29

（1）地形图的拼接

当测图范围较大时，要将整个测区划分为若干图幅分别进行施测。由于测量误差及绘图误差的影响，相邻图幅边界连接处的地物和地貌轮廓线往往不能完全吻合。如图 5.29 所示的相邻两图幅边界上地物、地貌都存在偏差。若这些相邻处的地物、地貌偏差不超过表 5.17 中规定的中误差的 $2\sqrt{2}$ 倍时，则可取其平均位置，作为其改正后相邻图幅的地物、地貌位置。

相邻图幅拼接时，用一透明纸蒙在左图幅的接边上，用铅笔把其图廓线、坐标格网线、地物、地貌绘在透明纸上，然后再将透明纸按相同图廓线、坐标格网线位置蒙在右图幅接边上，同样用铅笔描绘地物和地貌，取其平均位置作为最后相邻图幅的 地物、地貌位置。当用聚酯薄膜测图时，可直接将两相邻图幅的坐标格网线叠加，检查相应的偏差，并用前述方法确定相邻图幅的地物、地貌最后位置。

地形点允许中误差   表 5.17

地区类别	地物点位置中误差（mm）		等高线高程中误差（等高距）		
	主要地物	将要地物	6°以下	6°～15°	15°以上
一般地区	±0.6	±0.8	1/3	1/2	1
城市建筑区	±0.4	±0.6			

（2）地形图检查与整饰

地形图检查是为了确保地形图质量，除施测过程中加强检查外，在地形图测完后必须作一次全面检查。

1）室内检查

室内检查的内容有：图根点、碎部点是否有足够的密度，图上地物、地貌是否清晰易读，绘制的等高线是否合理，各种符号、注记是否正确，地形点的高程是否有可疑之处，图边拼接有无问题等。若发现疑点应到野外进行实地检查修改。

2）实地检查

实地检查是在室内检查的基础上，进行实地巡视检查和仪器检查。实地巡视检查要对照实地检查地形图上地物、地貌有无遗漏；仪器检查是在室内检查和巡视检查的基础上，在某些图根点上安置仪器进行修正和补测，并对本测站所测地形进行检查，查看测绘的地形图是否符合要求。仪器检查工作量一般为一幅图的 10% 左右，如发现问题应当场修正。

3）地形图的整饰

为使所测地形图清晰美观，经拼接、检查和修正后，即可进行铅笔原图的整饰。整饰时应注意线条清楚，符号正确，符合图式规定。整饰的顺序是先图内后图外，先地物后地貌，先注记后符号。图上的地物、注记以及等高线均应按规定的图式符号进行注记绘制。同时，注意等高线不能通过符号、注记和地物。按《地形图图式》规定，还要注记图名、比例尺、坐标系统、高程系统、测图单位等。最后要进行着墨处理。

5.6 地形图的应用

5.6.1 地形图的识读

地形图利用各种规定的图式符号和注记表示地物、地貌及其他有关资料，包含大量的自然、环境、社会、人文、地理等要素和信息。要想正确地使用地形图，首先要能识读地形图。在地形图识读时，应注意以下几方面的问题。

1. 熟悉图式符号

在地形图识读前，首先要熟悉一些常用的地物符号的表示方法，区分比例符号、半比例符号和非比例符号；要能根据等高线判断出各类地貌特征（例如，山头、山脊、山谷、鞍部、冲沟等），了解地形坡度变化。

2. 图廓外信息识读

地形图反映的是测图时的地表现状。因此，应首先根据测图的时间判定地形图的新旧程度，对于不能完全反映最新现状的地形图、应及时修测或补测，以免影响用图。然后要了解地形图的比例尺、坐标系统、高程系统、图幅范围等。

3. 地物的识读

图 5.30 是某森林公园 1:2000 地形图。在图幅的西北角是赫都山，山顶有一座电视转播塔，附近是两个小亭。从山顶向东南有一条石阶路经中山堂向南可通往公园宾馆。红岩村在图的东北角，是一较大的居民点。在图中部偏东位置有一森林公园的高地水池和一个瞭望塔。依山而建的围墙将图上最大的居民点靠山屯以及公园宾馆与森林公园隔开。森林公园内一低压电力线路将靠山屯、公园宾馆、红岩村和赫都山峰连接起来，保证了整个森林公园地区的照明用电。

4. 地貌的识读

根据图 5.30 中等高线的注记可以看出，本幅图的基本等高距为 1m。整个森林公园为北高南低、西高东低的走势。其中部偏东南沿公园宾馆一带山谷地势最低，公园宾馆高程约为 12.9m。图幅西北的赫都山峰最高，其最高点高程为 84.7m。图幅内的高差最大不超过 72m。在图幅北部，山地的形态比较明显，山势由西向东逐渐降低，中部偏西有一鞍部。根据山脊线和山谷线的位置、走向以及等高线的疏密可以看出整个山地地貌的起伏变化。

5.6.2 地形图应用的基本内容

1. 求图上点的高程

地形图上点的高程，可以根据等高线及高程注记确定。如该点正好在等高线上，可以直接从图上读出其高程，例如图 5.31 中 q 点高程为 64m。如果所求点不在等高线上，根据相邻等高线间的等高线平距与其高差成正比例原则，按内插方法求得该点的高程。如图 5.31 中所示，过 p 点作一条大致垂直于两相邻等高线的线段 mn，量取 mn 的图上长度 d_{mn}，然后再量取 mp 的图上长度 d_{mp}，则 p 点的高程为：

$$H_p = H_m + h_{mp}$$

$$h_{mp} = \frac{d_{mp}}{d_{mn}} \cdot h_{mn} \tag{5.41}$$

式中，h_{mn} 为等高距。

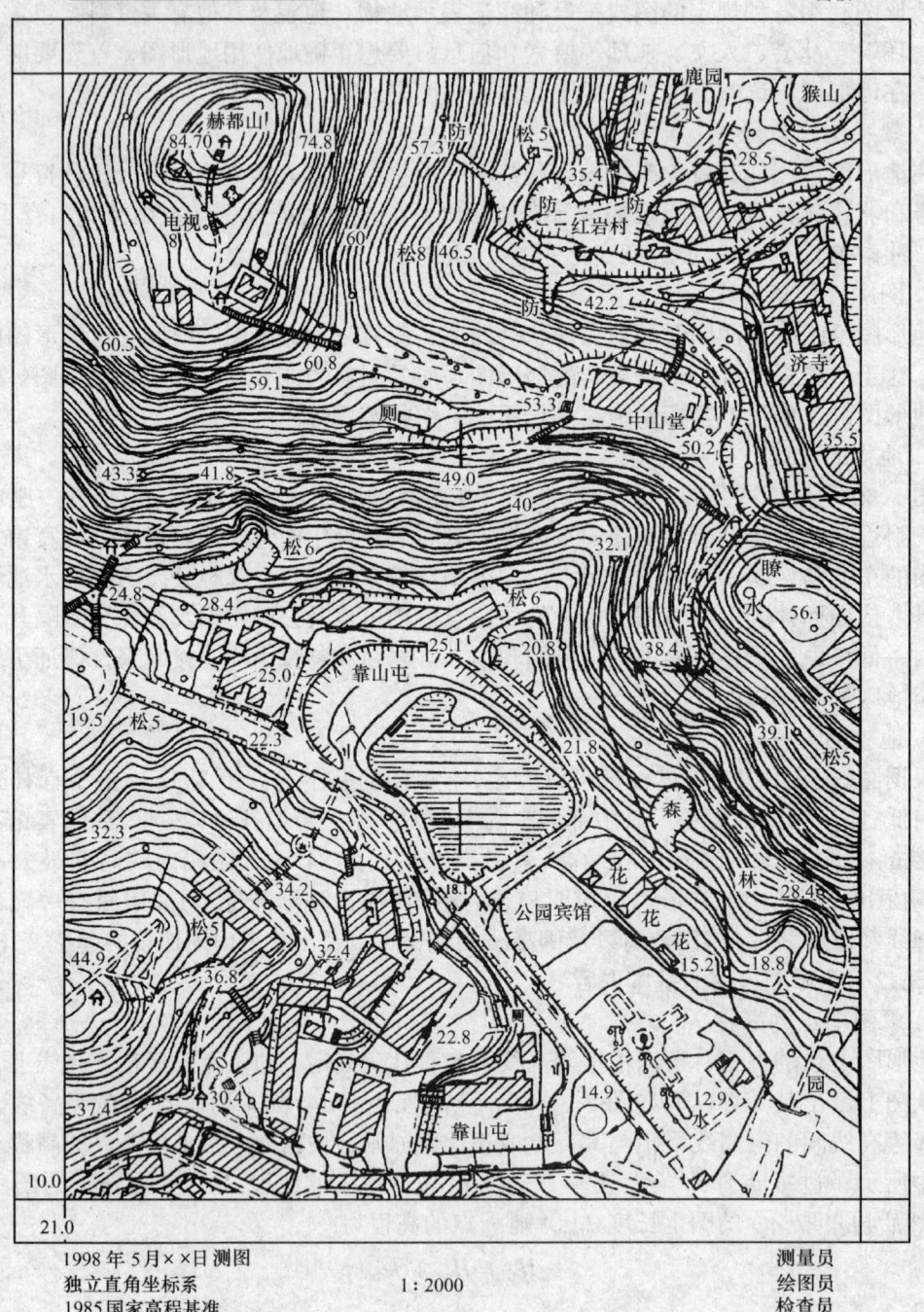

1998 年 5 月××日测图
独立直角坐标系
1985 国家高程基准

1：2000

测量员
绘图员
检查员

图 5.30

例如，在图 5.31 中，$h_{mn} = 1m, d_{mp} = 3.5mm, d_{mn} = 7.0mm$，则：

$$h_{mp} = \frac{3.5}{7.0} \times 1 = 0.5m$$

$$H_p = 65 + 0.5 = 60.5m$$

根据等高线勾绘的精度，也可以用目估的方法确定图上一点的高程。

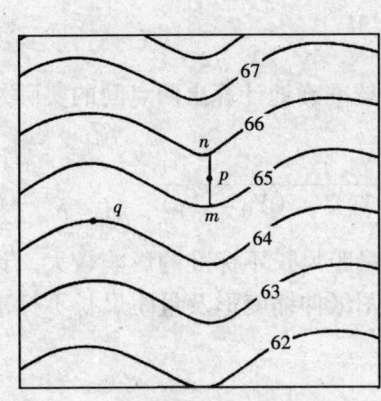

图 5.31   图 5.32

2. 求图上两点间的水平距离

如图 5.32 所示，量出 PQ 两点间的图上距离 d_{PQ}，就可以计算出 PQ 两点间的实际水平距离 D_{PQ}，由比例关系有：

$$D_{PQ} = d_{PQ} \cdot M \tag{5.42}$$

式中 M 为地形图比例尺的分母。

3. 求图上点的平面坐标

利用地形图进行规划设计，首先要知道设计点的平面位置，通常是根据坐标方格网和点的图上位置，内插出设计点的平面直角坐标。

如图 5.32，欲确定图上 p 点坐标，首先绘出坐标方格 $abcd$，人过 p 点分别作 X、Y 比例尺 1:2000 轴的平行线，与方格交于 m、n、f、g，根据图廓内方格网坐标可知：

$$X_d = 21200m$$

$$Y_d = 40200m$$

在地形图量得 dm、dg 图上长度 d_{dm}、d_{dg} 为：

$$d_{dm} = 65.1mm = 0.0651m$$

$$d_{dg} = 51.2mm = 0.0512m$$

由式（5.42）的关系可求得 dm、dg 的实际水平距离为 D_{dm}、D_{dg} 为：

$$D_{dm} = dm \cdot M = 0.0651 \times 2000 = 130.2m$$

$$D_{dg} = dg \cdot M = 0.0512 \times 2000 = 102.4m$$

则 P 点的坐标为：

$$X_P = X_d + D_{dm} = 21200 + 130.2 = 21330.2m$$

$$Y_P = Y_d + D_{dm} = 40200 + 102.4 = 40302.4m$$

考虑到图纸伸缩变形及量距尺长不标准的影响，量取的方格边长 da 往往不等于理论长度 l（10cm）。为了提高量测精度，还应量取 ma 和 gc 的长度。若量取的边长 da 不等于理论长度 l 时，为了使求得的坐标值精确，可采用下式计算：

$$X_P = X_d + \frac{l}{da} \cdot dm \cdot M$$

$$(5.43)$$

$$Y_P = Y_d + \frac{l}{dc} \cdot dg \cdot M$$

当 P、Q 两点的坐标求出后，也可按式（5.44）较准确地计算出两点间的实际水平距离：

$$D_{PQ} = \sqrt{\Delta X_{PQ}^2 + \Delta Y_{PQ}^2} = \sqrt{(X_Q - X_P)^2 + (Y_Q - Y_P)^2} \quad (5.44)$$

用式（5.42）计算出的距离，受图纸伸缩变形及量距尺长不标准的影响较大，计算结果的精度较低；用式（5.44）计算出的距离，考虑了图纸伸缩变形及量距尺长不标准的影响，计算结果的精度较高。

4. 确定图上直线的坐标方位角

如图 5.33 所示，欲求直线 AB 的坐标方位，可先求出 A、B 两点的坐标（X_A，Y_A）、（X_B，Y_B），然后按下式计算出直线 AB 的坐标方位角：

$$\alpha_{AB} = \operatorname{arctg} \frac{\Delta Y_{AB}}{\Delta X_{AB}} \quad (5.45)$$

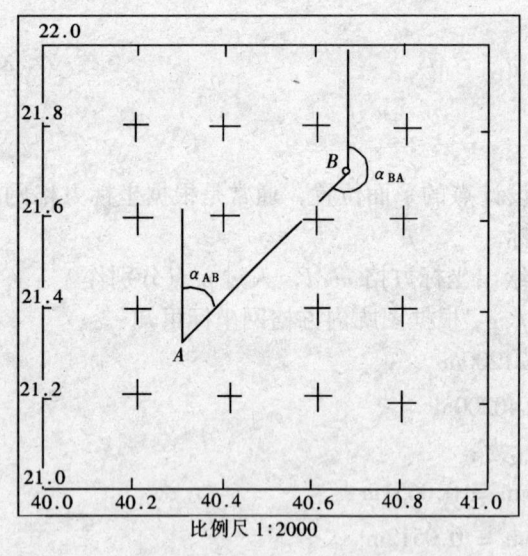

图 5.33

当直线 AB 较长时，按上式计算的结果较准确。

也可以用图解的方法确定直线的坐标方位角。首先过 A、B 两点精确地作出坐标格网 X 方向的平行线，然后用量角器量出 AB 直线的坐标方位角。

同一直线，要从正、反两个方向量取其正、反坐标方位角，其差值应为180°。

5. 确定直线的坡度

如图 5.33 所示，设地面两点 A、B 间的水平距离为 D_{AB}，高差为 h_{AB}，直线的坡度 i 为其高差与相应水平距离之比：

$$i_{AB} = \frac{h_{AB}}{D_{AB}} = \frac{h_{AB}}{d_{AB} \cdot M} \quad (5.46)$$

式中 d_{AB} 为地形图上 A、B 两点间的长度（以米为单位），M 为地形图比例尺的分母。坡度 i 常以百分率表示。

6. 面积量算

在工程规划设计中，常需要在地形图上量算一定范围内的面积。

对于任意多边形面积的量算，可根据多边形各顶点的坐标按公式准确地计算出其面积，计算公式为：

$$S = \frac{1}{2} \cdot \Sigma[X_i \cdot (Y_{i+1} - Y_{i-1})]$$

$$S = \frac{1}{2} \cdot \Sigma[Y_i \cdot (X_{i-1} - X_{i+1})]$$

(5.47)

如图 5.34 所示，1、2、3、4 为一闭合图形，其面积 S 为：

$$S = \frac{1}{2} \cdot [X_1(Y_2 - Y_4) + X_2(Y_3 - Y_1)$$
$$+ X_3(Y_4 - Y_2) + X_4(Y_1 - Y_3)]$$

计算面积的方法有许多种，也可以用电子求积仪直接测量图形面积。电子求积仪测量图形面积的优点是操作简便、可靠性好、速度快。特别适用于不规则曲线图形的面积量算，并能保证足够的精度。

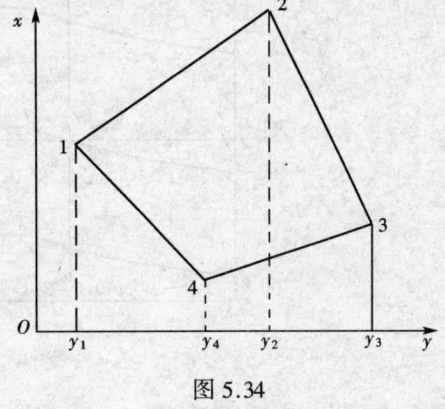

图 5.34

5.6.3 地形图在地平整土地中的应用

工程建设中，常常要将自然地貌改造成水平面或倾斜平面。在大型工程的规划设计中，一项重要的工作是估算土（石）方的工程量，即利用地形图进行挖填土（石）方的概算。方格网法是其中应用最广泛的一种，下面分两种情况介绍该方法。

1. 水平场地平整

水平场地平整一般是按挖、填土（石）方量平衡的原则，将建筑区内的原地形改造成水平场地。主要工作是根据要求计算出设计高程，并估算挖填土（石）方量。其具体步骤如下：

(1) 在地形图上绘制方格网

如图 5.35 所示，在地形图上绘制方格网。方格边长的大小取决于地形图比例尺，地形复杂程度以及土（石）方估算的精度要求。根据地形情况，边长一般取为 10 或 20m。

(2) 计算设计高程

以挖、填土（石）方量平衡为前提，设计高程的计算方法如下：首先根据地形图上的等高线内插求出各方格顶点的高程，并注记在相应方格顶点的左上方，然后根据方格顶点的高程计算各方格的平均高程，再把每个方格平均高程相加除以方格总数，就可得到设计高程（H_0）。

从图 5.35 分析设计高程 H_0 的计算过程，可以看出方格网的角点 $A1$、$A5$、$E1$、$E5$ 的高程在计算 H_0 的过程中只用一次，边点 $A2$、$A3$、$A4$、$B1$、$B5$、$C1$、$C5$… 的高程用了二次，拐点的高程用三次，中间点 $B2$、$B3$、$B4$、$C2$、$C3$、$C4$… 的高程都用四次，因此，设计高程的计算公式可总结为：

$$H_0 = \frac{\Sigma H_{角} + 2\Sigma H_{边} + 3\Sigma H_{拐} + 4\Sigma H_{中}}{4N}$$

(5.48)

式中 N 为方格的个数。

将图 5.35 中方格网顶点的高程代入式（5.48），可计算出设计高程是 63.7m。在地形

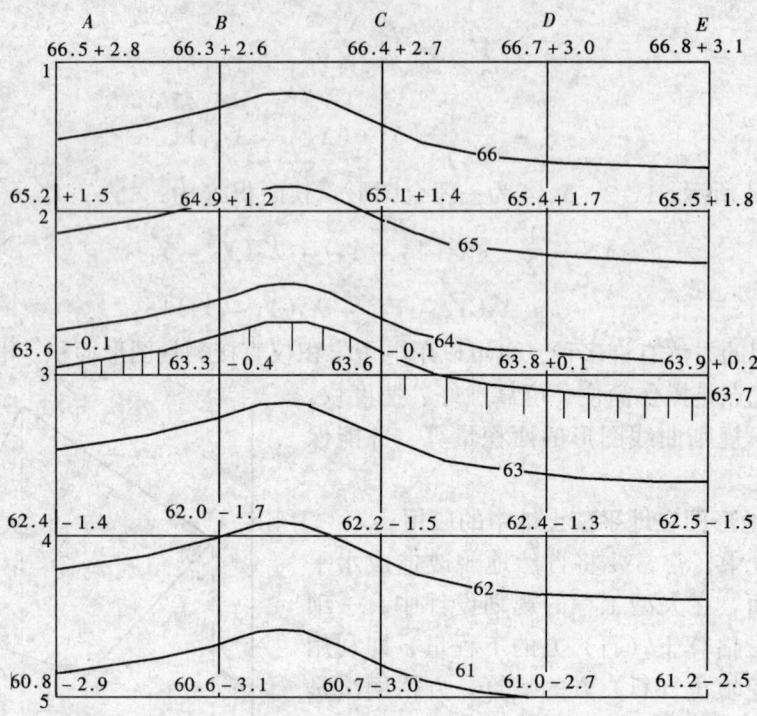

图 5.35

图上内插出 63.7m 等高线，也称为挖、填边界线。

（3）计算挖、填高度

根据设计高程 H_0 和方格顶点的高程 H，可以计算出每一方格顶点的挖、填高度 Δh：

$$\Delta h = H - H_0 \tag{5.49}$$

各方格顶点的挖、填高度写于相应方格顶点的右上方。正号为挖深，负号为填高。如图 5.35 所示，挖、填边界线上绘有短线的一侧为填土区，其挖、填高度全为负；挖、填边界线上另一侧为挖土区，其挖、填高度全为正。

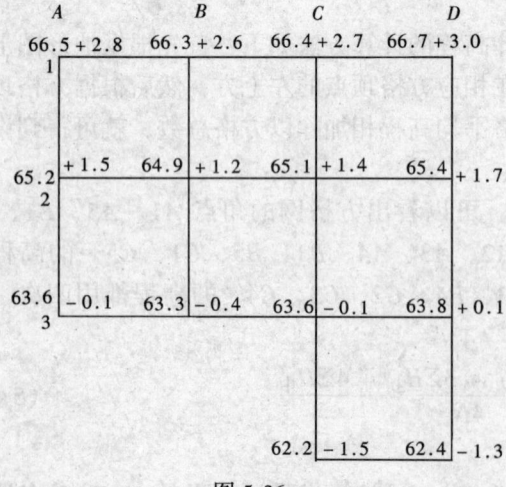

图 5.36

（4）挖、填土方量计算

如图 5.36 所示，挖、填土方量 V 可根据方格面积 S，按角点、边点、拐点和中点分别按下式计算：

$$V_角 = \frac{1}{4} \cdot \Delta h \cdot S$$

$$V_边 = \frac{2}{4} \cdot \Delta h \cdot S$$

$$V_拐 = \frac{3}{4} \cdot \Delta h \cdot S$$

$$V_中 = 1 \cdot \Delta h \cdot S \tag{5.50}$$

设每一方格实地面积为 100m^2，由前计算得设计高程是 63.7m，每一方格顶点的挖深或填高数据按式（5.48）分别计算出，并注记在相应方格顶点的右上方。挖、填土方量按式（5.50）计算，其计算结果列于表 5.18，计算出总挖方量 1257.5m³，总填土方量为 1225.0m³。可以看出，用上述方法确定的设计平面可以满足挖、填方量平衡的要求。

表 5.18

点 类	挖方量（m³）	填方量（m³）	点 类	挖方量（m³）	填方量（m³）
角 点	147.5	135.0	中 点	520.0	500.0
边 点	590.0	590.0	合 计	1257.5	1225.0
拐 点					

2. 倾斜平面场地平整

通常，倾斜平面场地平整也是根据设计要求和挖、填土（石）方量平衡的原则，在地形图上绘出设计倾斜平面的等高线，进而将原地形改造成具有某一坡度的倾斜平面。

但是，有时要求所设计的倾斜平面必须包含不能改动的某些高程点（称为设计斜平面的控制高程点）。例如，已有道路的中线高程点、永久性或大型建筑物的外墙地坪高程等。如图 5.37 所示，设 A、B、C 三点为控制高程点，相应地面高程分别为 80.6、84.2m 和 83.8m。场地平整后的倾斜平面必通过 A、B、C 三点。其设计步骤如下：

（1）确定倾斜平面上设计等高线

如图 5.37 所示，过 A、B 二点作一直线，按比例内插法在该直线上分别求出 i、h、g、f，对应于高程 81、82、83、84m 的点。这些高程点的位置，也就是设计斜平面上相应等高线应经过的位置。由于设计斜平面经过 A、B、C 三点，可在 A、B 直线上内插出一点 k，使其高程等于 C 点高程 83.8m。连接 k、C，则 kC 直线的方向就是设计斜平面上等高线的方向。

（2）确定挖、填边界线

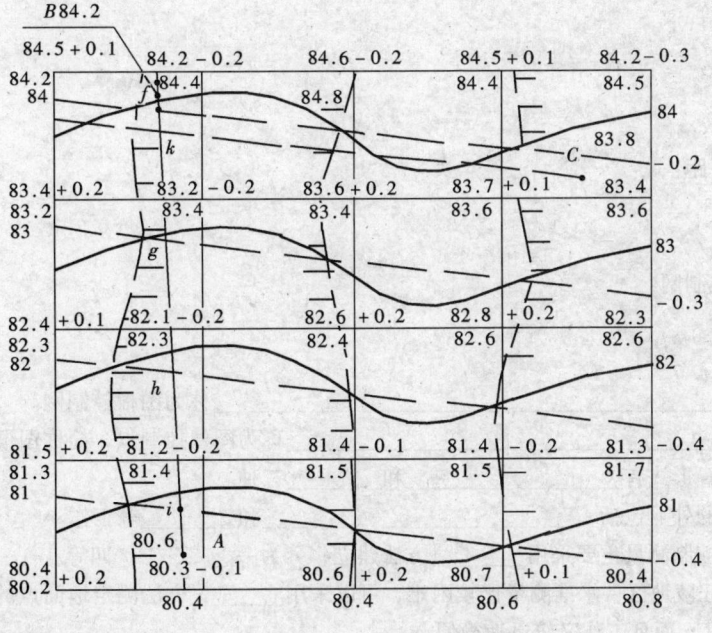

图 5.37

首先绘出设计斜平面上相应 81、82、83、84m 的各条等高线。为此，过 i、h、g、f 各点作 kc 直线的平行线（图中的虚线），即为设计斜平面上相应的等高线。将设计斜平面上的等高线和原地形上同名等高线的交点，用光滑曲线连接，即为挖、填边界线。挖、填边界线上原地形高程等于设计斜平面上对应点高程。图 5.37 中，挖、填边界线上绘有短线的一侧为填土区，另一侧为挖土区。

在地形图上绘制方格网，并确定原地形上各方格顶点的高程，注记在方格顶点的左上方。根据设计斜平面上等高线求得各方格顶点的设计高程，注记在方格顶点的左下方。挖、填高度按式（5.49）计算，并记在各方格顶点的右上方。

（3）计算挖、填土方量

设图 5.37 中方格边长为 10m，每方格实地面积为 100m²，挖方量和填方量按式（5.50）分别计算，得到总挖方量 122.5m³，总填土方量为 177.5m³，见表 5.19 所示。

表 5.19

点　类	挖方量（m³）	填方量（m³）
角　点	7.5	17.5
边　点	45.0	70.0
拐　点		
中　点	70.0	90.0
合　计	122.5	177.5

思　考　题

一、解释名词

1. 控制测量：

2. 平面控制测量：

3. 高程控制测量：

4. 导线：

5. 图根控制点：

6. 地形图比例尺：

7. 比例尺精度：

8. 图名：

9. 等高线：

10. 等高距：

11. 等高线平距：

12. 碎部点：

13. 测站点：

14. 小地区控制网：

15. 地形测量：

二、填空题

1. ＿＿＿＿＿＿＿＿＿＿＿＿＿＿＿＿＿＿＿＿＿＿＿＿＿＿称为图根控制网。

2. ＿＿＿＿＿＿＿＿＿＿＿＿＿＿＿＿＿＿＿＿＿＿＿称为图根控制点，简称图根点。

3. 导线的布置形式有＿＿＿＿＿、＿＿＿＿＿和＿＿＿＿＿三种。

4. 导线测量的外业包括＿＿＿＿＿、＿＿＿＿＿、＿＿＿＿＿和＿＿＿＿＿等工作。

5. 国家高程控制测量主要采用＿＿＿＿＿方法建立，分为一、二、三、四等。

6. 在山区或丘陵地区，水准测量比较困难，可以采用＿＿＿＿＿方法测定地面点的高程。这种方法可以保证一定的精度，而且工作又较迅速简便。

7. 在＿＿＿＿＿范围内建立的控制网，称为小地区控制网。

8. 导线测量是_____计算出各导线点的坐标。

9. 线测量是建立小地区平面控制网的主要方法，特别适用于_____等。

10. 导线测量根据观测方法和精度要求的不同，有许多种类。控制测量中常用的导线有_____导线和_____导线。

11. _____支导线。

12. _____附合导线。

13. _____ 闭合导线。

14. 导线点应埋设标志。导线点的标志有_____标志和_____标志两种。

15. 为了_____导线应与高级控制点进行连接测量。

16. _____称为坐标正算。

17. _____称为坐标反算。

18. _____称为等外水准测量。

19. 三角高程测量一般应_____观测，这样是为了消除地球曲率和大气折光的影响。

20. _____称为图根控制测量。

三、单选题

1. 人的肉眼在图上一般能分辨出的最小距离为（　　）mm。

    A.10　　　　　　　　B.1.0　　　　　　　　C.0.1

2. 比例尺越大，其表示的地形地貌就越详细，精度也就越高，但其测绘工作量因此会成倍地增加。所以，选择比例尺时（　　）。

    A. 比例尺越大越好　　　　B. 精度越高越好　　　　C. 应满足工程需要

3. 比例尺为 1:500 的地形图，其比例尺精度为（　　）m。

    A.1cm　　　　　　　B.5cm　　　　　　　C.10cm

4. 比例尺为 1:1000 的地形图，其比例尺精度为（　　）m。

    A.1cm　　　　　　　B.5cm　　　　　　　C.10cm

5. 城市或工程建设中大比例尺地形图一般采用（　　）分幅。

    A. 矩形　　　　　　　B. 正方形　　　　　　C. 梯形

6. 比例尺为 1:500、1:1000 和 1:2000 的地形图图幅大小为（　　）。

    A.40cm×40cm　　　　B.50cm×50cm　　　　C.40cm×50cm

7. 比例尺为 1:5000 的地形图图幅大小为（　　）。

    A.40cm×40cm　　　　B.50cm×50cm　　　　C.40cm×50cm

8. 将比例尺为 1:1000 地形图称为（　　）。

    A. 大比例尺地形图　　B. 中比例尺地形图　　C. 小比例尺地形图

9. 地形图上按基本等高距绘制的等高线称为（　　）。

    A. 计曲线　　　　　　B. 首曲线　　　　　　C. 间曲线

10. 地形图上每隔四条首曲线加粗的一条等高线称为（　　）。

    A 计曲线　　　　　　B. 首曲线　　　　　　C. 间曲线

11. 把两条相邻等高线间的高差称为（　　）。

    A. 高差　　　　　　　B. 等距　　　　　　　C. 等高线平距

12. 在同一幅地形图上等高距是相同的，等高线平距则随地面坡度的变化而改变，坡陡则等高线（　　）。

A. 密　　　　　　　　　B. 疏　　　　　　　　　C. 无法确定

13. 在同一幅地形图上等高距是相同的。等高线平距则随地面坡度的变化而改变。坡缓则等高线疏，等高线平距就（　　　）。

A. 越大　　　　　　　　B. 越小　　　　　　　　C. 无法确定

四、多选题

1. 在小地区控制测量中，根据测区的地形及测区内控制点的分布情况，导线的布设形式有（　　　）。

A. 支导线　　　　　　　B. 经纬仪导线　　　　　C. 光电测距导线

D. 附合导线　　　　　　E. 闭合导线

2. 地物符号有（　　　）。

A. 比例符号　　　　　　B. 非比例符号　　　　　C. 特殊符号

D. 半比例符号　　　　　E. 线性符号　　　　　　F. 注记符号

3. 一般用线性符号表示的地物有（　　　）。

A. 房屋　　　　　　　　B. 田地　　　　　　　　C. 铁路

D. 围墙　　　　　　　　E. 电力线　　　　　　　F. 电线杆

4. 一般用比例符号表示的地物有（　　　）。

A. 房屋　　　　　　　　B. 田地　　　　　　　　C. 铁路

D. 高程　　　　　　　　E. 广场　　　　　　　　F. 地名

5. 一般用注记符号表示的地物有（　　　）。

A. 房屋　　　　　　　　B. 田地　　　　　　　　C. 房屋层数

D. 高程　　　　　　　　E. 广场　　　　　　　　F. 地名

6. 一般用非比例符号表示的地物有（　　　）。

A. 水准点　　　　　　　B. 田地　　　　　　　　C. 导线点

D. 界碑　　　　　　　　E. 独立树　　　　　　　F. 电线杆

7. 等高线的特性有（　　　）。

A. 同一条等高线上各点的高程都相同

B. 相邻两条等高线间的平距相同

C. 等高线应在本图幅内闭合

D. 同一幅地形图上等高距应相同

E. 了悬崖和陡崖处外，不同高程的等高线能够相交或重合

F. 山脊线和山谷线与等高线平行

G. 等高线平距越小，等高线越密，则地面坡度越缓

8. 地形图上的等高线有（　　　）。

A. 地性线　　　　　　　B. 首曲线　　　　　　　C. 山谷线

D. 助曲线　　　　　　　E. 山脊线　　　　　　　F. 计曲线

G. 间曲线

9. 导线测量的外业工作有（　　　）。

A. 选点　　　　　　　　B. 测角　　　　　　　　C. 计算角度闭合差

D. 量距　　　　　　　　E. 计算全长闭合差　　　F. 连接测量

G. 计算导线点坐标　　　H. 建立点位标志

10. 导线测量的内业工作有（　　　）。

A. 计算方位角闭合差　　B. 测角　　　　　　　　C. 方位角推算

D. 计算坐标增量　　　　E. 计算全长闭合差　　　F. 连接测量

G. 计算导线点坐标　　　H. 建立点位标志

五、判断题（对打"√"，错打"×"）

1. 对测量控制点进行编号，绘制草图并注明位置尺寸，称为点之记。　　　　（　　）
2. 测定控制点位置的工作称为控制测量。　　　　（　　）
3. 地形图上某一线段的长度 d 与地面上相应线段实际水平距离 D 之比，称为比例尺的精度。

　　　　（　　）

4. 地形图的比例尺越小，地形图的精度越高。　　　　（　　）
5. 1:1000 比例尺地形图的图幅为 50cm×50cm。　　　　（　　）
6. 1:5000 比例尺地形图的图幅为 50cm×50cm。　　　　（　　）
7. 图廓是地形图的边界线，有内图廓和外图廓。　　　　（　　）
8. 地形图上的等高线，是地面上所有高程相等的点所连成的闭合曲线。　　　　（　　）
9. 地形图上两条相邻等高线的高差称为等高距。　　　　（　　）
10. 坐标格网的绘制有解析法、图解法和目估法。　　　　（　　）
11. 根据比例尺的大小，通常把 1:500、1:1000、1:2000 和 1:5000 的地形图称为小比例尺地形图。

　　　　（　　）

12. 根据比例尺的大小，通常把 1:1 万、1:2.5 万、1:5 万和 1:10 万的地形图称为中比例尺地形图。

　　　　（　　）

13. 根据比例尺的大小，通常把 1:20 万、1:50 万、1:100 万的的地形图称作为大比例尺地形图。

　　　　（　　）

14. 比例尺为 1:1000 的地形图，比例尺的精度是 0.05m。　　　　（　　）
15. 比例尺为 1:500 的地形图，比例尺的精度是 0.05m。　　　　（　　）

六、简答题

1. 什么是三角点？
2. 什么是导线点？
3. 什么是经纬仪导线？
4. 什么是光电测距导线？
5. 等高线会不会相交？

七、计算题

1. 如图 5.38 所示，已知 AC 边的坐标方位角为：$\alpha_{AC} = 148°26'15''$，置镜 C 点观测得角度 β_1、β_2 为：$\beta_1 = 62°34'42''$、$\beta_2 = 128°36'24''$，试计算 CB 边和 CD 边的坐标方位角：$\alpha_{CB} = ?\ \alpha_{CD} = ?$

2. 如图 5.39 所示，已知 $\alpha_{AB} = 70°06'42''$，置镜 A、B 点测得角度：β_1、β_2、β_3 为：$\beta_1 = 92°36'24''$、$\beta_2 = 128°12'48''$、$\beta_3 = 119°24'06''$。

试计算 BC、BD、AE 边的坐标方位角：

$\alpha_{BC} = ?$

$\alpha_{BD} = ?$

$\alpha_{AE} = ?$

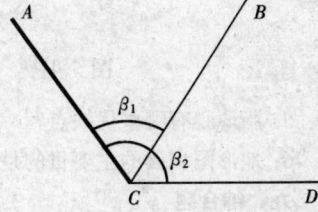

3. 如图 5.40 所示，已知各边的方位角 $\alpha_{BA} = 258°06'42''$、$\alpha_{AE} = 350°30'54''$、$\alpha_{BC} = 18°36'48''$、$\alpha_{BD} = 127°11'54''$。试计算水平角 $\beta_1 = ?$

图 5.38

$\beta_2 = ?$　$\beta_3 = ?$

4. 如图 5.40 所示，已知控制点 A、B 的坐标为：$X_A = 1362.851$m、$Y_A = 1550.458$m；$X_B = 2027.342$m、$Y_B = 1640.339$m。并测得：$\beta_A = 56°36'48''$、$\beta_B = 60°35'45''$。试完成下列计算：

(1) 已知边的坐标方位角；

(2) 已知边的水平距离；

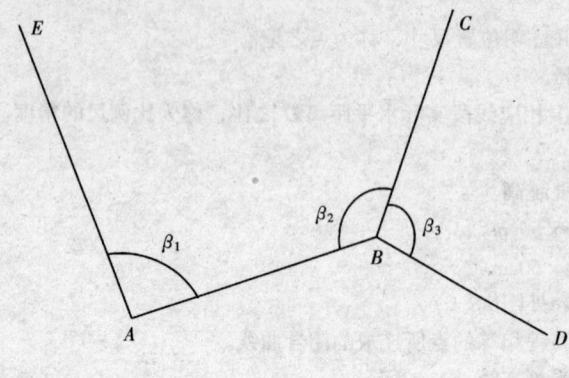

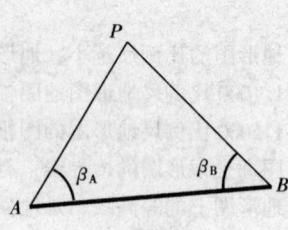

图 5.39   图 5.40

（3）AP 的水平距离；

（4）BP 的水平距离；

（5）AP 的坐标方位角；

（6）BP 的坐标方位角；

（7）由 A 点推算 P 点的坐标；

（8）由 B 点推算 P 点的坐标；

（9）计算 P 点的平均坐标。

5. 如图 5.41 所示的导线，已知：

$\alpha_{AB} = 138°46'42''$、$X_B = 3647.582\text{m}$、$Y_B = 6845.286\text{m}$。

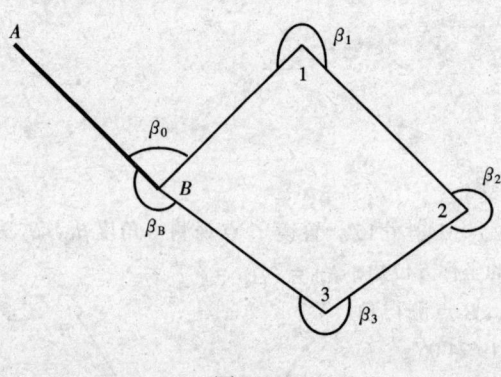

图 5.41

测得各水平角为：$\beta_0 = 95°46'24''$、$\beta_1 = 272°34'36''$、$\beta_2 = 271°23'48''$、$\beta_3 = 256°20'24''$、$\beta_B = 184°55'30''$。

测得各段水平距离为：$D_{B1} = 178.77\text{m}$、$D_{12} = 136.85\text{m}$、$D_{23} = 162.92\text{m}$、$D_{3B} = 125.82\text{m}$。计算 1、2、3 点的坐标。

八、思考题

1. 测图前如何绘制坐标格网和展绘控制点，应进行哪些检核和检查？

2. 经纬仪测绘法测图是如何进行的？

3. 如何选择地物特征点和地貌特征点？

4. 如何勾绘等高线？

5. 脂薄膜有哪些优缺点？

6. 地形图识读的主要目的是什么？

九、综合题

1. 在图 5.42 中，用点划线表示出山脊线，用虚线表示出山谷线，并用虚线表示出山顶和鞍部。

2. 试根据图 5.43 所示的地貌特征点（图上标明了山脊线、山谷线等）位置和高程勾绘等高距为 5m 的等高线。

3. 在图 5.44 所示为 1:2000 地形图中，请完成以下工作：

（1）确定 A、B 两点的坐标；

（2）计算直线 AB 的距离和坐标方位角；

（3）求 A、C 两点高程和直线 AC 的坡度。

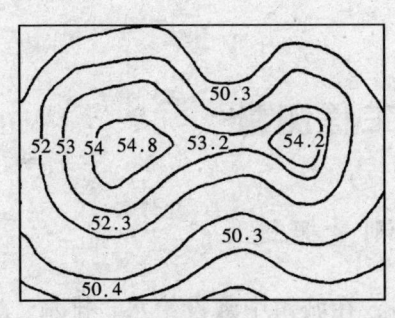

图 5.42

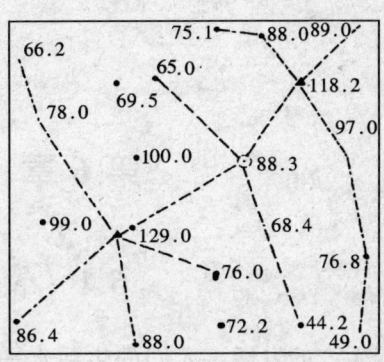

图 5.43

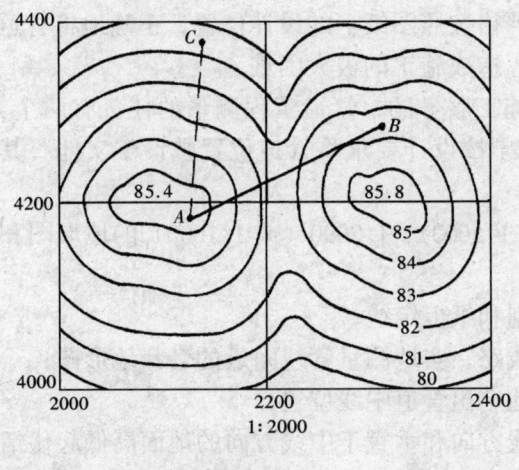

1:2000

图 5.44

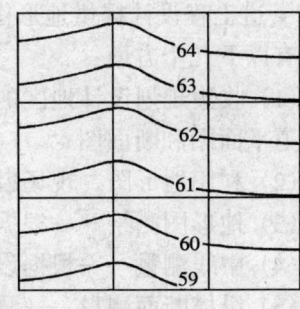

图 5.45

4. 拟将图 5.45 所示地形平整为水平场地，图中方格边长为 10m，各方格实际面积为 100m²，请按土方平衡完成以下计算：

(1) 求各方格顶点的高程；

(2) 求水平场地的设计高程；

(3) 绘出挖填边界线；

(4) 求各方格顶点的挖、填高度；

(5) 计算挖、填土方量。

第6章 管道工程测量

6.1 管道工程测量概述

随着生产的发展，人们的生活水平不断提高，在城镇中敷设给水、排水、燃气、供热、工业用气、通风、动力、电缆、输油管等管道工程越来越多。管道因多修建于建筑密集的城区或厂、矿地区，往往在狭窄地段内要敷设多种管道，有时上下穿插、纵横交错。因此，在进行管道测量时，要求测量人员严格按照图纸上的设计位置，正确地将管道测设到地面上。避免管道彼此冲突，相互干扰，造成施工的极大困难。

管道工程测量是为各种管道的设计和施工服务的，管道工程测量的任务有两个方面：1. 为管道工程设计提供地形图和断面图；2. 按设计要求将管道位置敷设于实地。其内容主要有以下几个方面：

(1) 收集规划设计地区的 1:10000（或 1:5000）、1:2000（或 1:1000）的地形图和原有的管道平面图和断面图；

(2) 利用地形图，现场勘察，进行规划和纸上定线；

(3) 地形图测绘——根据初步规划的线路，实地测量管线附近的带状地形图；

(4) 中线测量——根据设计要求在实地定出管道中线位置；

(5) 纵横断面测量——测绘管道中心线方向和垂直于中线方向的地面高低起伏情况；

(6) 管道施工测量——根据设计要求，将管道敷设于地面所进行的测量工作；

(7) 竣工测量——将施工后的管道位置，通过测量绘成图。

6.2 管道施工测量的基本方法

6.2.1 施工测量的概述

1. 施工测量的任务

根据工程设计图上的管道轴线位置、尺寸、高程，设计管线周围地形现状，布设控制点。计算出管道特征点、轴线交点、与控制点、已有建筑物、构筑物的特征点之间的关系。以地面控制点为依据，将管道的位置在地面上标定出来，并检查，控制管线的施工方向、坡度等。

施工测量包括施工控制测量，施工放样，竣工测量。

2. 施工测量的特点

(1) 施工测量是为工程施工服务的，与工程质量及施工进度有着密切的联系，必须与施工组织计划相协调。测量人员应与设计、施工人员密切联系，了解设计内容、性质以及测量精度要求，随时掌握工程进度及现场的变动，使施工测量进度和精度满足施工的需求。

（2）由于施工现场各工序交叉作业，有大量土、石方填挖，材料堆放，运输频繁，场地变动及施工机械震动等原因，施工场地的测量标志易被破坏，因此各种测量标志必须避开运输线，埋设在稳固且不易破坏的位置，经常检查，如有破坏，及时恢复。

3．施工测量的原则

施工测量同地形测量一样，遵循"从整体到局部，先控制后碎部"的原则。任何施工测量工作都要先在施工场地布设统一的控制网，再根据施工布局进行测量工作。

6.2.2 测设的基本工作

1．水平角测设

与水平角测量不同，水平角测量是测定地面标定的三个固定点所构成的两个方向间的水平角；而水平角测设是角值已知，地面上只有两个桩点，欲测设出另一个方向，标定第三个桩位。

（1）一般方法

当角度测设精度要求不高时采用此法。如图 6.1 所示，A 为已知点，AB 为已知方向，欲从 AB 向右测设一个设计角值 β，以定出 AC 方向。

具体做法是将经纬仪安置于 A 点（对中、整平），先用盘左位置照准 B 点，将水平度盘配置为 $0°00'00''$，转动照准部使水平度盘读数正好为 β 值，沿视线方向定出 C' 点；盘右位置用同样方法定出 C'' 点；若两点不重合，取其中点为 C，则 $\angle BAC$ 即是要测设的 β 角。

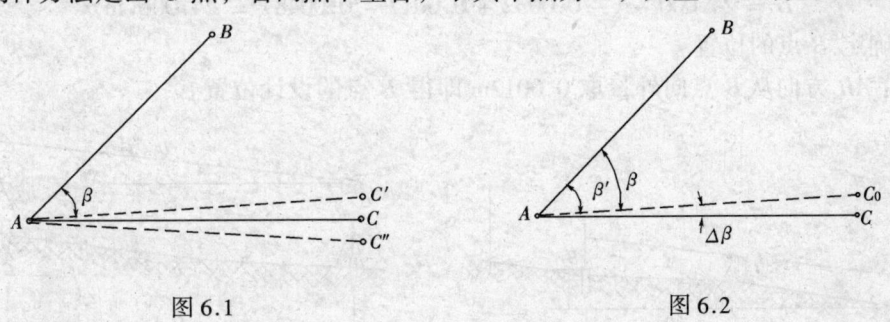

图 6.1　　　　　　　　　　　图 6.2

（2）精确方法

当角度测设精度要求较高时采用此法。如图 6.2 所示，AB 为已知方向，先用一般测设方法或半测回按欲测设的角值测设出 AC 方向并定出 C 点。然后用测回法实测 $\angle BAC$（根据需要可测多个测回），设其角度为 β'，则角度差为 $\Delta\beta = \beta - \beta'$。概量距离 AC，并按下式计算出垂距 CC_0：

$$CC_0 = AC\tan\Delta\beta \approx AC\frac{\Delta\beta}{\rho''}$$

从 C 点沿 AC 方向量取 CC_0，$\angle BAC_0$ 则为欲测设的 β 角。当 $\Delta\beta > 0$ 时，C 点沿 AC 的垂线方向向外量垂距 CC_0；当 $\Delta\beta < 0$ 时，向内量垂距 CC_0。

2．水平距离测设

水平距离测设不同于距离测量。它是由地面上一个已知点，沿已知方向，量取设计的水平距离，定出该段距离的另一端点。

（1）钢尺测设法

1）一般方法

当测设的精度不高的时，可从已知点 A 开始，沿已给定的方向 AB，按设计的水平距离用钢尺直接丈量定出直线的终点 B。为了校核和提高精度，应进行往返丈量，误差若在限差内，取其平均值。当地面有起伏时，应将钢尺抬高拉平并用垂球投点进行丈量。

2）精确方法

当测设的精度较高的时，应使用检定过的钢尺，用经纬仪定线，根据设计的距离 D，计算出沿地面应量取的倾斜距离 L，然后根据计算结果用钢尺沿地面量取距离 L。

【例】　如图 6.3，由 A 点沿 AC 方向测设 B 点，使 AB 的水平距离 $D = 24.000\text{m}$，钢尺的尺长方程式

$$L = 30\text{m} - 0.004\text{m} + 1.25 \times 10^{-4}(t - 20\text{℃})$$

概量后，用水准仪测得两点间高差 $h = 0.480\text{m}$，丈量温度 26℃，拉力为标准拉力。试准确确定 B 点的位置。

【解】　1）计算 AB 的实长

尺长改正　　　$\Delta L_\text{d} = D\dfrac{\Delta L}{L} = 24 \times \dfrac{-0.004}{30} = -0.0032\text{(m)}$

温度改正　　　$\Delta L_\text{t} = 1.2 \times 10^{-5} \times (t - 20\text{℃}) \times D = 0.0017\text{(m)}$

倾斜改正　　　$\Delta L_\text{h} = -\dfrac{h^2}{2D} = -\dfrac{0.48^2}{2 \times 24} = -0.0047\text{(m)}$

$$L = 24.000 - (-0.0032 + 0.0017 - 0.0048) = 24.006\text{(m)}$$

2）确定 B 点的位置

即沿 AB 方向从 B 点向外量取 0.0012m 即得 B 点的设计位置。

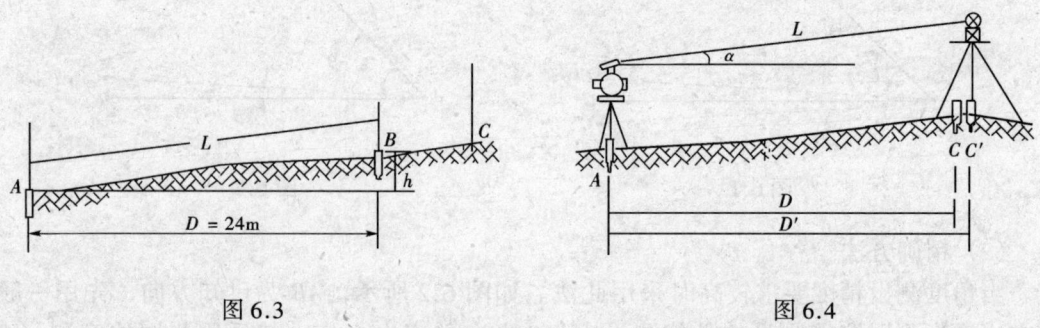

图 6.3　　　　　　　　　　　　　　　　　　图 6.4

（2）光电测距仪测设法

由于光电测距仪的普及，目前水平距离测设多采用光电测距仪。如图 6.4 所示，光电测距仪安置于 A 点，沿已知方向前后移动反射棱镜，使光电测距仪显示的距离约大于设计的水平距离，定出 C' 点。在 C' 点立棱镜，测出竖直角 α 及斜距 L，计算出水平距离，求出 D' 与应测的水平距离 D 之差 $\Delta D = D - D'$。根据 ΔD 的符号在实地用钢尺沿测设方向将 C' 改正至 C，并用木桩标定。为了检核，应将棱镜立于 C 点再实测 AC 的距离，其不符值应在限差内，否则应再次改正，直至符合精度要求。

3. 高程测设

根据附近的水准点，将设计的高程测设到现场作业面上，称为高程测设。在建筑设计和建筑施工中，为了计算方便，一般把建筑物的室内地坪用 ±0 表示，基础、门窗等标高都是以 ±0 为依据确定的。

（1）水准尺测设法

如图 6.5 所示，安置水准仪于水准点 R 与待测设高程点点 A 之间，设水准点高程 H_R = 24.684m，A 点设计高程为 $H_{设}$ = 25.000m，后视 R 点上水准尺，得后视读数 a = 1.432m，则视线高程 $H_{视}$ = 24.684 + 1.432 = 26.116m；根据视线高程 $H_{视}$ 和待测点的设计高程 $H_{设}$ 可计算出前视读数 b 应为：

$$b = 26.116 - 25.000 = 1.116m$$

此时，在 A 点木桩侧面上下移动标尺，直至水准仪在尺上截取的读数恰好为 b 时，紧贴尺底在木桩侧面画一横线，该横线即为设计高程的位置。为了醒目，通常在横线下用红油漆画一"▼"，若 A 点为室内地坪，则在横线上注明 ±0。

（2）钢尺与水准尺联合测设法（高程引测）

若待测设高程点的设计高程与水准点的高程相差很大，如测设较深的基坑标高或测设高程建筑的标高，只用水准尺无法进行测设。此时借助钢尺将地面水准点的高程传递到在基坑底或高楼所设置的临时水准点上，然后再根据临时水准点测设其他各点的设计高程。

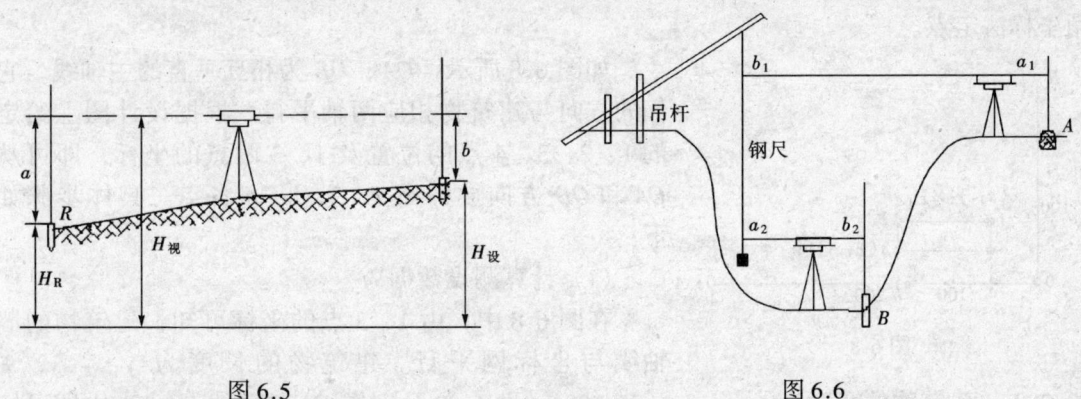

图 6.5　　　　　　　　　　　　　　　　图 6.6

如图 6.6 所示，欲将地面点 A 的高程传递到基坑临时水准点 B 上，可在基坑一侧架设吊杆，杆上悬挂一把经过检定的钢尺，零点一端向下并悬挂 10kg 重锤。在地面上和坑内分别安置水准仪，瞄准水准仪和钢尺的读数得 a_1、b_1、a_2 和 b_2，则 B 点标高为：

$$H_B = H_A + a_1 - b_1 + a_2 - b_2$$

为了检核，可改变钢尺悬挂位置，同法再测一次。测设好临时水准点 B 后，可以 B 点为后视点，测设基坑内的其他高程点。

（3）已知坡度直线的测设

在道路、无压排水管道、地下工程、场地平整等工程施工中，都需要测设设计坡度的直线。

如图 6.7 所示，地面点 A 的高程为 H_A，A、B 间的水平距离为 D，今欲从 A 点沿 AB 方向测出坡度为 i_{AB} 的直线。

测设时，先根据 i_{AB} 和 D 计算 B 点的设计高程为：

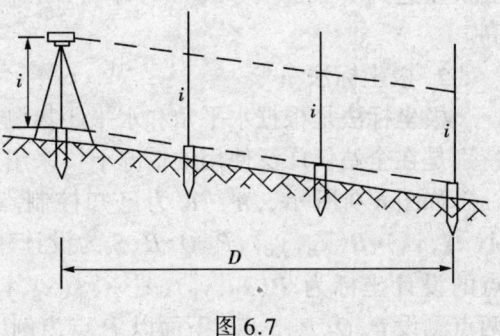

图 6.7

$$H_B = H_A + i_{AB}D$$

再按水平距离和高程测设的方法测设出 B 点，此时 AB 直线即为设计坡度线。然后在 A 点安置水准仪，使一个脚螺旋在 AB 方向线上，另两个脚螺旋的连线与 AB 方向大致垂直，量取仪器高，用望远镜瞄准 B 点的水准尺，转动在 AB 方向上的角螺旋，使 B 点桩上水准尺的读数为 $i_仪$，这时仪器视线即为平行于设计坡度的直线。只要分别在 1、2、3 处打桩使各木桩上的水准尺的读数均为仪器高 $i_仪$，这样各桩的桩顶连线即为所需的坡度线。若坡度设计较大，测设超出水准仪脚螺旋调节的范围，则可用经纬仪进行测设。

6.2.3 点的平面位置测设方法

测设点的平面位置的方法常用的有：直角坐标法、极坐标法、角度交会法、距离交会法四种。采用哪种方法，应根据施工控制网的布设形式，控制点的分布以及地形与现场地形条件等因素确定。

1. 直角坐标法

当施工现场已建立相互垂直的主轴线或格网线，而待定点离控制网较近时，常采用直角坐标法定点。

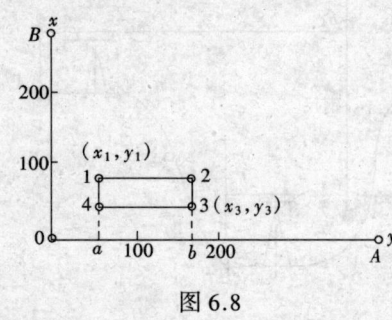

图 6.8

如图 6.8 所示，OA、OB 为相互垂直的主轴线，它们的方向与建筑物相应两轴平行。根据设计图上给定的 1、2、3、4 点的位置及 1、3 两点的坐标，即可从 OA 和 OB 方向放样出 1、2、3、4 各点。具体步骤如下：

(1) 计算测设数据

在图 6.8 中，由 1、3 点的坐标可知，建筑物的墙轴线与坐标网平行。建筑物的长度为 $y_3 - y_1 = 80.000$m，建筑物的宽度为 $x_1 - x_3 = 35.000$m。过 4、3 分别作 OA 的垂线 a、b，由图可知 $Oa = 40.000$m、$Ob = 120.000$m、$ab = 80.000$m。

(2) 安置经纬仪于 O 点，瞄准 A，由 O 点沿视线方向测设水平距离 40m，定出 a 点，继续向前测设 80m，定出 b 点。

(3) 安置经纬仪于 a 点，瞄准 A，左拨 90°角，由 a 点沿视线方向测设 25m，定出 4 点，再向前测设 35m，定出 1 点。

(4) 安置经纬仪于 b 点，瞄准 A 点，同法定出 3、2 两点。

(5) 检查 1—2 和 3—4 的边长是否等于设计长度 80m，当误差达到 1/2000 ～ 1/5000 时即可，在高层建筑中要求更高。

2. 极坐标法

极坐标法是根据水平角和水平距离测设点的平面位置。特别是在全站仪广泛使用的情况下，采用此法更为方便。

如图 6.9 所示，A、B 为已知控制点，其坐标分别为 $A(x_A, y_A)$、$B(x_B, y_B)$，P、Q、R、S 为设计建筑物特征点，各点的设计坐标为 $P(x_P, y_P)$、……、$S(x_S, y_S)$。可根据 A、B 两点测设 P、Q、R、S 点。下面以 P 点为例说明测设方法。具

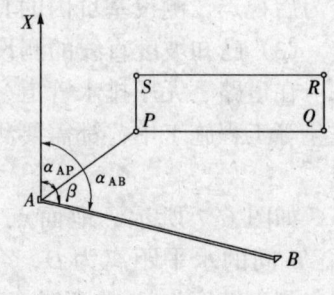

图 6.9

体步骤如下：

（1）计算 α_{AB} 和 α_{AP}，依据坐标反算公式：

$$\alpha_{AB} = \tan^{-1}\frac{\Delta y_{AB}}{\Delta x_{AB}} \qquad \alpha_{AP} = \tan^{-1}\frac{\Delta y_{AP}}{\Delta x_{AP}}$$

（2）计算 AP 与 AB 的夹角

$$\beta = \alpha_{AB} - \alpha_{AP}$$

计算 A、P 的水平距离

$$D_{AP} = \sqrt{(x_P - x_A)^2 + (y_P - y_A)^2}$$

（3）点的测设方法

1）经纬仪钢尺测设法

①安置经纬仪于 A 点，瞄准 B 点，向左测设 β 角，定出 AP 方向；

②沿 AP 方向自 A 点用钢尺测设水平距离，定出 P 点。同样的方法测设 Q、R、S 点。待四个点测设完毕后，可量取 PR、SQ 的距离或测定各直角的大小来检验测设的正确性。

2）电子速测仪（或全站仪）测设法

①安置电子速测仪或全站仪于 A 点，置水平度盘为 $0°00'00''$，并瞄准 B 点

② 手工输入 P 点的设计坐标和控制点 A、B 的坐标，仪器就能自动计算出放样数据：水平角 β 和水平距离 D_{AP}。

③照准部转动 β 角，并沿视线方向，观测者指挥持镜者站在 AP 方向上前后移动棱镜，当显示的距离与放样值 D_{AP} 很接近时指挥持镜者打桩定 P' 点。

④立镜于木桩上，再实测 AP' 的距离，用小钢尺沿视线方向在桩顶上前后改正 $\Delta P = D_{AP} - D_{AP}'$ 定出 P 点，最后立棱镜于 P 点上，实测 A、P 距离以校对。同法测设 Q、P、S 点。

3. 角度交会法

角度交会法是在两个或多个控制点上安置经纬仪，通过测设两个或多个已知水平角交会出待定点平面位置。当待测设点离控制点较远或不便于量距时采用此法。

如图 6.10 所示，A、B、C 为控制点，P 点为待测点，其设计坐标为 $P(x_p, y_p)$，可根据 A、B、C 三个控制点测设 P 点。具体步骤如下：

（1）计算测设数据，根据坐标反算公式计算出 α_{AB}、α_{AP}、α_{BP}、α_{CP}、α_{CB}，然后计算 β_1、β_2、β_3。

（2）点位测设方法，分别在 A、B 两个控制点上安置经纬仪，测设出 β_1、β_2 角，方向线 AP、BP 的交点即为待定点 P。当精度要求较高时，应利用三个已知点交会，在控制点 C 上安置经纬仪，同样可测设出 CP 方向，若三条方向不交于一点时，会出现一个很小的三角形，称为示误三角形。当示误三角形的边长不超过精度要求范围时，可取示误三角形的重心作为 P 点的点位，否则应重新交会。

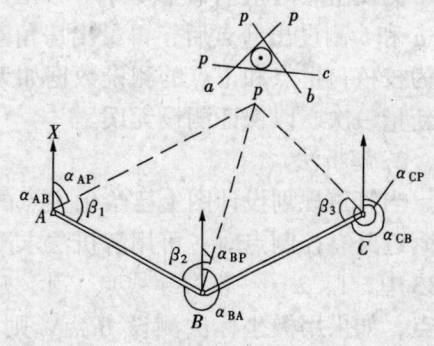

图 6.10

为了保证交会的精度，交会角应在 30°～120°之间。

4．距离交会法

当施工场地平坦、量距方便，且待测点离控制点不超过一整尺长时采用此法。如图

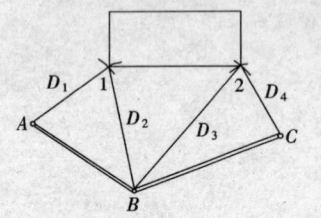

图 6.11

6.11 所示，A、B、C 为控制点，1、2 点为待测点，它们的坐标均已知。可根据 A、B、C 三个控制点，测设 1、2 两点。具体步骤如下：

（1）计算测设数据，根据控制点坐标计算出 D_1、D_2、D_3、D_4。

（2）测设时分别使尺的零刻划线对准 A、B 两点，拉紧、拉平钢尺，分别以 D_1、D_2 为半径在地面画弧，两弧的交点即为 1 点的位置。同法可测设出 2 点。为了检核，还应丈量 1、2 两点间距离并与设计长度比较，其误差应在容许范围内。

6.3　管道定线测量

所谓管道定线测量，是根据设计时确定的管道起点、终点和转折点的设计坐标，或与其他固定建筑物的相关尺寸把它们测设到地面上，并用木桩标定。然后从起点开始沿管道中线方向进行中线测量和纵、横断面测量，供管道的技术设计使用。由于管道的方向变化多用弯头来改变，故一般不进行曲线测设。

6.3.1　管道主点测设

管道的起点、终点和转折点通称主点。主点的测设方法取决于现场施工条件、控制网的种类、点位分布，现有测量仪器和设备等因素。主点数据的采集，可用图解法或解析法求得。

1．图解法

当管道规划设计图的比例尺较大，而且管道主点附近又有明显的地物时，可采用图解法来获得测设数据。如图 6.12，A、B 是原有管道检查井位置，Ⅰ、Ⅱ、Ⅲ点是设计管道的主点。欲在地面上测设出Ⅰ、Ⅱ、Ⅲ等主点，可根据比例尺在图上量出长度 D、a、b、c、d、e，即得测设数据。然后沿原管道 BA 方向从 B 点量出 D 得Ⅰ点，用直角坐标法测设Ⅱ点，用距离交会法测设Ⅲ点。

测设主点时应有校核条件。如图 6.12 所示，根据 a 和 b 测设出Ⅱ点后，再量出房角至Ⅱ点的距离 e 作为校核；Ⅲ点和Ⅰ点的测设数据如无校核条件，应重新量一次，以保证测设无误。

2．解析法

当管道规划设计图上已给出主点的坐标，而且主点附近又有控制点时，可用解析法求测设数据。如图 6.13 中，1、2……等为导线点，A、B……等为管道主点，如果用极坐标法测设 B 点，则可根据 1、2 和 B 点的坐标，计算出∠$12B$ 和距离 D_2。测设时，安

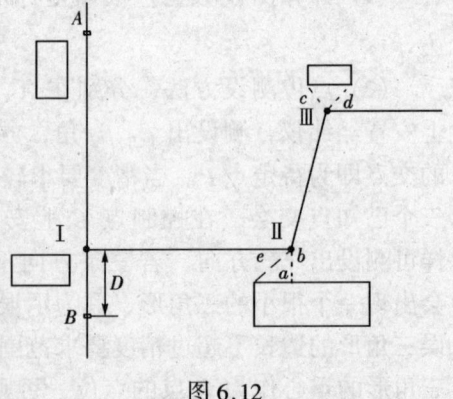

图 6.12

置经纬仪于 2 点，后视 1 点，转∠12B 得 2B 方向，沿此方向用钢尺测设出 D_2 即得 B 点。其他主点均可按上述方法进行测设。

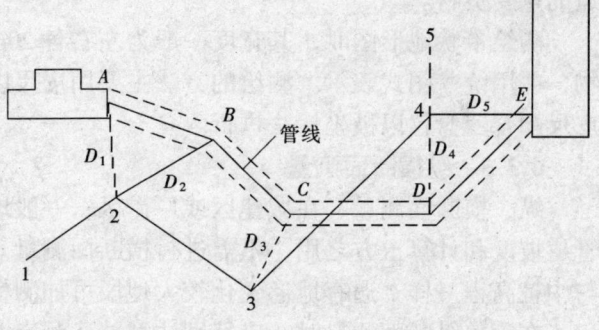

图 6.13

主点测设工作必须进行校核，其方法是：先用主点坐标计算相邻主点间的长度，然后在已测设的主点间量距，看其是否与算得的长度相符。如果主点附近有固定地物，也可量出主点与地物间的距离进行校核。

如果在拟建管道工程附近没有控制点或控制点不够时，应先在管道附近敷设一条导线，或用交会法加密控制点，然后按上述方法求测设数据，进行主点的测设工作。

在管道中线精度要求较高的情况下，均采用解析法测设主点。

6.3.2　管道中线测量

为了测定管道的长度、进行管线中线测量和绘制纵断面图。从管道的起点开始，需沿管线方向在地面上设置整桩和加桩，这项工作称为中桩测设。当管道的中线方向在地面上确定以后，即可开始设置里程桩、量距和测定转折角的工作。

设置里程桩的目的是：计算管道的长度和测绘纵横断面图。

沿管道中线从起点开始，每隔 20m 或 30m，最长不超过 50m 设置一个里程桩为整桩，如整桩号为 0 + 150（"+"号前的数为公里数），即此桩离起点 150m。在相邻里程桩之间，如果穿越铁路、公路、旧有管道等处及地面坡度变化点，则要增设加桩，如加桩 3 + 182，即表示离起点 3182m。加桩和整桩都称为里程桩。

为了避免测设的中桩发生错误，量距一般要用钢尺丈量两次，其相对误差不得大于 1/2000；如果精度要求不高，也可用皮尺或测绳丈量，丈量时要尽量保持尺身平直。量距的同时，要在现场绘出草图。管道种类不同，其里程的起点，即 0 + 000 桩号的位置也不相同。上水管道采用水源井作为起点；下水管道采用下游出口为起点；煤气、热力管道采用供气、供热站为起点等。

6.3.3　转向角的测量

管道转变方向时，要进行转向角测量。转向角可用经纬仪测回法测出，测量时应注意转向角是左偏还是右偏，如图 6.14 所示。有些管道转向角要满足定型弯头的转向角要求，如给水管道使用铸铁弯头时，转向角有 90°、45°、$22\frac{1}{2}$°、$11\frac{1}{4}$°、$5\frac{5}{8}$°等类型。如管道主点之间距离较短，设计时管道转向角与定型弯头的转向角之差不应超过 1°～2°。排水管道的支线与干线汇流处，不应有阻水现象，故管道转向角不应大于 90°。

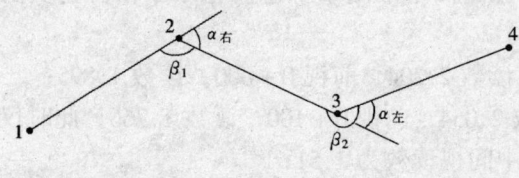

图 6.14

6.3.4　绘制里程桩手簿

在中桩测量的同时，要在现场测绘管道两侧带状地区的地物和地貌，这种图称为里程桩手簿。里程桩手簿是绘制纵断面图和设计管道的重要资料。

测绘带状地形图时，其宽度一般为左右各 20m，如遇建筑物，则需测绘到两侧的建筑物，并用统一图式表示。测绘的方法主要用皮尺以交会法或直角坐标法进行。必要时也用皮尺配合罗盘仪以极坐标法进行。

6.3.5 纵横断面测量

纵、横断面测量，在城建区或厂矿区，一般地势平坦，可只测绘纵断面测量，供设计管道坡度和计算土方之用，不需进行横断面测量。计算土方时，横断面上地面高程可视为与中桩高程一样。遇有地形变化较大地段可加测横断面。

在管道纵断面测量时，应特别注意精确测定与设计管道交叉的其他地下管线的种类、交叉点的里程桩号、管材、管径以及管顶、管底的高程。

横断面测量的宽度取决于管道的埋深和直径。一般自管道中线向两侧各测绘 20m 即可。

6.4 管道纵横断面测量

6.4.1 纵断面测量

纵断面测量，是根据水准点的高程，测量中线上各桩的地面高程，然后根据测得的高程和相应的各桩号测绘纵断面图。纵断面图表示管道中线方向高低起伏情况，是设计管道埋深、坡度及计算土方量的主要依据，其工作内容如下：

1. 水准点的布设

为了保证高程的测量精度，在纵断面测量之前，应先沿线布置足够的水准点。当管线较长时，应沿管道方向每 1 ~ 2km 设一永久性水准点，每隔 300 ~ 500m，设立一临时水准点，作为纵断面水准测量分段符合和施工时引测高程的依据。水准点应埋设在不受施工影响、使用方便和易于保管的地方。为重力自流管道而布设的水准点，其高程按四等水准测量的精度进行观测；为一般管道而布设的水准点，闭合差不超过 $\pm 40 \sqrt{L}$ mm（L 以公里为单位）。

2. 纵断面水准测量

纵断面水准测量一般是以相邻两水准点为一测段，从一个水准点出发，逐点测量中桩的高程，再符合到另一个水准点上，以校核。纵断面水准测量的视线长度可适当放宽，一般情况下采用中桩作为转点，但也可另设。两转点间的各桩称为中间点。由于转点起传递高程的作用，故读数必须读至毫米，中间点读数只是为计算本点的高程，故读至厘米。

图 6.14，表 6.1 是由水准点 A 到 0 + 500 的纵断面水准测量示意和记录手簿。其实测方法如下：

（1）将仪器安置于测站 1，后视水准点 A，读数 2.204，前视 0 + 000，读数 1.895；

（2）将仪器搬至测站 2，后视 0 + 000，读数 2.054，前视 0 + 100，读数 1.766，此时仪器不搬动，将水准尺立于中间点 0 + 050 上，读中间视读数为 1.51；

（3）将仪器搬至测站 3，后视 0 + 100，读数 1.970，前视 0 + 200，读数 1.848，然后再读中间视 0 + 150，0 + 180 分别读得 2.20，1.35。

以后各测站依法进行，直至符合于另一水准点为止。一个测段的纵断面水准测量，要进行下列计算工作：

(1) 高差闭合差计算。闭合差在容许范围内不必调整。

(2) 用高差法计算各转点的高程。

(3) 用视线高法计算各个中间点的高程。

当管道较短时，纵断面水准测量可与测量中间点的高程一起进行。由一水准点开始，按上述纵断面水准测量的方法，测出中线上各点的高程后，符合到高程未知的另一水准点上，然后再以一般水准测量的方法（不测中间点）返测到起始水准点上，以校核。若往返闭合差在容许范围内，取高差平均数推算下一水准点的高程，然后再进行下一段的测量工作。

在纵断面水准测量中，应特别注意做好与其他管道交叉的调查工作，记录管道的交叉口的桩号，测量原有管道的高程和管径等数据，并在纵断面图上标出其位置，以供设计人员参考（见表 6.1）。

纵断面水准测量记录手簿　　　　　　表 6.1

测站	桩号	水准尺读数			高 差		仪器视线高程	高 程
		后视	前视	中间视	+	−		
1	水准点 A	2.204						156.800
	0 + 000		1.895		0.309			157.109
2	0 + 000	2.054					159.163	157.109
	0 + 050			1.51				157.65
	0 + 100		1.766		0.288			157.397
3	0 + 100	1.970					159.367	157.397
	0 + 150			2.20				157.17
	0 + 182			1.35				158.02
	0 + 200		1.848		0.122			157.519
4	0 + 200	0.674					158.193	157.519
	0 + 250			1.78				156.41
	0 + 265			1.98				156.21
	0 + 300		1.673			0.999		156.520
5	0 + 300	2.007					158.527	156.520
	0 + 340			1.63				156.90
	0 + 350			1.55				156.98
	0 + 400		1.824		0.183			156.703
6	0 + 400	1.768					158.471	156.703
	0 + 457			1.84				156.63
	0 + 470			1.87				156.60
	0 + 500		1.919			1.151		156.552

3. 纵断面图的绘制

绘制纵断面，一般在毫米方格纸上进行。绘制时，以管道的里程为横坐标，高程为纵坐标。为了更明显地表示地面的起伏，一般纵断面的高程的比例尺要比水平比例尺大 10 倍或 20 倍（具体见表 6.2）。绘制方法如下：

纵、横断面图的水平、高程比例尺参考表   表 6.2

管道名称	纵 断 面 图		横断面图（水平高程比例尺相同）
	水平比例尺	高程比例尺	
自流管道	1:1000 1:2000	1:100 1:200	1:100 1:200
压力管道	1:2000 1:5000	1:200 1:500	1:100 1:200

（1）如图 6.15 所示，在方格纸上的适当位置，绘出水平线。水平线以下各栏注记实测、设计和计算的有关数据，水平线上绘管道纵断面图。

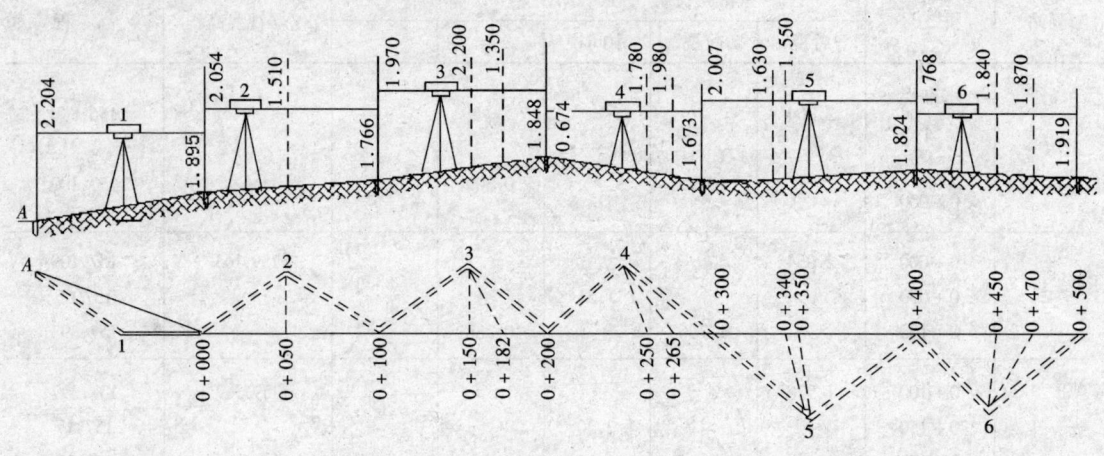

图 6.15

（2）根据水平比例尺，在管道平面图栏内，标明整桩和加桩的位置，在距离栏内注明各桩之间的距离，在桩号栏内标明各桩的桩号；在地面高程栏内注记各桩的地面高程，并凑整到厘米（排水管道技术设计的纵断面图上高程应注记到毫米）。根据里程桩手簿绘出管道平面图。

（3）在水平线上部，按高程比例尺，根据整桩和加桩的地面高程，在相应的垂直线上确定各点的位置，再用直线连接相邻点，即得纵断面图。

（4）根据设计要求，在纵断面图上绘出管道的设计线，在坡度栏内注记方向，用╱、╲ 和 — 分别表示上坡、下坡和平坡。坡度线之上注记坡度值，以千分数表示，线下注记该段的距离。

（5）管底高程是根据管道起点的管底高程、设计坡度以及各桩之间的距离，逐点推算出来的。例如 0 + 000 的管底高程为 155.31m，管道坡度 i 为 + 5‰（ + 号表示上坡），求得 0 + 050 的管底高程为

$$155.31 + 5‰ \times 50 = 155.56m$$

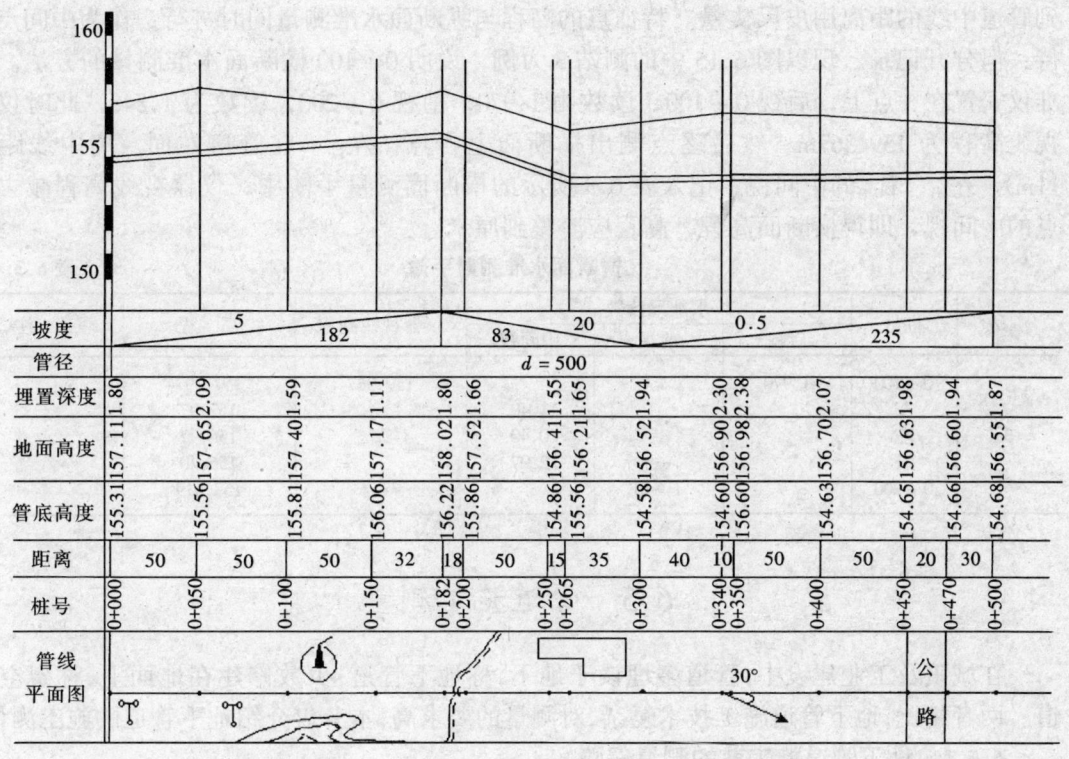

图 6.16

（6）地面高程减去管底高程即是管道埋深。

在一张完整的纵断面图上，除上述内容外，还应把本管道与旧管道连接处和交叉处以及与其他交叉的地道和地下构筑物的位置在图上绘出（见图 6.16）。

6.4.2 横断面测量

在中线各桩处，作垂直与中线的方向线，测出该方向各特征点距中线的距离和高差，根据这些数据绘制的断面图，就是横断面图。横断面图表示管线两侧的地面起伏情况，供设计时计算土方量和施工时确定开挖边界之用。

横断面施测的宽度，由管道的直径和挖深来确定，一般为每侧 20m。测量时横断面的方向可由十字架定出（图 6.17），用小木桩或测钎插入地上，以标志地面特征点。特征点

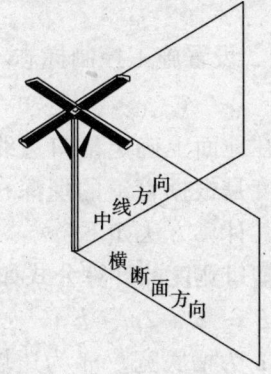
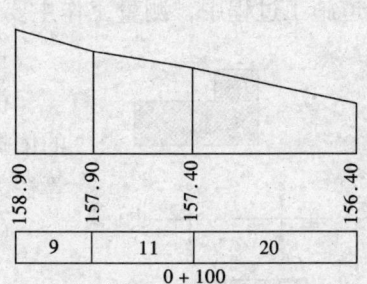

图 6.17

到管道中线的距离用皮尺丈量。特征点的高程与纵断面水准测量同时进行，作为中间点看待，但分开记录。现以图 6.15 中的测站 3 为例，说明 0＋100 横断面水准测量的方法。水准仪安置在 3 点上，后视 0＋100，读数为 1.970；前视 0＋200，读数为 1.848，此时仪器视线高程为 159.367m。然后逐点测出横断面上各点：左$_{11}$（在管道左面，离中线距离 11m）、左$_{20}$、右$_{20}$的中间视，记入表 6.3 所示的横断面测量手簿中；仪器视线高程减去各点的中间视，即得横断面高程，高程应凑整到厘米。

横断面水准测量手簿 表 6.3

测站	桩号	水准尺读数			仪器视线高程	高　程	备　注
		后视	前视	中间视			
3	0＋100 左 左 右 0＋200	1.970	 1.848	 1.40 0.40 2.97	159.367	157.397 157.97 158.97 156.40 157.519	

6.5　管道施工测量

在城镇及工业建设中，管道多埋设于地下，称地下管道；少数修建在地面上，称架空管道。两者相比，地下管道施工技术复杂，对测量的要求高，本节仅介绍地下管道的施工测量。

6.5.1　地下管道施工前的测量保障

地下管道施工前的测量保障主要有下列几项：

1．检核和加密水准点。为保证管道严格按设计高程施工，并便于在施工过程中引测高程，在管道沿线每隔 100～150m 布设临时水准点，按基平测量要求测定其高程。

2．检核和恢复中线桩。中线测量时在现场钉设的交点桩、里程桩往往会遭到不同程度的破坏，因此在管道施工前必须全面检查中线桩的位置，如果遇有丢失的桩志要及时恢复。

3．测设施工控制桩。地下管道施工时首先开挖槽沟，此时中线桩将被挖掉。为能随时恢复和控制管道中线的位置以配合施工，必须设置施工控制桩。施工控制桩应钉设在中线两侧弃土区以外，不会受到施工干扰和破坏并便于使用的地方。

图 6.18 中，A、B、C、D 为中线桩；a、b、c、d 为中线控制桩；e、f 为检查井位控制桩；g、h 为交点控制桩。所有控制桩统称为施工控制桩。

6.5.2　地下管道施工过程中的测量工作

地下管道施工过程中，测量工作主要包括槽口放线、设置施工控制标志。

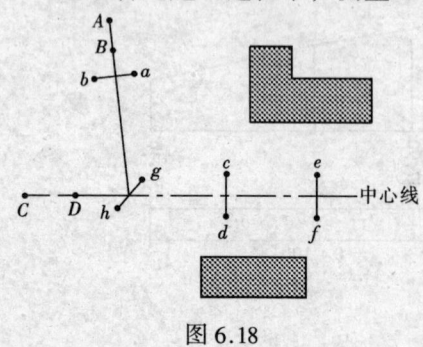

图 6.18

1．槽口放线

槽口放线就是在地面上确定槽口边线以作为开槽的依据。槽口的宽度是根据管道的埋深、地质条件和管径大小确定的，其计算方法如下：

（1）平坦地区槽口宽度的计算公式如下：

$$B = b + 2m \cdot h \qquad (6.1)$$

式中 B 为槽口宽，b 为槽底宽，m 为边坡率，h 为槽深（图 6.19（a））

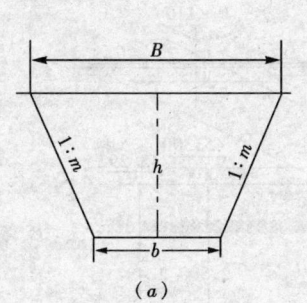

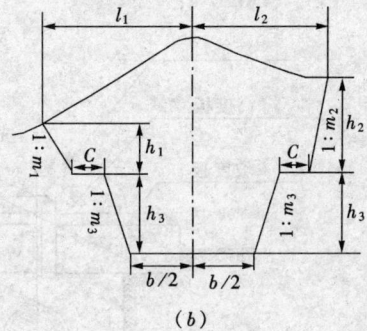

（a）　　　　　　　　　　　（b）

图 6.19

（2）倾斜地面上槽口宽度的计算

在倾斜地面上开槽时，上坡一侧边线离中桩的距离较大，下坡一侧边线离中桩的距离较小，分别按下式计算：

$$
\begin{aligned}
l_1 &= \frac{b}{2} + m_1 \cdot h_1 + m_3 \cdot h_3 + c \\
l_2 &= \frac{b}{2} + m_2 \cdot h_2 + m_3 \cdot h_3 + c \\
B &= l_1 + l_2
\end{aligned}
\tag{6.2}
$$

式中 l_1、l_2 分别表示两侧槽口边线离中桩的距离；m_1、m_2、m_3 为槽的边坡率；c 表示设置在中段的平坡长度（图 6.19（b））。

2. 设置施工控制标志

管道埋设过程中需根据设计要求控制管道的中线位置及高程。为能随时校正管道的中线和高程，必须设置施工控制标志。常用的施工控制标志有坡度板和平行轴腰桩两种。

（1）坡度板法

坡度板是 2～5cm 厚的木板，横跨在槽口上，应埋设牢固。一般每隔 10～15m 埋设一块。管道的中线、高程或坡度的控制标志均标定在板上。管道中线一般以中线钉标定，高程或坡度用（钉在高程板上的）坡度钉标定。

1）中线钉

中线钉是沿管道中线钉在坡度板上的圆头小钉，用于控制管道中线位置。钉设时，将经纬仪安置在中线控制桩（如图 6.18 的 C 点）上，照准 D 点。此时望远镜的视线指示管道的中线方向。而后沿此视线在坡度板上逐个钉上小钉，即为中线钉（见图 6.20）。中线钉钉完后，用钢尺精确量取它们之间的距离，推算其里程桩号，并写在坡度板上。

2）坡度钉

钉坡度钉之前，先在坡度板中央钉一块竖向木板，称高程板。（见图 6.20）。而后沿设计坡度在高程板上钉铁钉即为坡度钉。坡度钉的连线平行于管道的设计坡度，它们与槽底之间的垂距应为整分米数，称下返数。利用坡度钉可以控制沟底挖土深度和管道的埋设深度。如图 6.20 所示，用水准仪测得桩号为 0 + 100 处的坡度板中线处的板顶高程为 45.292m，管底的设计高程为 42.800m，从坡度板顶向下量 2.492 m，即为管底高程。为了使下反数为一整分米数，坡度立板（高度板）上的坡度钉应高于坡度板顶 0.008m，使其

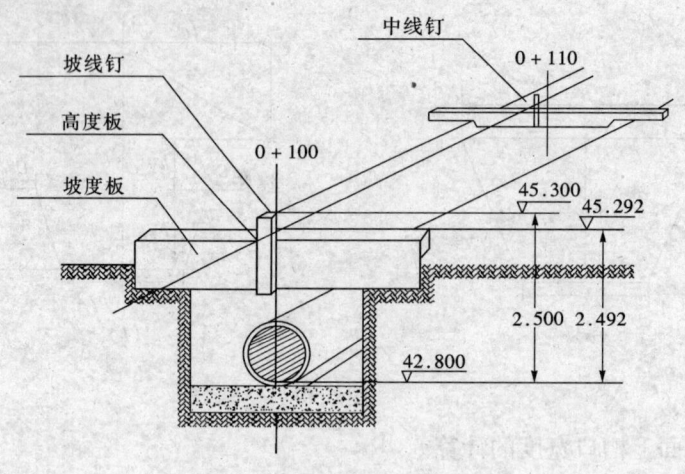

图 6.20

高程为 45.3000。这样，由坡度钉向下量 2.5m，即为设计的管底高程。

3）坡度钉的测设方法

坡度钉的测设方法灵活多样，通常采用测设已知坡度线和高差改正数法。

【例】 参照图 6.20、表 6.4 来说明高差改正数法测设坡度钉的步骤。

（1）用水准测量的方法，测出各坡度板板顶高程，填入表中第七栏。

（2）根据 0 + 000 的管底设计高程、设计坡度和坡度板的间距，推算出坡度板处的管底设计高程，填入表中第四栏。

坡 度 钉 测 设 手 簿　　　　　　　　　　　　　　　表 6.4

测点桩号	间距 （m）	设计坡度	管底设计高程 （m）	坡度钉下反数 （m）	坡底钉高程 （m）	坡度板高程 （m）	改正数 （mm）
1	2	3	4	5	6 = 4 + 5	7	8 = 6 - 7
0 + 100	10		42.800		45.300	45.292	+ 8
0 + 110	10		42.750		45.250	45.275	− 25
0 + 120	10	−5‰	42.700	2.500	45.200	45.165	+ 35
0 + 130	10		42.650		45.150	45.137	+ 13
0 + 140	10		42.600		45.100	45.106	− 6
0 + 150	10		42.550		45.050	45.024	+ 26

表中：0 + 110 管底设计高程 = 0 + 100 管底设计高程 + 设计坡度 × 间距

= 42.800m + （ − 5‰） × 10 = 42.750m

（3）根据现场情况选定下反数，一般要求坡度钉钉在不妨碍工作和使用方便的高程。

（4）计算坡度钉高程：坡度钉高程 = 管底设计高程 + 下反数

如 0 + 100 坡度钉高程 = 42.800 m + 2.500 m = 45.300m 填入第 6 栏

（5）计算钉坡度钉需要的改正数：改正数 = 坡度钉高度 − 坡度钉顶板高程

如钉 0 + 100 坡度钉的改正数 = 45.300m − 45.292m = + 8mm

式中改正数为"+"时，表示自板顶向上改正，改正数为"−"时，表示自板顶向下改正。

（6）用小钢卷尺从每个坡度板顶向上或向下量取改正数，在高程板侧面钉上坡度钉，各坡度钉的连线就是一条与管道设计坡度平行相距为所下反数值的坡度线。

（7）坡度钉是管道施工中控制管道坡度的基本标志，必须准确可靠。为此测设坡度钉的注意下列事项：

a. 为了防止观测和计算错误，每测一段后应附合到另一水准点，进行检校。

b. 施工中交通频繁，容易碰动坡度板，尤其是雨后、雪后坡度板可能下沉或因故停工再复工时都必须进行检核测量。

c. 在测设坡度钉时，除对本工段校核外，还要联测已建成的管道或已测好的坡度钉，以便相互衔接。

d. 管道穿越地面起伏较大的路段时，应分段选取合适的下反数。在变换下反数处，需要测设两个高度板，钉两个坡度钉。如图6.21所示

e. 坡度板上应标明该处的管底设计高程、坡度钉高程、下返数、坡度钉至基础面之间的高差等数据。

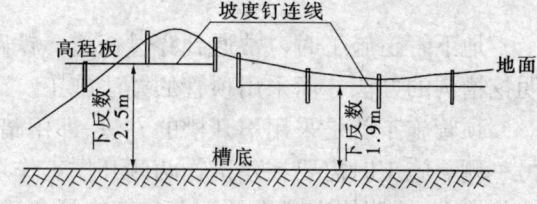

图 6.21

（2）平行轴腰桩法

当管道施工对精度要求较低，现场条件又不宜采用坡度板法时，可以使用平行轴腰桩法控制管道中线和高程或坡度。其测设步骤如下。

1）测设平行轴线

当槽口边线测设完毕后，在弃土范围以外测设一条与管道中线平行的轴线，钉设一排轴线桩。轴线桩的间距一般采用20m，平行轴线与管道中线的间距一般为3～5m。在管道施工时，根据此间距可以控制管道中线的方向。

2）高程控制

测量各中线桩的桩顶高程，测量误差要求不超过 $\pm 30 \sqrt{L}$ mm。中线桩的高程用做管道施工的高程基准以控制槽底高程和管底高程。

3）钉设腰桩

为施工方便和准确地控制管道中线与管底高程，在槽壁上钉一排木桩，称为腰桩（见图6.22）。

腰桩的位置与轴线桩的位置相对应。在腰桩上钉上小钉，使小钉的连线与轴线和管道中线平行。腰桩钉设的高度距槽底约1m。

4）测量腰桩的高程

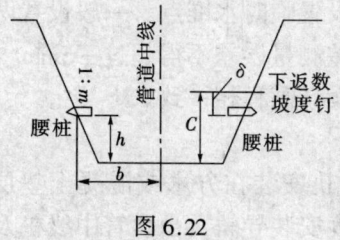

图 6.22

用水准仪测量腰桩的高程，测量误差要求不超过 $\pm 30 \sqrt{L}$ mm。测量完毕后，列表计算各腰桩处的下返数。下返数等于腰桩高程与对应的管底设计高程之差。

图6.21中的 b 为腰桩上的小钉与管道中线的距离，用于控制管道中线的方向；h 为下返数，用于控制管底高程或管道坡度。

根据上述方法钉设腰桩时，各桩的下返数显然都不相同，这对施工甚为不便。为了克服这一缺点，可以采用钉设坡度钉的方法钉设腰桩。为此，在钉设腰桩前，首先选定一个固定的下返数，如 1m，而后根据视线高计算各桩顶的前视读数。

钉桩时，观测者指挥扶尺手，将水准尺靠在槽壁上作上下移动，直到尺上读数达到计算的前视读数时，将木桩沿尺底打入槽壁内。此时桩顶高程与管底高程之差等于选定的下返数 1m。操作时应十分认真、仔细，以免返工。

腰桩钉好后，用经纬仪将中线的平行轴线测设到桩顶上。其操作方法与中心钉的测设方法相同。为防止桩顶高程的变动，轴线标志不宜使用小钉，最好采用色笔划线。木桩的顶面应刨光，在划上平行轴线以后应采取保护措施，以防污损。

6.6 顶管施工测量

地下管道施工时，常遇到穿过街道、铁路、公路和不宜拆迁的建筑物。此时不能采用明挖槽沟的办法，而采用顶管的办法施工。

顶管施工就是采用不开槽的方法，即用暗掏的办法将管子从建筑物、构造物的一侧顶到另一侧。施工时需要在建筑物两侧开挖工作坑。测量的任务是将管道的中线和高程传递到工作坑内，控制管道顶进的方向和管底的高程或坡度，在另一个工作坑内进行检测和接管。

6.6.1 顶管测量的准备工作

1. 顶管中线桩的测设

首先根据设计图的要求，用经纬仪将管道中线测设到工作坑的两侧地面上，钉设中线控制桩，如图 6.23 中（a）。测设中线控制桩的目的：一是控制工作坑的开挖。二是将中线引测到坑壁上，并钉设顶管中线桩，以标定顶管的中线位置。

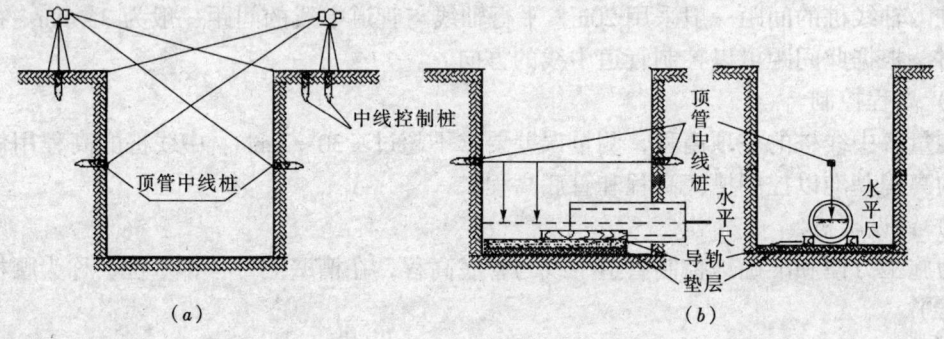

图 6.23

2. 设置临时水准点

为了控制管道按设计高程、坡度顶进，需要在工作坑内设置临时水准点。一般设置两个，以便相互检核。连测两个相邻工作坑内的水准点，其高差测量误差不得超过 ±5mm。水准点通常使用大木桩，桩顶高程应与顶管起点的管底设计高程相一致。

3. 导轨的安装

导轨用于安放管子并控制管子沿中线方向顶进。一般导轨安装在方木或混凝土垫层上。垫层面的高程及纵坡都应当符合设计要求，根据导轨宽度安装导轨，由顶管中线桩及临时水准点检查中心线和高程，无误后将导轨固定。

6.6.2 顶管施工测量

1. 中线测量

中线测量的任务是保证管子沿设计中线方向顶进。测量方法如下。

按图 6.23 所示，在顶管中线桩上拉一细钢丝，并在钢丝上挂两个垂球，此时垂球线的连线即为管道的中线方向。管道内安放一根水平尺，水平尺的中点钉有中心钉，尺上有刻划。尺子中心，即中心钉处的刻划为零，读数由此向两端增加。尺子的长度略小于管道的内径，以达到尺子放平后其中心钉的顶端大致位于管道的中线上。

测量时，用细线把两个垂球指示的方向线往管道深部延伸，与水平尺相交。其交点在尺上的读数为管道中线的偏差值。根据施工要求，中线偏差不超过 30mm，管子错口处不超过 10mm。

2. 高程测量

管道施工过程中要求严格按设计高程顶进，高程测量就是测设管底的高程，把它控制在允许偏差范围以内。通常把水准仪安置在工作坑内，后视水准点，前视检查管底点的高程。根据施工要求，管底高程高出设计值不得超过 10mm，低于设计值不超过 20mm。

3. 顶管施工测量的记录和计算见表 6.5。

顶 管 施 工 测 量 手 簿   表 6.5

测点桩号	中心偏差 （m）	后视读数 （m）	前视读数 （m）	前视读数计 算值（m）	高程误差 （m）	备　　注
0 + 150.0	0.000	0.636	0.635	0.636	－ 0.001	
0 + 150.5	0.002	0.618	0.618	0.616	－ 0.002	中心坡率
0 + 160.0	0.001	0.627	0.623	0.622	－ 0.001	$i = 5‰$
0 + 160.5	0.003	0.621	0.607	0.605	－ 0.002	

表中前视读数计算值指的是前视管底的应有读数。它等于后视水准尺（立于水准点上）读数减去测点至起点的间距与坡率 i 之积。如 0 + 160.0 桩号的前视读数计算值等于

$$0.627 – （160 – 150.5）×0.005 = 0.622$$

长距离顶管施工时，每隔约 100m 挖一个工作坑，对向顶进。对顶管子的错口误差不得超过 30mm。测量时，也可采用延长垂球线连线的办法，以控制中线方向，但操作很不方便。若利用激光经纬仪或激光水准仪进行导向，则不仅能提高工作效率，而且可提高测设精度。

6.7 管道竣工测量

竣工测量的任务主要是汇集竣工资料和测绘竣工图。其目的是为日后的管理、维修和改扩建提供原始资料，同时也是城市规划设计的必要依据。

6.7.1 竣工资料主要有下列几项：

1. 测量技术说明书；

2. 平面及高程控制点成果表；

3. 控制点分布图；

4. 中线测量成果表；

5. 管道放样的手簿和草图；

6. 细部点坐标及高程成果表；

7. 管道竣工纵、横断面图；

8. 带状地形图或线路平面图。

6.7.2 竣工图测绘内容

管道竣工图有两方面的内容：一是管道竣工带状平面图；二是管道竣工断面图。如图 6.24 为管道竣工带状平面图和管道竣工断面图。

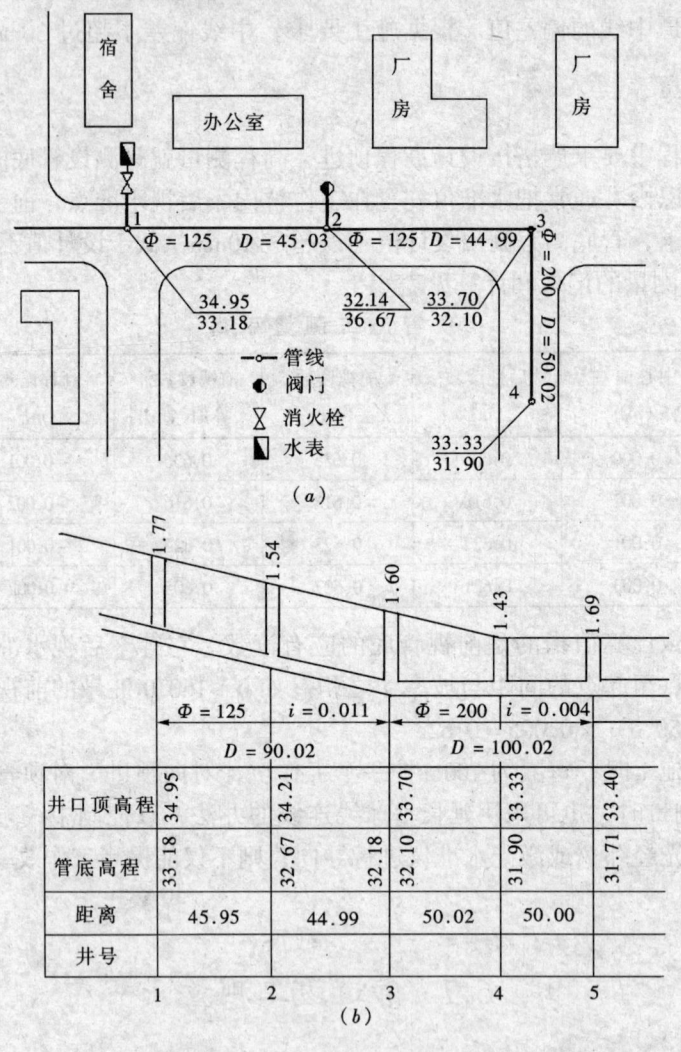

图 6.24

竣工图测绘内容有：管道两侧明显地物点的坐标及高程；附属构筑物，如水塔、化粪池、变电所等的坐标及高程；管道转折点、检查井、消火栓等的坐标以及井盖、井底、管底的高程等。此外，还要查明管道种类、管径、管材，并标在竣工图上。为了不使各种管道发生混淆，应给它们以代号，对各类检查井应给予分类编号。

当有实测详细的大比例尺地形图时，可以利用已测定的永久性的建筑物用图解法来测绘管道及其构筑物的位置，当地下管道竣工测量的精度要求较高时，采用图根导线的技术要求测定管道主点的解析坐标。

凡是不设井的管道转折点、交叉点一定要在回填土以前测量其解析坐标及高程。

6.7.3 常用的管道代号及检查井编号

部分地下管线图式 表6.6

名 称	符 号		备 注
	管 线	检查井	
规划道路中线	——— 50.0 ··· 10.0 ··· ———		
给水（水）	——// 30.0 ：5.0：// —— 湖蓝 2.0	○ ：2.0 ⊗ ：2.0	盖堵 匣罐 2.0 水表 1.5
污水（污）	——⊕ 赭石 ⊕——	⊕ ：2.0	□ 2.0 暗井
雨水（雨）	——⊕ 浅熟褐 ⊕——	⊕ ：2.0	
煤气（煤）	50.0 ：5.0：低压 ·· 中压 粉红 高压	Ⓜ ：2.0	0.5 抽水缸 匣门
热力（热）	Ⓣ 桔黄 Ⓣ	Ⓣ ：2.0	
电力（电）	——〈 30.0 ：10.0：〈 —— 朱红 2.0	Ⓢ ：2.0	电力、无轨、照明
电讯	——/ 30.0 ：10.0： —— 草绿 2.0	⊘ ：2.0人孔 ⊞ 2.0手孔	市话、长途、专用通讯
工业管道（工）	——I 30.0 ：10.0：I —— 黑 2.0	Ⓘ ：2.0	工业气、液体、液体排渣

思 考 题

一、填空题

1. 管道的_____、_____和_____称为主点。主点的测设方法主要有_____、_____、_____、_____。

2. 排水管道在支线与干线汇流处，不应有_____现象，故管线转角不应大于_____。

3. 地下管线施工测量按施工方法分为_____法，_____法。

4. 顶管施工测量的任务是保证_____和_____的准确。

129

二、简答题

1. 确定管线时应考虑哪些因素？管线中线起点如何确定？

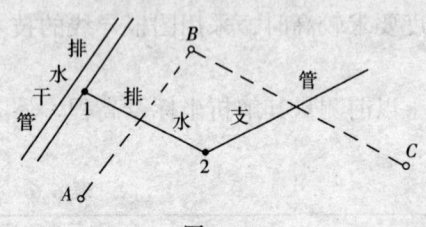

图 6.25

2. 顶管施工有何优、缺点？施工中怎样控制中线，怎样测量管道顶进后的坡度？

3. 简述腰桩在管道测量中的作用。

4. 管道竣工测量的目的及其内容、特点是什么？

三、计算题

1、如图 6.25 所示，已知设计管道主点 1，2 和施工控制点 A，B，C 的坐标（见表 6.7）试求：

(1) 用极坐标法通过控制点 A、B 放样 1 点所需的数据，及校核方法和数据。

(2) 用角度交会法通过控制点 B、C 放样 2 点所需的数据，及校核方法和数据。

表 6.7

坐　标	1	2	A	B	C
X	410.00	345.00	260.00	508.00	320.00
Y	1756.00	1940.00	1740.00	1790.00	2240.00

2. 已知管道起点 0+000 的管底高程为 41.72m，管道坡度为 −10‰，实测板顶高程见表 6.8，将相关数据计算填表。

坡度钉测设手簿　　　　表 6.8

桩号	距离 m	坡度	管底设计高程	板顶高程	$H_{板顶} - H_{管底}$	选定下反数 C	调整值	坡度钉高度
1	2	3	4	5	6	7	8	9
0+000			41.72	44.310				
0+020				44.100				
0+040				43.825				
0+060				43.734				
0+080				43.392				
0+100				43.283				
0+120				43.051				

3. 在 No.5～No.6 两井之间每隔 10m 在沟槽内设置一排腰桩，已知 No.5 井的管底高程为 135.250m，其坡度为 −8‰，设置腰桩从高程为 139.345m 的水准点引测，后视读数 1.543m，选定下反数 C 为 1m。在表 6.9 中计算钉各腰桩的前视读数。

腰桩测设手簿　　　　表 6.9

井和腰桩编号	距离 m	坡度	管底高程	选定下反数 C	腰桩高程	起始点高程	后视读数	各腰桩前视读数
1	2	3	4	5	6	7	8	9
No.5（1）			135.250					
2								
3								
4								
5								
No.6（6）								

第 7 章　建筑物施工测量

7.1　施工测量概述

施工测量是根据施工的需要，将设计的建筑物、构筑物的平面位置和高程，按设计的要求以一定的精度测设在地面上，并在施工过程中进行一系列测量工作，以衔接和指导各工序间的施工。

施工测量贯穿于整个施工过程中。从场地平整、施工控制网的建立、建筑物定位、基础放线和基础施工以及各道工序的细部测设，到建筑物构件的安装等，都需要进行施工测量。对高大或特殊的建筑物在施工期间和建成后管理期间，还要进行沉降观测和变形观测。

施工测量的精度要求取决于建筑物或构筑物的大小、结构材料、用途和施工方法等因素。一般来说，工业建筑的测设精度高于民用建筑，钢结构厂房的测设精度高于钢筋混凝土厂房，高层建筑物的测设精度高于低层建筑物，装配式建筑物的测设精度高于非装配式的建筑物。由于施工测量工作直接影响工程质量及施工进度，因此测量人员必需了解设计内容、性质及对测量工作的精度要求。要熟悉有关图纸，了解施工的全过程，密切配合施工进度进行工作。此外，施工现场工种多，交叉作业频繁，地面情况变化很大，加上动力机械振动、车辆频繁，因此各种测量标志必须埋设得特别稳固，并要妥善保护，经常检查，如有损坏及时恢复。

施工测量的检查与校核工作也是非常重要的，必须用各种不同的方法加强外业和内业的校核工作。

7.2　建筑物施工测量

7.2.1　测设前的准备工作

1. 熟悉图纸

设计图纸是施工放样的主要依据。与测设有关的图纸主要有：建筑总平面图、建筑平面图、基础平面图和基础剖面图。

建筑总平面图是施工放线的总体依据，建筑物都是根据总平面图上所给的尺寸关系进行定位的。

从建筑平面图，可以查明建筑物的总尺寸和内部各定位轴线之间的尺寸关系。

从基础平面图，可以查明基础边线与定位轴线的平面尺寸，以及基础布置与基础剖面的位置关系。

从基础剖面图，可以查明基础立面尺寸、设计标高、以及基础边线与定位轴线的尺寸关系。

2. 确定测设方案

首先了解设计要求和施工进度计划，然后结合现场地形和控制网布置情况，制定测设计划，包括测设方法、测设数据计算和绘制测设草图。

7.2.2 建筑物的定位

建筑物的定位是根据设计条件，将建筑物外廓的各轴线交点测设到地面上，作为基础放线和细部放线的依据。由于设计条件不同，定位方法不同，主要有以下几种：

1. 根据与原有建筑物的关系定位

如果设计图上给出新建建筑物与原有建筑物相互关系，根据原有建筑物和新建建筑物尺寸，可在实地定出新建建筑物的位置。

2. 根据道路中心线定位

如果设计图上给出建筑物与道路中心线的相互关系，可根据道路中心线以及关系尺寸，在实地定出建筑物的位置。

3. 根据建筑红线定位

如果设计图纸上给出建筑物与建筑红线的相互关系，可根据关系尺寸，在实地定出建筑物的位置。

4. 根据施工控制网定位

如果在施工场地上，建立了施工控制网，可以根据建筑物定位点的设计坐标以及附近施工控制点，利用直角坐标法在实地定出建筑物的位置。

5. 根据控制点定位

如果场地附近有测量控制点，可根据控制点的坐标以及建筑物定位点的设计坐标，反算出交会角和距离后，因地制宜采用极坐标法、角度交会法或距离交会法，在实地定出建筑物的位置。

7.2.3 轴线引桩或龙门板的设置

建筑物定位以后，所测设的轴线交点桩（角桩）在开挖基槽时将被破坏。施工时为了方便恢复各轴线的位置，如图7.1所示，在放线时应将各轴线方向投测到基槽外的引桩或龙门板上。

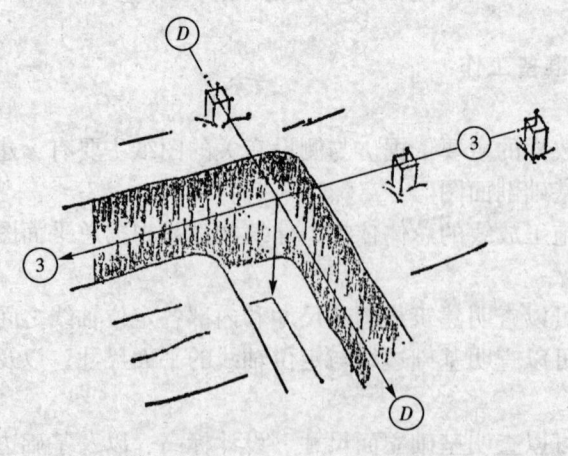

图7.1

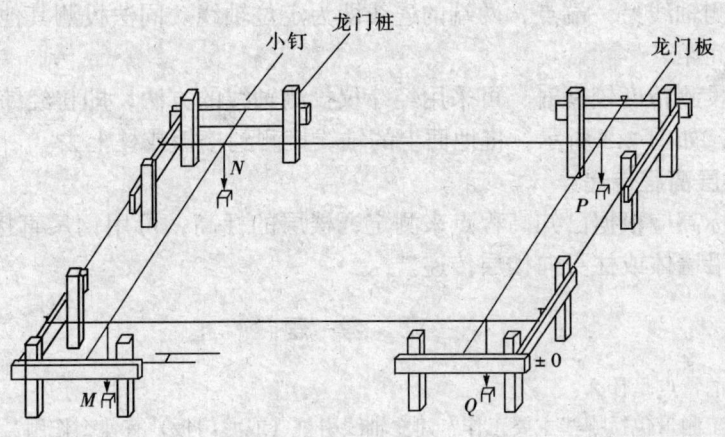

图 7.2

将经纬仪安置在角桩上，瞄准另一角桩，沿视线方向线在基槽边线4米或5米外，设置木桩（称引桩），或建立龙门板，如图7.2所示，龙门板的两端在基槽之外约1.5米或2米处，再根据视线将轴线方向投到引桩顶或龙门板上，并钉小钉作为标志。

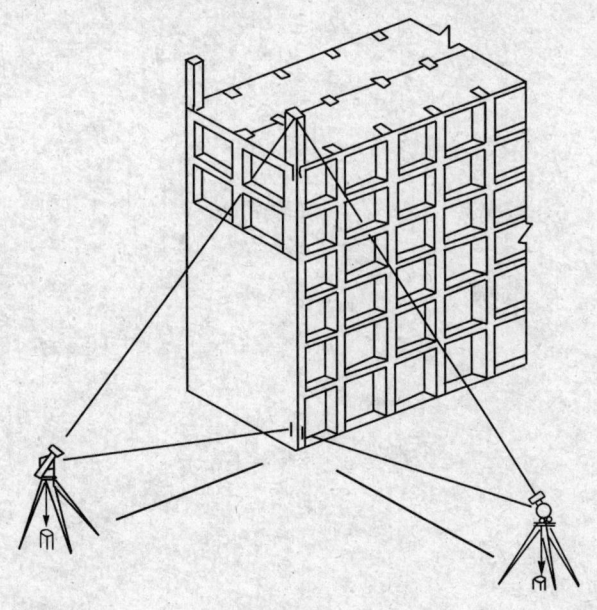

图 7.3

7.2.4 基础施工测量

基础开挖前，要根据引桩或龙门板的轴线位置和基础宽度，确定开挖边线，并撒白灰。在基槽开挖时，要随时注意挖土的深度，当基槽挖到离底30～50cm时，用水准仪在槽壁上每隔2～3m打一水平桩，用以控制开挖深度。

7.2.5 楼层轴线的投测

一般建筑施工中，采用吊垂球法，即将垂球悬吊在楼板或柱顶边缘，当垂球尖对准基础上的定位轴线时，线在楼板或柱顶边缘的位置，即为楼层轴线端点位置，画一短线作为标志，同样投测轴线另一端点，两端的连线即为定位轴线。同法投测其他轴线，再用钢尺校核各轴线的间距。

如果要求投测精度较高时，可采用经纬仪投测轴线的方法，即将经纬仪安置在轴线控制柱或引桩上，如图 7.3 所示，将地面上的轴线投测到楼板或柱上去。

7.2.6 楼层高程传递

室内地坪标高应根据已知高程点来测定，楼层的标高，可用钢尺直接丈量传递高程，也可用水准仪沿墙体或柱身向楼层传递。

思 考 题

1. 施工测量的特点是什么？
2. 建筑物施工测量包括哪些主要工作？建立轴线引桩（或龙门板）有什么作用？

第8章 现代测量仪器

8.1 电子经纬仪

电子经纬仪与光学经纬仪相同，是一种精密测角仪器。它们总体结构相似，都是由照准部、水平度盘、基座三个部分组成，两者的主要区别在于读数系统。光学经纬仪的度盘是在360°全圆上均匀地刻上度（分）的刻划并标有注记，利用光学测微器读出分、秒值。电子经纬仪则采用光电扫描度盘及自动归算液晶显示系统，接上记录器能自动记录，加配接口还可将野外采集的数据直接输入计算机进行计算绘图。

电子经纬仪的主要特点：

1. 采用电子测角系统，实现了测角自动化、数字化，能将测量结果自动显示出来，减轻了劳动强度，提高了工作效率。

2. 采用积木式结构，可与光电测距仪组合成全站型电子速测仪，配合接口，能将电子手簿记录的数据输入计算机，实现数据处理和绘图自动化。

电子经纬仪仍然是采用度盘来进行测角的，度盘形式有编码度盘、光栅度盘和格区式度盘。与光学测角仪器不同的是，电子测角是从度盘上取得电信号，再将电信号转换成角度，并自动以数字方式输出到显示器上，并记入存贮器。

图 8.1 为北京拓普康仪器有限公司推出的 DJD$_2$ 电子经纬仪，该仪器采用光栅度盘测角，水平、竖直角度显示读数分辨率为 1″，测角精度可达 2″。

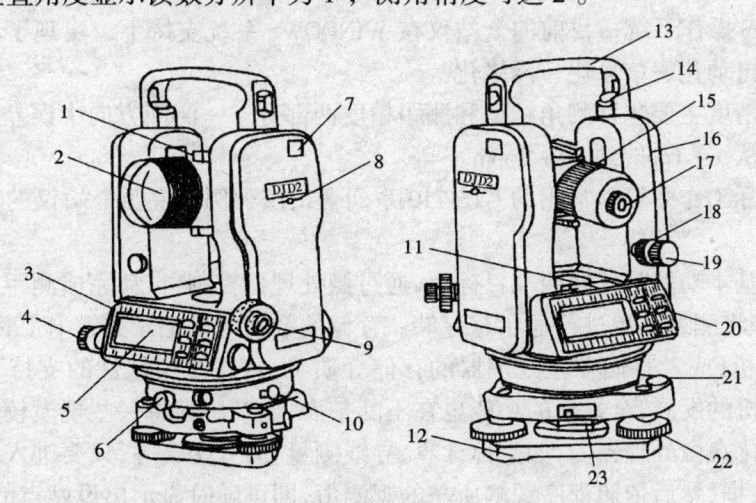

图 8.1

1—瞄准器；2—物镜；3—水平制动手轮；4—水平微动手轮；5—液晶显示器；6—下水平制动手轮；7—通讯接口（与红外测距仪连接）；8—仪器中心标记；9—光学对点器望远镜；10—RS 通讯接口；11—管水准器；12—底板；13—手提把；14—手提固定螺丝；15—物镜调焦手轮；16—电池；17—目镜；18—垂直制动手轮；19—垂直微动手轮；20—操作键；21—圆水准器；22—脚螺旋；23—基座固定扳把

图 8.2 为 DJD$_2$ 电子经纬仪液晶显示窗和操作键盘。键盘上有 6 个键，可发出不同指令。液晶显示窗中可同时显示提示内容、竖直角（V）和水平角（H_R）。

在 DJD$_2$ 电子经纬仪支架上可以加装红外测距仪，与电子手簿相结合，可配制成组合式电子速测仪。能同时显示和记录水平角、竖直角、水平距离、斜距、高差、点的坐标数值等。

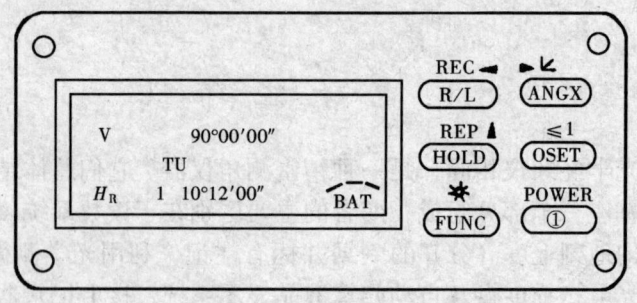

图 8.2

8.2 全 站 仪

8.2.1 全站仪的基本构造与功能

全站型电子速测仪简称全站仪，它由光电测距仪、电子经纬仪和数据处理系统组成。一台全站仪除能自动测距、测角外，还能快速完成一个测站所需完成的工作，包括平距、高差、高程、坐标以及放样等方面数据的计算。

全站仪自问世以来，经历了二十多年的发展。早期的全站仪仅能进行边、角的数字测量；后来的全站仪增强了放样测量、三维坐标测量、悬高测量等功能，而且具有了内存、磁卡存储、DOS 操作系统；目前的全站仪在 WINDOWS 系统支持下，实现了功能的大突破——电脑化、自动化、信息化、网络化。

全站仪的精度主要包含测角精度和测距精度两部分。一测回方向中误差从 0.5″到 5″不等，测边误差从 1 + 1ppm 到 10 + 2ppm 不等。

下面以实际工作中较为常用的 GTS-710 系列全站仪为例，说明全站仪的基本结构与功能（图 8.3）。

全站仪的基本功能是仪器照准目标后，通过微处理器控制，自动完成测距、水平方向、竖直角的测量，并将测量结果进行显示与存储。存储的数据可以记录在磁卡上，利用磁卡将数据输入到计算机，或者存储在微处理器的存储介质上，再在专用软件的支持下传输到计算机。随着计算机的发展，全站仪的功能也在不断扩展，生产厂家将一些规模较小但很实用的计算机程序固化在微处理器内，如坐标计算、导线测量、后方交会等，只要进入相应的测量模式，输入已知数据，然后依照程序观测所需的观测值，即可随时显示出设站点的坐标。

8.2.2 全站仪的基本应用

全站仪的种类较多，功能各异，操作方法也不尽相同，但全站仪的测角、测边及测定高差等基本测量功能却大同小异，下面主要介绍全站仪的基本测量功能及操作使用方法。

1. 仪器安置

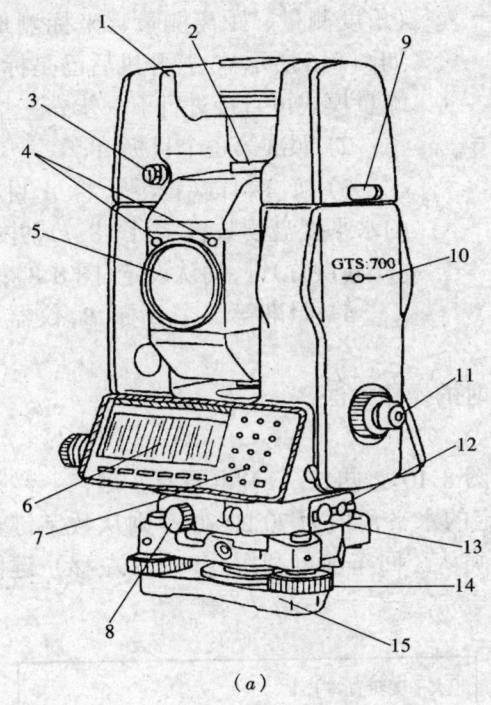

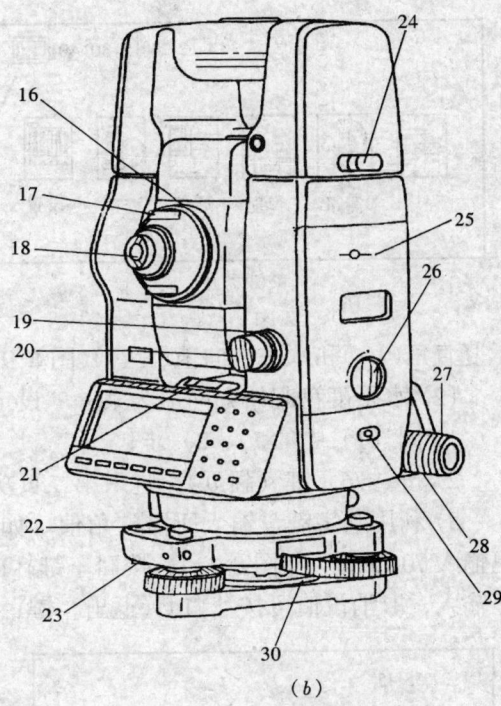

（a）　　　　　　　　　　　（b）

图 8.3

1—手把型电池；2—瞄准器；3—保险丝盒；4—定线点指示器；5—物镜；6—显示窗；7—操作键；
8—下盘水平制动螺旋；9—电池固定钮；10—仪器中心标志；11—光学对点器；12—外部电源接口；
13—串行接口；14—脚螺旋；15—基座；16—望远镜调焦螺旋；17—望远镜把手；18—望远镜目镜；
19—竖直制动螺旋；20—竖直微动螺旋；21—长水准管；22—圆水准器；23—圆水准器校正螺丝；
24—电池固定钮；25—仪器中心标志；26—磁卡盒锁定钮；27—水平微动螺旋；28—水平制动螺旋；
29—电源开关；30—三角基座固定钮

全站仪的安置方法与经纬仪的安置方法完全一致，具体操作方法详见第 3 章经纬仪安置的相关内容。

2. 开机

仪器安置完毕后可开机工作，操作流程如下：

（1）按电源开关，接通电源；

（2）显示屏出现闪烁的纵转望远镜和水平旋转照准部提示（图 8.4）；

（3）上下纵转望远镜，使竖盘读数过 0°，至"纵转望远镜提示"消失；

（4）水平转动照准部，使水平度盘读数过 0°，至"水平旋转照准部提示"消失，显示屏即刻出现主菜单（图 8.5），开机完成，可进行测量工作。

3. 角度测量

利用全站仪进行角度测量，基本操作程序与经纬仪大体相同，不同之处是水平度盘的配置。

（1）水平度盘起始方向值为 0°时的操作方法

1）在主菜单下（图 8.5）按〔F2〕（测量）键，进入标准测量模式

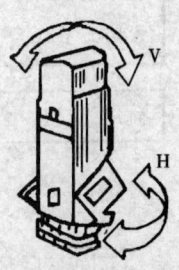

图 8.4

14-12-24 15:30:40
电池容量显示
程序
测量
管理
通信
校正
设置
主菜单

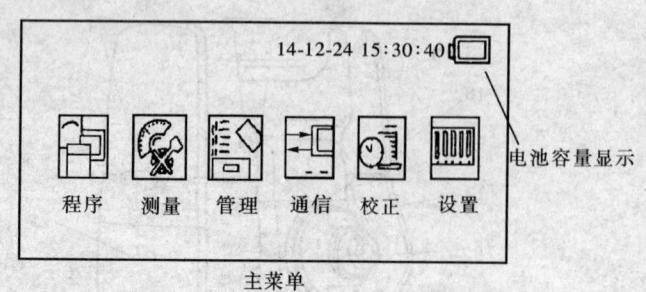

图 8.5

(角度测量、距离测量、坐标测量，如图 8.6 所示)。若开机后已是标准测量模式可直接进行下一步；

2) 照准第一个目标 *A*；

3) 按[F4]键(置零),将 *A* 目标的水平度盘读数置零(图 8.7),并按[F6](设置)键,确认设定(图 8.8)；

4) 照准第二个目标 *B*,仪器显示竖直角(*V*:)和水平方向值(*HR*:)(图 8.9)。

(2) 水平度盘起始方向值为某一“设定值”时的操作方法

1) 同 (1) 中的 1)、2) 步；

2) 按 [F6] 键 (翻页)，进入第二页功能 (图 8.10)，再按 [F1] (置盘) 键；

3) 利用数字键盘输入所需的角值。如需设定的水平角值为 70°20′30″，则从数字键盘上输入 70.2030 (如图 8.11)，按回车键 [ENT] 确认。回车前可利用 [F6] (左移) 键修正输入，取消设值可按 [F1] (退出) 键；

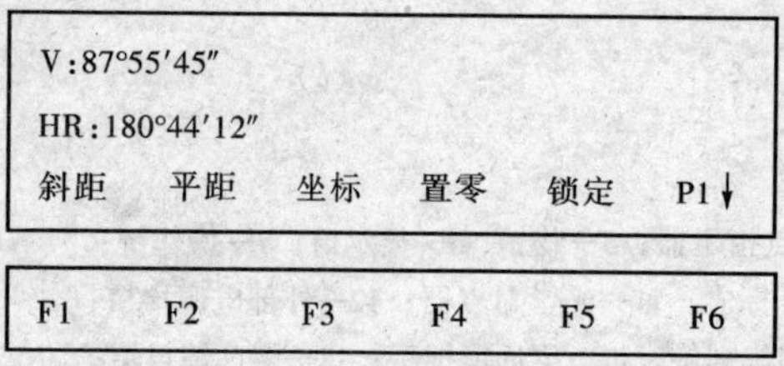

V:87°55′45″
HR:180°44′12″
斜距 平距 坐标 置零 锁定 P1↓
F1 F2 F3 F4 F5 F6

图 8.6

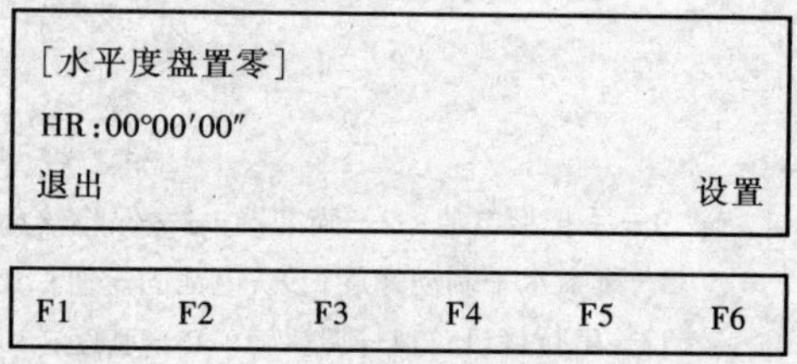

[水平度盘置零]
HR:00°00′00″
退出
设置
F1 F2 F3 F4 F5 F6

图 8.7

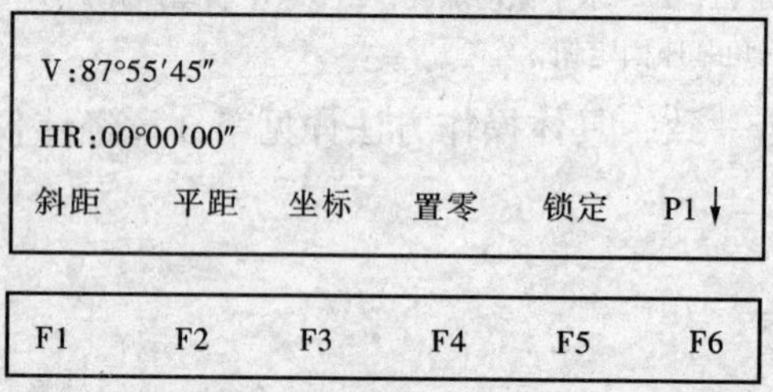

V:87°55′45″
HR:00°00′00″
斜距 平距 坐标 置零 锁定 P1↓
F1 F2 F3 F4 F5 F6

图 8.8

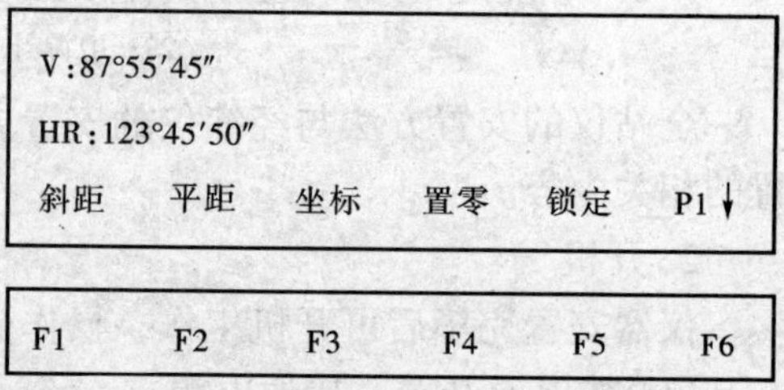

V:87°55′45″
HR:123°45′50″
斜距 平距 坐标 置零 锁定 P1↓
F1 F2 F3 F4 F5 F6

图 8.9

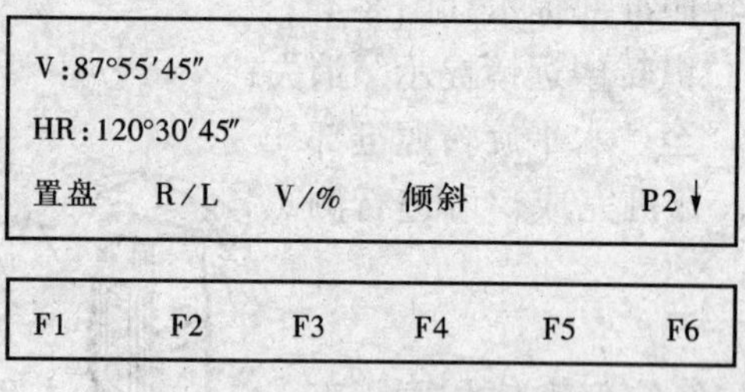

V:87°55′45″
HR:120°30′45″
置盘 R/L V/% 倾斜 P2↓
F1 F2 F3 F4 F5 F6

图 8.10

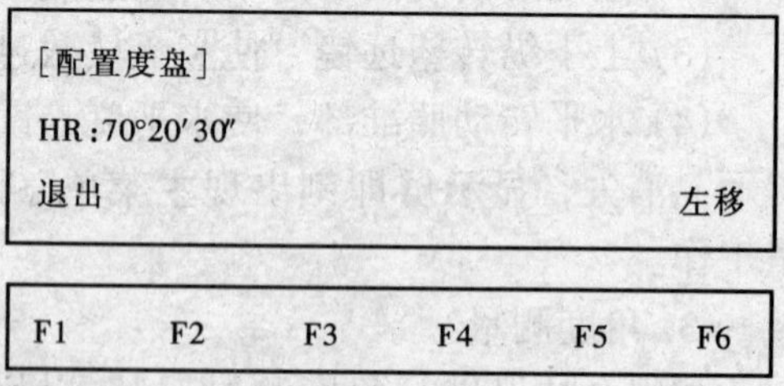

[配置度盘]
HR:70°20′30″
退出
左移
F1 F2 F3 F4 F5 F6

图 8.11

4) 回车后显示返回测角模式，即可进行角度测量工作。

4. 距离测量

(1) 首先确认为角度测量模式（图8.9），若不是则可按［ESC］键退回主菜单，再按［F2］键即可；

(2) 照准棱镜中心；

(3) 按［F1］（斜距）键或［F2］（平距）键，可进行相应的距离测量工作；

(4) 数秒后显示测距结果：

HD：表示平距；

SD：表示斜距；

VD：表示高差。

见图8.12。

```
V: 87°  55′  45″
HR: 120°  30′  45″          PSM0.0
HD: 716.6612               ppm－12.5
VD: 4.0010                  (m) ＊F.R
斜距    平距    坐标    置零    锁定    P1
F1      F2      F3      F4      F5      F6
```

图8.12

8.2.3 全站仪在控制测量中的应用

全站仪以其自动化程度高、速度快被广泛应用于测绘领域的各个环节。它是目前建立常规的平面控制网的首选仪器，根据控制网的等级可选用不同标称精度的仪器。由于可同时进行方向与距离测量，能节省大量的人力、物力，所以常用于各种工程控制网、图根控制网、导线网的建立等。下面介绍利用全站仪直接进行坐标测量及导线测量的方法。

1. 坐标测量

坐标测量时需进行测站点坐标设定、仪器高和棱镜高输入、仪器定向、坐标测量等四项工作。

(1) 测站点坐标设定

1) 在角度测量模式下（图8.9），按［F3］（坐标）键，显示坐标测量界面（图8.13）；

2) 按［F5］键（设置）键，闪烁显示以前的坐标数据，利用数字键盘输入测站点的坐标值。

其中：N表示输入测站纵坐标值（X）；E表示输入测站横坐标值（Y）；Z表示输入测站高程值（H）（图8.14）。

输入完毕按回车键【ENT】确认。若需同时测定点的高程，可接着进行下面的操作。

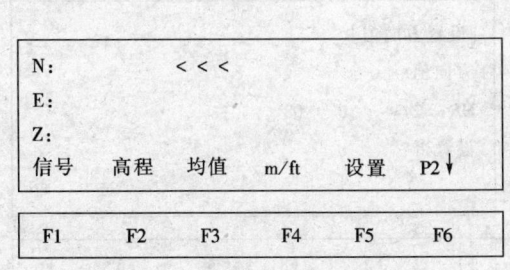

```
N:              < < <
E:
Z:
信号    高程    均值    m/ft    设置    P2↓
F1      F2      F3      F4      F5      F6
```

图8.13

```
［设置测量站点］
N: 1234.5670              PSM0.0
E: 2345.6780              ppm－12.5
Z: 10.2300                (m) ＊F.R
退出                           左移
F1      F2      F3      F4      F5      F6
```

图8.14

(2) 设定仪器高和棱镜高

1) 按［F2］（高程）键，显示以前的数据（图8.15）；

2) 输入仪器高，按［ENT］确认；

3) 输入棱镜高，按［ENT］确认，返回坐标测量模式（图8.13）。

(3) 仪器定向

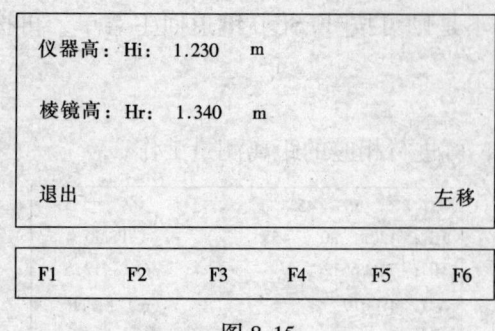

图 8.15

仪器定向即设定起始方位角。

1) 按［ESC］键，返回主菜单（如图8.5），按［F1］（程序）键，进入程序测量模式，显示仪器提供的测量程序项（图8.16）；

2) 按［F1］键，选择"设置方向"程序项，显示当前数据（测站点平面坐标）（图8.17）；

3) 按［F6］（确认），进入后视点坐标输入界面，用数字键盘输入当前后视点坐标（图8.18），完成后按［ENT］确认，出现方向设置界面（图8.19）；

4) 精确瞄准后视点，按［F5］（是）确认，完成仪器定向（方向设置）。

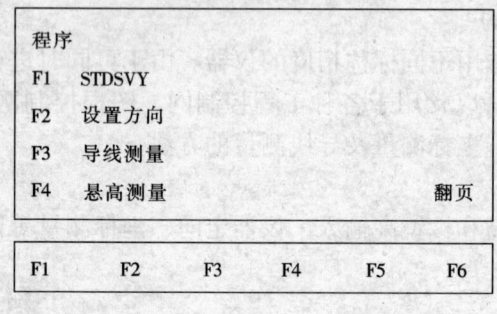

图 8.16

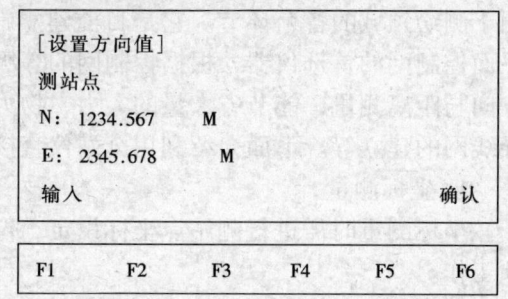

图 8.17

（4）测量坐标

1) 在完成上述准备工作后，返回主菜单，转动仪器精确瞄准待定点棱镜后，按［F2］进入标准测量模式；

2) 按［F3］（坐标）键，进行坐标测量，数秒后显示镜站点的坐标；

3) 迁移镜站可进行其他点的坐标测量。

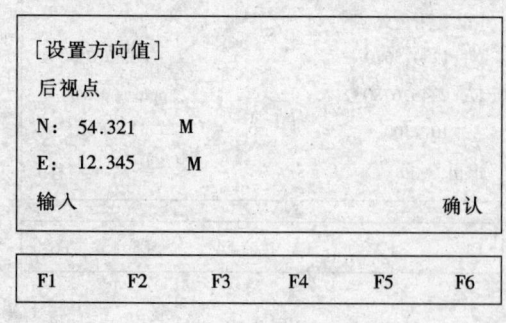

图 8.18

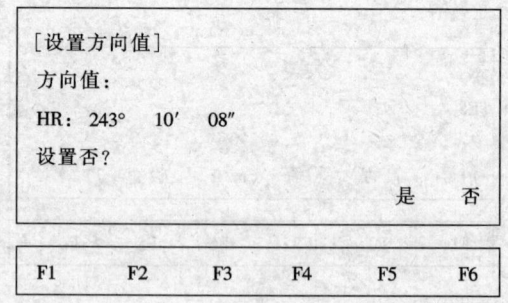

图 8.19

2. 导线测量

导线测量如图8.20所示。假设仪器由已知点 P_0 依次移到未知点 P_1、P_2 并测定 P_1、P_2、P_3 各点的坐标，则从起始点开始每次移动仪器之后，前一点的坐标在内存中均可恢复出来。具体方法如下：

（1）在导线起始点 P_0 上安置仪器，并进行测站点坐标设定、仪器高输入、仪器定向等工作，这些操作与坐标测量完全一致；

（2）在主菜单下按［F1］（程序）键，进入程序测量模式（图8.16）；

（3）按［F3］键，选择"导线测量"菜单，显示导线测量界面（图8.21）；

（4）按［F1］键选择"储存坐标"菜单，显示"储存坐标"界面（图8.22）；

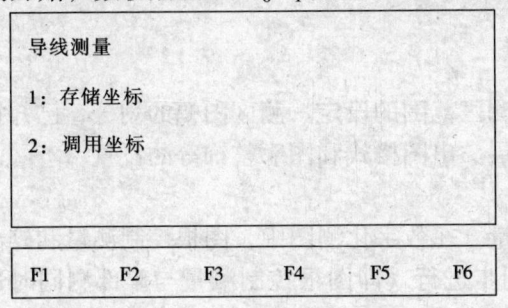

图 8.20

（5）照准待定点 P_1，按［F5］键可进行仪器高、棱镜高的设定，按［F1］（测量）观测开始，数秒后显示 P_0P_1 点间水平距离（HD）与 P_0 至 P_1 的方位角（图8.23）；

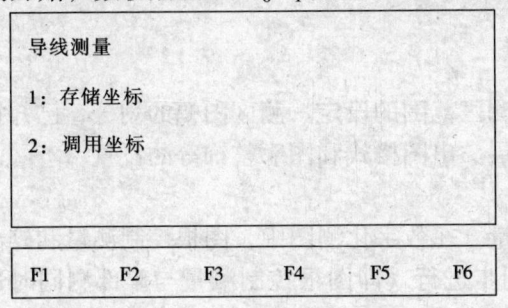

图 8.21

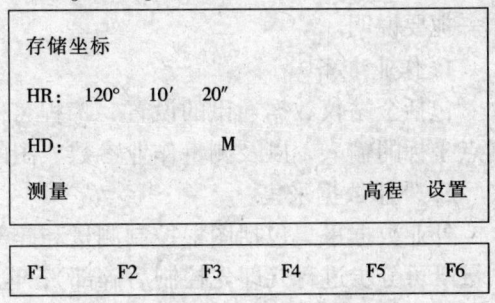

图 8.22

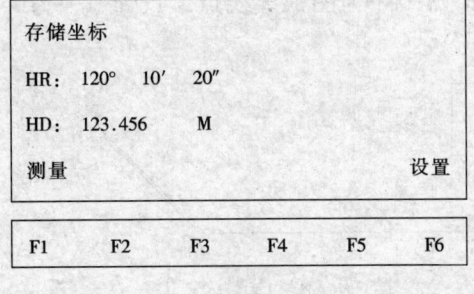

图 8.23

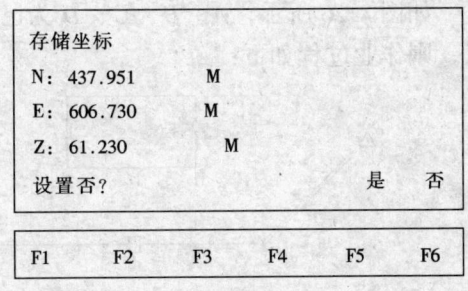

图 8.24

（6）按［F6］（设置）键，显示 P_1 点的坐标值（图8.24）；

（7）按［F5］（是）键，存储 P_1 点的坐标，显示返回主菜单。完成该点测量工作，关机，迁站至 P_1 点；

（8）仪器设置在 P_1 后，打开电源进入程序测量模式（图8.16），即可观测；

（9）按［F3］选择导线测量功能键，显示导线测量界面（图8.21）；

（10）按［F2］键，选择"调用坐标"菜单（调用 P_1 点坐标及 P_1 至 P_0 的方位角），显示"调用坐标"菜单（图8.25），图中的 HR：300°10'20"为 P_1 至 P_0 方位角；

（11）精确照准前一个仪器点 P_0，进行仪器定向；

（12）按［F5］（是）键、确认测站点 P_1 的坐标及 P_1 至 P_0 方位角的设置，返回主菜

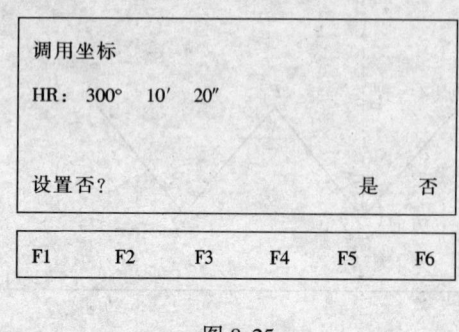

图 8.25

单；

（13）重复步骤（2）至（12），继续观测。

8.2.4 全站仪在测图中的应用

随着计算机科学技术的发展及其在测绘领域的应用，数字测图已迅速成熟起来。数字化测图系统包括软件系统和硬件系统。软件系统主要有操作系统（如 WINDOWS）、图形软件（如 AUTO-CAD）、测图专用软件（如 EPSW2.0）等。硬件系统主要有全站仪、电子手簿、计算机、绘图仪等。其中，全站仪的作用是完成对外业地形观测点数据（观测数据或坐标）的采集和测站点、特征点编码（如点号等输入），并通过电子手簿完成对采集的数据进行存储、预处理与传输。下面就利用全站仪并在测图专用软件 EPSW 系统的支持下，进行数据采集的过程作一扼要说明。

1. 作业准备

包括全站仪数据通讯的设置、工程名称和测区范围的设定、测区图幅的划分，已知控制点坐标的输入，以及测量作业参数、图的分层、出图格式和图廓整饰等的设置。

2. 外业数据采集

外业数据采集包括图根控制测量和碎部测量。在数字化测图中，图根控制测量和碎部测量既可分步进行（即先控制后碎部），也可同步进行（即图根控制测量与碎部测同时进行），并实时显示成图。在小范围测图中，后者既省时又省力，同时也能满足精度要求，因而在实际工作中较为常用。

如图 8.26 所示，A、B、C、D 为已知点，a、b……为图根导线点，1、2……为碎部点，则作业过程如下：

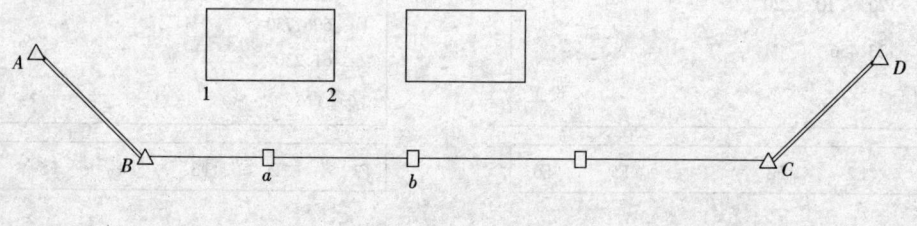

图 8.26

（1）安置全站仪于 B 点，后视 A 点，前视 a，测得水平角、前视竖直角和斜距，由此算得 a 点三维坐标（X_a、Y_a、H_a）。可采用全站仪的坐标测量功能或调用专用测量程序完成此项工作。

（2）仪器不动，以 A 作零方向施测 B 点周围的特征点 1、2……，并依据 B 点坐标计算出各特征点的坐标。根据记录的特征点坐标、地形要素编码和连接信息编码，在显示屏上实时展绘成图，并可现场编辑修改。

（3）仪器迁至 a 测站，后视 B 点，前视 b 点，同样测得水平角、前竖直角和斜距，算得 b 点三维坐标（X_b、Y_b、H_b）。然后同（2）进行本站周围的特征点测量。同法测量其余各点。

（4）当测至导线终点 C 时，再根据 B 至 C 的导线测量数据，计算出导线的闭合差。若限差在允许范围内，则平差各导线点的坐标，并可根据平差后的坐标重新计算各特征点的坐标，然后再作图形处理。

3. 特征点信息处理

在采集数据过程中，需要对特征点的有关属性进行设定，这些属性有点号、编码、观测值、目标高、连接等。首先是特征点"点号"（也是测量顺序）的输入，第一个点号输入后，其后每观测一个点，点号自动累加 1；其次是分类"编码"，即根据特征点的类别输入其分类代码。顺序测量时，同类编码只需输入一次，其后程序自动默认，只有在编码改变时，再输入新的编码；观测数据如"水平角"、"竖直角"、"斜距"等均由全站仪自动输入；"目标高"由人工输入，输入一次后，其余测点自动默认，当目标高改变时，键入新值；"连接"指连接点，程序自动默认连接上一点的点号，自动与上一点相连接。当需要连接其他点时，则输入相应的点号。这些属性信息都将存储在碎部点的记录中。

8.2.5　全站仪在放样中的应用

下面以角度、距离放样为例，说明利用全站仪进行坐标放样（点位放样）的方法。

1. 将仪器安置于控制点（测站点）。

2. 开机后，进入主菜单。按［F1］键选择"程序"项，进入一级子菜单，如图 8.27。

3. 在子菜单中选择"STDSVY"（标准测量程序），进入程序测量环境窗口，如图 8.28 所示。

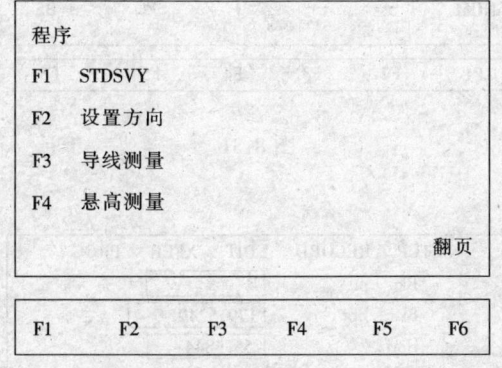

图 8.27

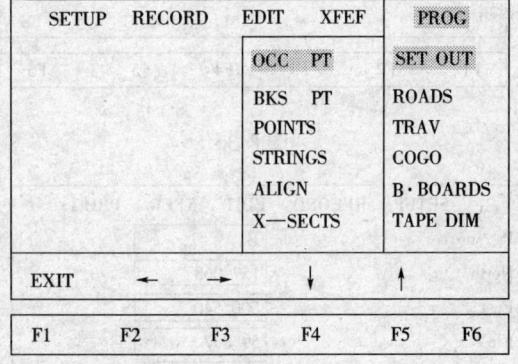

图 8.28

4. 在程序测量窗口的菜单中，利用左右光标键（F2、F3）选择"PROG"（程序）菜单，出现二级下拉子菜单（图中的"SET OUT"、"ROADS"……等）。在该子菜单中利用上下光标键［F4］、［F5］选择"SET OUT"（放样）功能项，按［ENT］键后弹出与之相关联的三级下拉子菜单。在三级子菜单中出现"OCC PT"、"BKS PT"、"POINTS"等功能项，分别表示"测站点信息输入"、"后视点信息输入"和"点放样"等功能。

5. 选择"OCC PT"功能，出现如图 8.29 所示的测站点设定窗口。窗口中的"OCC PT"、"INS HT"、"PT CODE"分别表示"测站点号"、"仪器高"、"测站点编码"。

如仪器内尚未存贮此点信息，则出现输入此点信息的窗口（图 8.30）。

该窗口中的"PT NO"、"NORTH"、"EAST"、"ELEV"、"PT CODE"分别表示"测站点号、X 坐标、Y 坐标、高程 H、点编码。在相应栏目中输入相应值并按回车确认，输入完

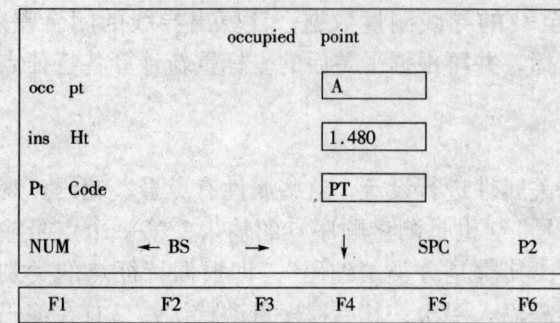

图 8.29

成返回图 8.28 窗口。

6. 返回图 8.28 窗口后，利用上下光标键，选择"BKS PT"（后视点）项，出现后视点信息窗口（图 8.31）。在该界面中输入后视点的编号。如仪器内尚未有此点信息，则出现图 8.32 所示的后视点信息输入窗口。各栏目含义与图 8.30 相同。

数据输入完成并确认〔ENT〕后，进入仪器定向窗口（图 8.33）。窗口中"BKS PT"、"BKS BRG"、"HORIZ"分别表示"后视点名"、"后视方位角"、"水平度盘值"。窗口中的提示"SIGHT BS POINT"表示"瞄准后视点"。根据提示转动仪器，精确瞄准后视点，按 F1 键（SET）进行仪器定向设置。随后又返回图 8.28 所示窗口。

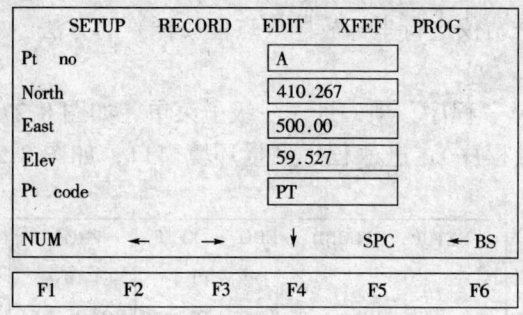

图 8.30

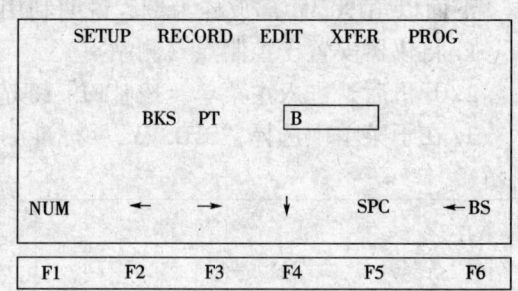

图 8.31

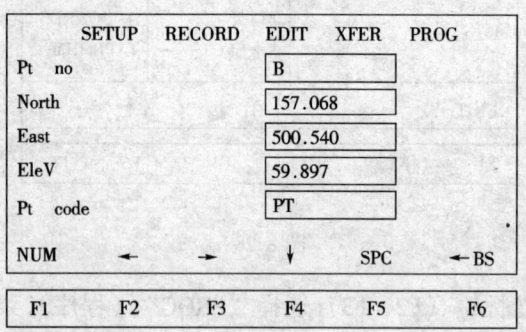

图 8.32

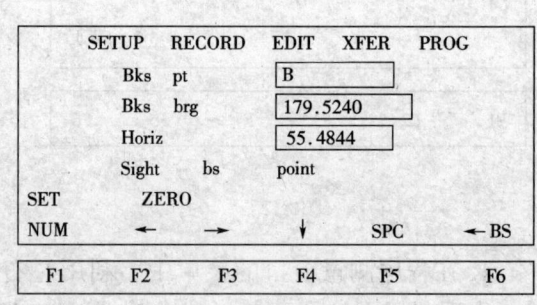

图 8.33

7. 将棱镜大致置于待放样点附近，仪器瞄准棱镜，选择图 8.28 中的"POINTS"项（点放样），回车后出现图 8.34 所示窗口。

按〔F5〕键，选择"CANCL"后，出现图 8.35 窗口。在该窗口中输入待放样点号（PT NO，如"1"）和棱镜高（R HT，如"1.500"m）。

回车后出现输入放样点信息窗口（图 8.36）。此窗口中的"PT NO"、"NORTH"、"EAST"、"ELEV"、"PT CODE"等分别表示放样"点号"、"X 坐标"、"Y 坐标"、"高程"、

"点的编码"。在相应输入栏中输入相应值并回车。

当光标位于最后一栏并回车，进入图8.37所示的放样窗口。

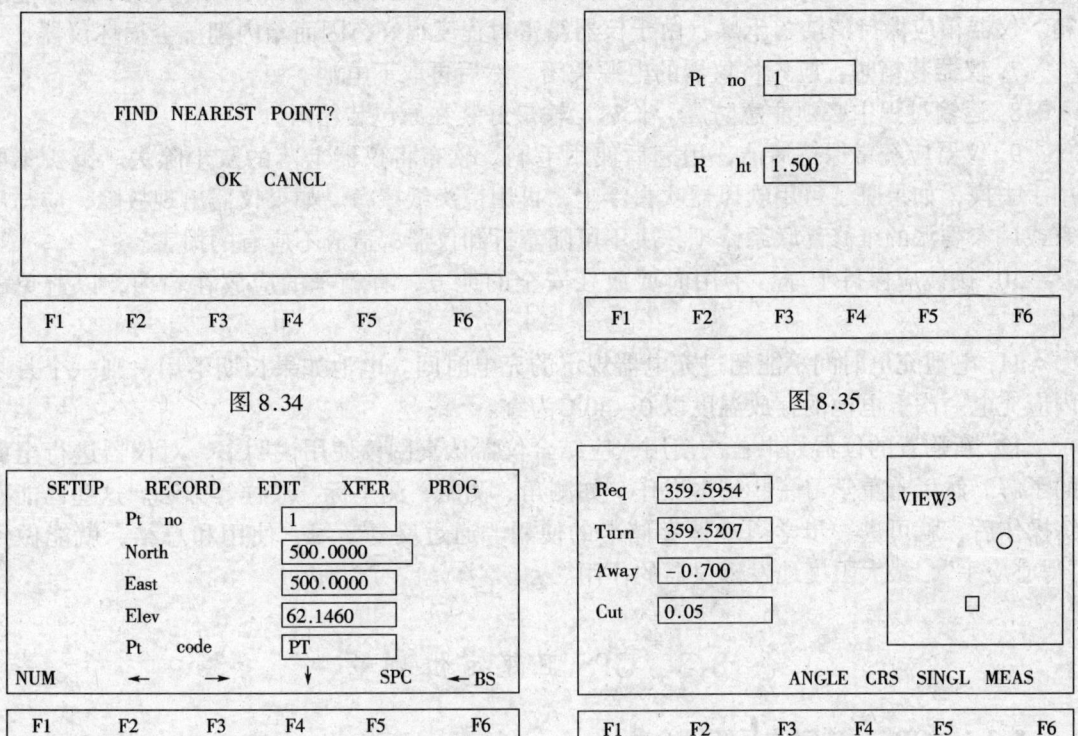

图 8.34

图 8.35

图 8.36

图 8.37

该窗口中"REQ"值表示测站至待放样点的方位角，"TURN"值表示测站至当前棱镜点的方位角，"AWAY"值表示棱镜点与待放样点间的距离，"CUT"值表示填挖深度。右侧子窗口中的"圆圈"与"方块"图形分别表示棱镜位置和待放样点的位置，此图表示棱镜与放样点之间的相对位置关系。观测员指挥棱镜员移动棱镜，当"TURN"值与"REQ"值一致、"AWAY"为零时，该点放样完成。打下木桩作以标志，1号点放样完成。

8.同法可放样出其余各点。

8.2.6 全站仪使用注意事项及维护

1.全站仪是一种结构复杂、功能齐全、价格昂贵的先进测量仪器。无论是在领取、使用还是在搬迁的过程中，都必须小心谨慎、轻取轻放、仔细操作，保证仪器的绝对安全。

2.由于全站仪较重，迁站时即使很近，也应关闭仪器电源，取下仪器装箱迁站。

3.望远镜不能直接照准太阳，以免损坏测距部的发光二极管。在阳光下或阴雨天气进行作业时，应打伞遮阳、遮雨。

4.仪器安置在三脚架上之前，应检查三脚架的三个伸缩螺旋是否已旋紧，再用连接螺旋将仪器固定在三脚架上之后才能放开仪器。在整个操作过程中，观测者决不能离开仪器，以避免发生意外事故。

5.操作过程中一定要保证仪器的安全。棱镜是易碎的精密光学器件，在安置镜站时也须小心谨慎。

6. 仪器应保持干燥，遇雨后应将仪器擦干，放在通风处，待仪器完全晾干后才能装箱。仪器箱应保持清洁、干燥，由于仪器箱密封程度很好，因而箱内潮湿会损坏仪器。

7. 仪器装箱时，应先将仪器的电源关闭，然后再取下电池。

8. 运输过程中必须注意防震。长途运输最好装在原包装箱内。

9. 仪器应经常保持清洁，用完后使用毛刷、软布将仪器上落的灰尘除去。镜头不要用手去摸，如果脏了可用吹风器吹去浮尘，再用镜头纸擦净。如果仪器出现故障，应与厂家或厂家委派的维修部联系修理，决不可随意拆卸仪器，造成不应有的损害。

10. 棱镜应保持干净，不用时要放在安全的地方，有箱子的应放在箱内，以避免碰坏。

11. 电池充电时间不能超过充电器规定的充电时间。电池如果长期不用，则一个月之内应充电一次。电池的存放温度以 0～40℃ 为宜。

12. 新购置的仪器如果首次使用，应结合仪器认真阅读使用说明书，对仪器进行全面的了解。然后着重学习一些基本操作，如测角、测距、测坐标、放样等方法。这些已能熟练操作后，就可进一步学习掌握存储卡的使用。通过反复学习、使用和总结，就能做到"得心应手"，最大限度地发挥仪器的作用。

8.3 GPS 卫星定位测量

8.3.1 GPS 全球定位系统简介

GPS 是全球定位系统（Global Positioning System）的英文缩写。它是美国国防部以满足军事需要为主要目的而建立的，自 1973 年开始设计、研制，于 1993 年全部建成，历时 20 年，是目前世界上最先进、最完善的高精度卫星导航与定位系统。它不仅具有全球性、全天候、实时精密三维导航与定位能力，而且具有良好的抗干扰性和保密性。

近几年来，GPS 定位技术在应用基础的研究、新应用领域的开拓、软件和硬件的开发等方面都取得了迅速发展。广泛的科学实验活动也为这一新的精密定位技术的应用展现了极为广阔的前景。

由于 GPS 定位技术的高度自动化及其所达到的高精度，已经被广泛地应用于大地测量、工程测量、变形监测等方面。

8.3.2 GPS 系统的组成

GPS 系统由三部分组成，即空间部分、地面监控部分和用户设备部分。

1. 空间部分

GPS 系统的空间部分是指 GPS 工作卫星星座。GPS 工作卫星星座由 24 颗卫星组成。其中 21 颗工作卫星，3 颗备用卫星，均匀分布在 6 个轨道上（图 8.38）。

GPS 卫星的时空配置，保证了在地球上任何地点、任何时刻均至少可以同时观测到 4 颗卫星。每颗 GPS 卫星上装有 4 台高精度的原子钟（2 台铷钟和 2 台铯钟），为 GPS 定位提供了高精度的时间标准。因而，GPS 卫星完全满足了精密导航和定位的需要。

GPS 卫星的基本功能是：

（1）执行地面监控站的控制指令，接收和储存由地面监控站发来的导航信息；

（2）向 GPS 用户发送导航电文，提供导航和定位信息；

（3）通过高精度原子钟向用户提供精密的时间标准。

2. 地面监控部分

GPS 系统的地面监控部分目前由 5 个地面站组成，包括主控站、三个信息注入站和监测站。

主控站设在美国本土科罗拉多（Colorado Springs）的联合空间执行中心 CSOC。

三个信息注入站分别设在印度洋的迭哥加西亚（Diego Garcia）、南大西洋的阿松森岛（Ascencion）和南太平洋的卡瓦加兰（Kwajalein）。

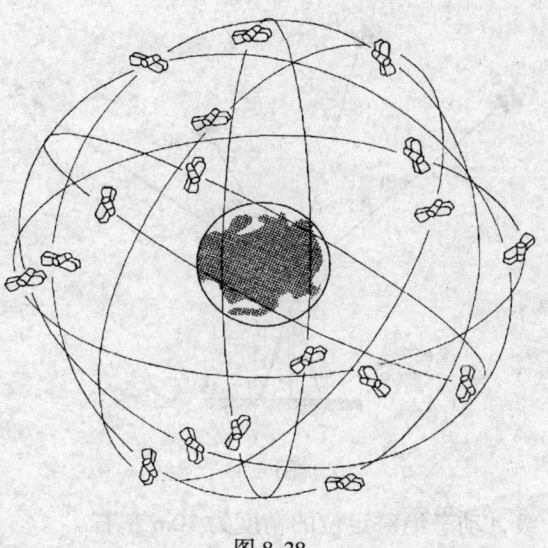

图 8.38

监测站现有 5 个，主控站、三个注入站兼作监测站，另外一个设在夏威夷。

整个 GPS 的地面监控部分，除主控站外均无人值守。各站间用现代化的通讯系统联系起来，在原子钟和计算机的驱动和精确控制下，各项工作实现了高度的自动化和标准化。

3. 用户设备部分

GPS 系统的用户设备部分由 GPS 接收机硬件和相应的数据处理软件以及微处理机及其终端设备组成。GPS 接收机硬件包括接收机主机、天线和电源，它的主要功能是接收 GPS 卫星发射的信号，以获得必要的导航和定位信息及观测量，并经简单数据处理而实现实时导航和定位。GPS 软件是指各种后处理软件包，它通常由厂家提供，其主要作用是对观测数据进行精加工，以便获得精密定位结果。

GPS 接收机的类型，一般可分为导航型、测量型和授时型三类，测量单位使用的 GPS 接收机一般为测量型。

目前国内常见的测量型 GPS 接收机，主要有美国 Ashtech（阿士泰克）公司和 Trimb1e（天宝）公司，欧洲 Leica（徕卡）公司，法国 Seroe1（塞赛尔）公司的系列产品。

8.3.3　GPS 定位原理

1. 绝对定位

绝对定位亦称单点定位，它利用 GPS 独立确定用户接收机天线（观测站）在 WGS-84 协议地心坐标系中的绝对位置。

利用 GPS 进行绝对定位的基本原理为：以 GPS 卫星与用户接收机天线之间的几何距离观测量 ρ 为基础，并根据卫星的瞬时坐标（X_S，Y_S，H_S），以确定用户接收机天线所对应的点位，即观测站的位置。

GPS 绝对定位（单点定位），实际上就是空间距离的后方交会。在测站点上只要同时接收到三颗 GPS 卫星，就可解算出其坐标（X、Y、H），而在地球上任何地点均可至少观测到 4 颗 GPS 卫星（图 8.39）。

应用 GPS 进行绝对定位，根据用户接收机天线所处的状态，可分为动态绝对定位和

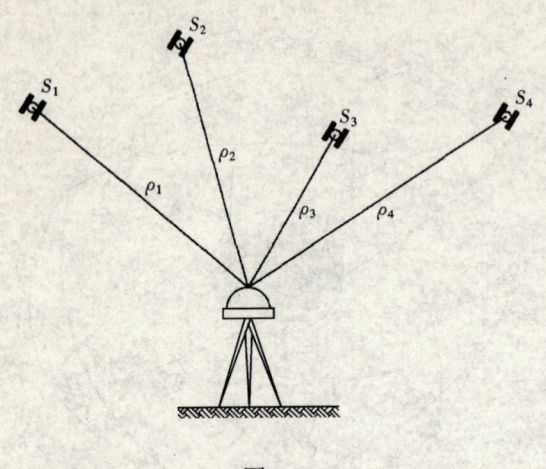

图 8.39

静态绝对定位。当用户接收机安置在运动的载体上，并处于动态的情况下，确定载体瞬时绝对位置的定位方法，称为动态绝对定位；当接收机天线处于静止状态的情况下，以确定观测站的绝对坐标的方法，称为静态绝对定位。前者一般用于飞机、船舶及陆地车辆的导航，在航空物探和卫星遥感等方面也有广泛应用；后者可用于测定观测站在WGS-84协议地心坐标系中的绝对坐标。

由于 GPS 绝对定位受卫星轨道误差、钟差及信号传播误差等诸多因素的影响，因而精度较低。目前静态绝对定位的精度为米级，动态绝对定位的精度为 10m 左右。

2. 相对定位

GPS 相对定位，亦称差分 GPS 定位，是目前 GPS 定位中精度最高的一种定位方法。

利用 GPS 进行相对定位的基本原理为：用两台 GPS 用户接收机分别安置在基线的两端，并同步观测相同的 GPS 卫星，以确定基线端点在协议地心坐标系中的相对位置或称基线向量，如图 8.40 所示。

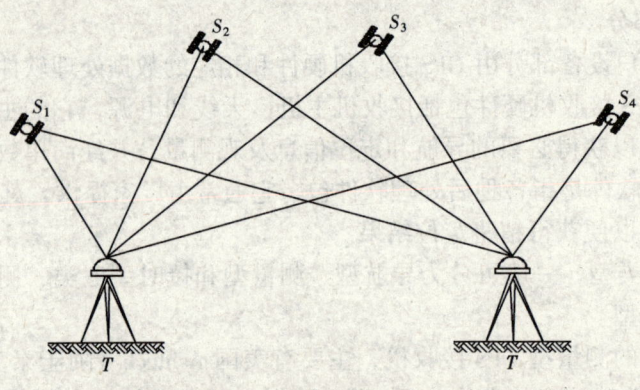

图 8.40

在实际作业中，也有用多台接收机置于多条基线端点，通过同步观测 GPS 卫星以确定多条基线向量。

因为在两个观测站或多个观测站同步观测相同卫星的情况下，卫星的轨道误差、卫星钟差、接收机钟差以及大气折射误差等对观测量的影响具有一定的相关性，因此利用这些观测量的不同组合，进行相对定位，即可有效地消除或减弱上述误差的影响，从而提高了相对定位的精度。

由于相对定位精度高，已被广泛用于测量工作中。在控制测量中，全国 GPS 大地网已经布设完成。现在，正逐步普及应用于各项工程建设的工程测量工作当中。

8.3.4 GPS 定位系统的优点

GPS 卫星定位技术与常规测量相比，具有以下优点：

1．GPS 点之间不要求相互通视，对 GPS 网的几何图形也没有严格要求。因而使 GPS 点位的选择更为灵活，可以自由布设。

2．定位精度高。目前采用载波相位进行相对定位，精度可达 1ppm。

3．观测速度快。目前利用静态定位方法，完成一条基线的相对定位所需要的观测时间，根据要求的精度不同，一般约为 1～3h。如果采用快速静态相对定位技术，观测时间可缩短至数分钟。

4．功能齐全。GPS 测量可同时测定测点的平面位置和高程。采用实时动态测量还可进行施工放样。

5．操作简便。GPS 测量的自动化程度很高，作业员在观测中只需要安置和开启、关闭仪器、量取天线高度、监视仪器的工作状态及采集环境的气象数据，而其他如捕获、跟踪观测卫星和记录观测数据等一系列测量工作均由仪器自动完成。

6．全天候、全球性作业。由于 GPS 卫星有 24 颗且分布合理，在地球上任何地点、任何时刻均可连续同步观测到 4 项以上卫星，因此在任何地点、任何时间均可进行 GPS 测量。GPS 测量一般不受天气状况的影响。

8.3.5　GPS 测量的实施

1．GPS 测量的作业模式

GPS 测量的作业模式，是指利用 GPS 定位技术确定观测站之间相对位置所采用的作业方式。它与 GPS 接收设备的硬件和软件密切相关。不同的作业模式，其作业方法，观测时间及应用范围亦不同。

近年来，由于 GPS 测量数据处理软件系统的发展，目前已有多种作业模式可供选择，作业模式主要有静态定位、快速静态定位、准动态定位及动态定位等。

（1）静态定位模式

静态定位模式是采用两套或两套以上的 GPS 接收设备，分别安置在一条或数条基线的端点上，同步观测 4 颗以上卫星，观测中保持固定不动，以便能通过重复观测取得足够的多余观测数据，以提高定位的精度。

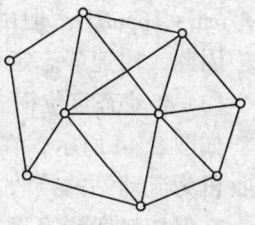

图 8.41

静态定位模式所观测的基线边，应构成某种闭合图形，称为同步环路，如图 8.41 所示。这样有利于观测成果的检核，增加网的强度，提高成果的可靠性及平差后的精度。若有三套接收设备，同步环路可构成三边形，如图 8.39（a）；若有四套接收设备，则可构成四边形或中点三边形，如图 8.42（b）、图 8.42（c）。

静态定位测量是当前 GPS 测量中精度最高的作业模式，基线测量的精度可达 5mm +

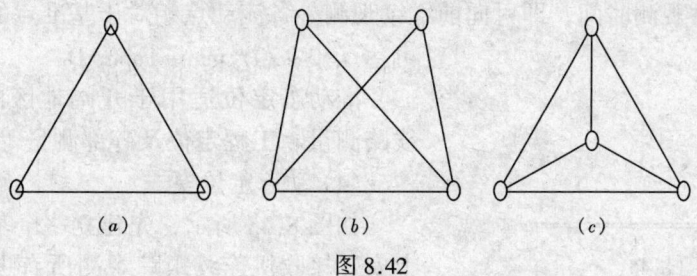

（a）　　　　　（b）　　　　　（c）

图 8.42

1ppm·D，D 为基线长度。因此，广泛地应用于控制测量、精密工程测量等工作。

（2）快速静态定位模式

如图 8.43 所示，快速静态定位模式是在测区的中部选择一个基准站，并安置一台接收机，连续跟踪所有可见卫星；另一台接收机依次到各点流动设站，并且在每个流动站上，静止观测数分钟，用快速解算法解算出整周未知数。

这种作业模式要求在观测中必须至少跟踪 4 颗卫星，而且流动站距基准站一般不应超过 15km。

由于流动站的接收机在迁站过程中不必保持对所测卫星的连续跟踪，因而可以关闭电源以节约电能。

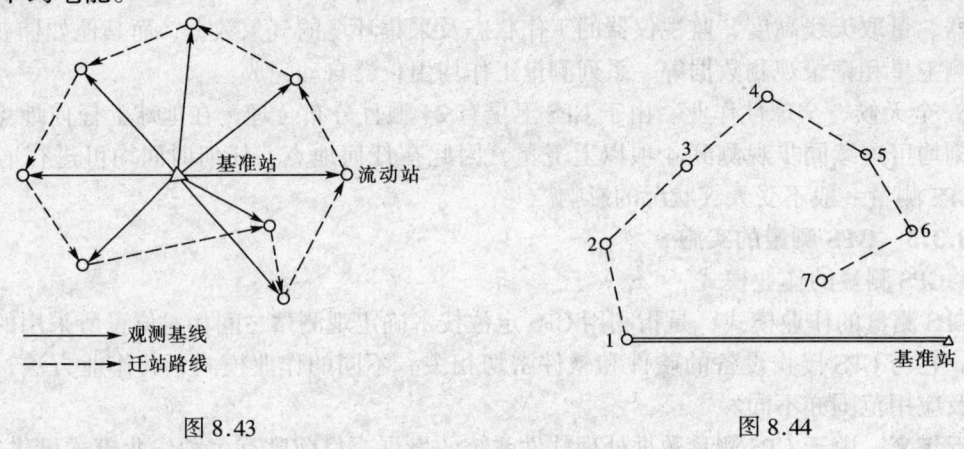

→ 观测基线
---→ 迁站路线

图 8.43　　　　　　　　　　　　　　图 8.44

这种作业模式观测速度快，精度也较高，流动站相对基准站的基线中误差可达（5～10）mm + 1ppm·D。但由于直接观测边不构成闭合图形，所以缺少检核条件。

因此，快速静态定位一般用于工程控制测量及其加密、地籍测量和碎部测量等。

（3）准动态定位模式

如图 8.44 所示，在测区选择一基准站，安置接收机连续跟踪所有可见卫星；另一台接收机为流动站的接收机，将其置于起始点 1 上，观测数分钟，以便快速确定整周未知数，在保持对所测卫星连续跟踪的情况下，流动的接收机依次迁到测点 2、3、…上各观测数秒钟。

该作业模式在作业时必须至少有 4 颗以上卫星可供观测。在观测过程中，流动接收机对所测卫星信号不能失锁，如果发生失锁现象，应在失锁后的流动点上，将观测时间延长至数分钟，流动点与基准站相距应不超过 15km。

这种作业模式工作效率高。在作业过程中，虽然偶尔会发生失锁，只要在失锁的流动点上，延长数分钟观测时间，即可向前继续观测。各流动点相对于基准点的基线精度一般可达（10～20）mm + 1ppm·D。

准动态定位适用于开阔地区的控制点加密、线路测量、工程定位及碎部测量等。

（4）动态定位模式

如图 8.45 所示，先建立一个基准站，并在其上安置接收机连续跟踪观测所有可见卫星。另一

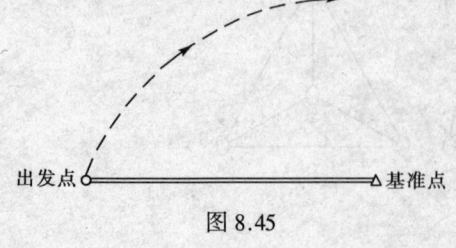

图 8.45

台接收机安置在运动的载体上，在出发点静止观测数分钟，以便快速解算整周未知数。然后从出发点开始，载体按测量路线运动，其上的接收机就按预定的采样间隔自动进行观测。

该作业模式要求在作业过程中，必须至少能同时跟踪观测到 4 颗卫星以上。运动路线与基准站的距离不能超过 15km。

动态定位的观测速度快，并可实现载体的连续实时定位。运动点相对基准站的基线精度一般可达（10~20）mm + 1ppm·D。

动态定位适用于测定运动目标的轨迹、路线中线测量、开阔地区的断面测量及航道测量等。

2. GPS 测量的实施

GPS 测量按其性质可分为外业和内业两部分。外业工作主要包括选点与建立标志、野外观测以及成果质量检核等。内业工作主要包括 GPS 测量的技术设计、测后数据处理以及技术总结等。

（1）选点与建立标志

由于 GPS 测量观测站之间不必相互通视，而且网的图形选择也比较灵活，所以选点工作远较一般控制测量的选点工作简便。但由于点位的选择对于保证观测工作的顺利进行具有重要意义，因此在选点工作开始之前，应充分收集和了解有关测区的地理情况以及原有测量标志点的分布及保存情况，以便确定适宜的观测站位置。

（2）选点工作注意事项

1）观测站（即接收天线安置点）应远离大功率的无线电发射台和高压输电线，以避免其周围磁场对 GPS 卫星信号的干扰，接收机天线与其距离一般不得小于 200m。

2）观测站应远离面积较大的水域或对电磁波反射、吸收强烈的物体，以减弱多路径效应的影响。

3）观测站应设在易于安置接收设备的地方，并且视野要开阔。视野内障碍物的高度角，一般应小于 15°。

4）观测站应选在交通方便的地方，并且便于用其他测量手段联测和扩展。

5）对于基线较长的 GPS 网，还应考虑观测站附近应具有良好的通讯设施和电力供应，以供观测站之间的联络和设备用电。

为了固定点位，以便长期利用 GPS 测量成果，GPS 网点选定后一般应设置具有中心标志的标石，以精确标志点位。GPS 网点应绘制点之记，其主要内容应包括点位略图、点位的交通情况及选点情况等。

（3）GPS 测量的观测

GPS 测量的观测工作主要包括天线安置、观测作业、观测记录及观测数据的质量判定等。

1）天线安置

天线的妥善安置是实现精密定位的重要条件之一。其安置工作一般应满足以下要求：

a. 静态相对定位时，天线安置应尽可能利用三脚架，并安置在标志中心的上方直接对中观测。

b. 天线底板上的圆水准器气泡必须严格居中。

c. 天线定向标志线应指向正北，并顾及当地磁偏角的影响，以减弱相位中心偏差的影响。定向的误差依定位的精度要求不同而异，一般不应超过 ±3°～±5°。

d. 雷雨天气安置大线时，应注意将其底盘接地，以防止雷击。

2）观测

在观测工作开始之前，接收机一般需按规定经过预热和静置。

观测作业的主要内容是捕获 GPS 卫星信号，并对其进行跟踪、处理和测量，以获取所需要的定位信息的观测数据。具体操作步骤和方法可按随机手册进行。

3）记录

记录可通过自动记录，也可手工记录。

自动记录由接收设备自动形成，记录在存储介质（如数据存储卡）上。

手工记录是指在接收机启动前及观测过程中，由操作者随时填写测量手簿。其中，观测记事栏应记载观测过程中发生的重要问题，问题出现的时间及其处理方式。为了保证记录的准确性，测量手簿必须在作业过程中随时填写，不得事后补记。

观测记录是 GPS 精密定位的依据，必须妥善保存。

8.3.6　GPS 测量的应用

进入 90 年代以来，全球定位系统在应用领域的研究取得了迅速进展，GPS 技术逐渐渗透到经济建设和科学技术的许多领域。

在测绘行业中，GPS 首先是用于大地测量。20 世纪 90 年代初，GPS 技术已形成许多成熟的测量方法，如静态测量、快速静态测量、准动态测量以及动态测量等。虽然观测时间较长，外业精度与测点坐标只能在数据处理后才能确定，但其结果可以达到很高精度，静态测量精度可达厘米级甚至毫米级。对于控制测量，GPS 与传统测量方法相比，有着定位精度高、速度快、操作简便、经济等优点。

现在，GPS 水准测量已经获得了较高的精度，每公里中误差低于 ±2.0mm，可以满足一般工程测量的要求。

目前，实时 GPS 动态测量的研究已获成功，即 RTK 定位技术，该技术保留了 GPS 测量的高精度，又具有实时性，可快速进行工程放样，故将具有 RTK 性能的 GPS 形象地称为 GPS 全站仪。

实时 GPS 在线路工程测量中主要应用于以下几方面：

1. 绘制大比例尺地形图

线路工程中的选线工作，大多是在大比例尺（通常是 1∶2000 或 1∶1000）带状地形图上进行。用传统方法测图，首先要建立控制网，然后进行碎部测量，绘制成大比例尺地形图。其工作量大，劳动极大，速度较慢，花费时间很长，而且图纸精度相对不高。用实时 GPS 动态测量，在沿线每个碎部点上仅需停留几分钟，即可获得每点的坐标，结合输入点的特征编码及属性信息，构成碎部点的数据，在室内即可由绘图软件成图。由于只需要采集碎部点的坐标和输入其属性信息，而且采集速度快，大大降低了测图的难度，既省时又省力，而且成果精度高。

2. 控制测量

用 GPS 建立控制网，最精密的方法应属静态测量，对大型的建筑物、特大型线路工程进行控制，宜用静态测量。而对一般建筑物、线路工程的控制测量，可采用实时 GPS

动态测量。这种方法在测量过程中能实时获得定位精度。当达到要求的点位精度时，可停止观测，大大提高了作业效率。由于点与点之间不要求通视，使得测量更简便易行。

3. 线路中线测设

设计员在大比例尺带状地形图上定线后，需将线路中线在地面上标定出来。采用实时GPS测量，只需将中线桩点的坐标输入GPS接收机中，就可很快定出需要放样的点位。由于每个点的测量都是独立完成的，不会产生累积误差，各点放样精度一致。

4. 线路纵、横断面测量

线路中线确定后，利用中线桩点坐标，通过绘图软件，即可绘出路线纵断面和各桩点的横断面。由于所用数据都是测绘地形图时采集来的，因此不需要再到现场进行纵横断面测量，从而大大减少了外业工作。如果需要进行现场断面测量时，也可采用实时GPS测量。

5. 施工测量

实时GPS系统具有良好的硬件，也有极为丰富的软件可供选择。施工中对点、线、面以及坡度等放样均很方便、快捷，精度可达厘米级。

6. 变形监测

变形监测网应具有毫米级精度，比一般工程控制网精度高一个数量级。实践表明，如果用较长的观测时间，分几个时段进行观测，并采取强制对中、观测时天线指北等措施，长度不超过4km的基线可以达到 $\pm 2mm \sim \pm 3mm$ 的精度。随着研究的深化，GPS将广泛用于变形监观测。

思 考 题

一、解释名词

1. 全点仪：

2. GPS：

3. 绝对定位：

4. 相对定位：

二、简答题

1. 全站仪由哪几部分组成？

2. GPS系统由哪几部分组成？

3. GPS卫星的时空配置，保证了在测站点上至少可以同时观测到几颗卫星？

4. GPS作业模式主要有哪些？

三、思考题

1. 电子经纬仪有哪些特点？

2. 全站仪具有哪些功能？

3. 全站仪使用时应注意哪些事项？

4. GPS卫星定位技术与常规测量相比，具有哪些优点？

5. CPS卫星定位选点工作通常应注意哪些事项？

6. 实时GPS在线路工程测量中主要应用哪些方面？

全国建设行业中等职业教育推荐教材

工程测量实验与实习指导

主编　邵成昆
主审　杨忠德

中国建筑工业出版社

目　录

第一部分　测量实习须知

一、准备工作

1. 测量实验、实习之前，学生要预习实验、实习指导书，要复习教材中的有关内容，弄清实验目的、要求、方法、步骤和有关注意事项。

2. 按指导书中的要求，在实习之前准备好所需文具，如：铅笔、铅笔刀、计算器等。

3. 测量实验、实习以小组为单位进行，每班分若干组，设组长1人。

二、借、领用仪器、工具

1. 以小组为单位，由小组长向仪器室领借仪器、工具，每次实验所用仪器、工具均已在实验指导书上标明，借用者应当场清点检查，如有不符，应向指导老师说明。

2. 各组所借用仪器、工具均有编号，未经许可不得任意调换或转借，若发现有损坏、遗失应立即向指导老师报告，并按有关规定，给予适当处理。

3. 实验结束后，应清理仪器、工具上的泥土，各组应清点所用仪器、工具，如数交还仪器室。

三、使用仪器注意事项

1. 携带仪器时，应检查仪器背带和提手是否牢固仪器箱盖是否关紧锁好。

2. 仪器箱应平放在地面上，放平稳后才能开箱，不要托在手上或抱在怀里开箱，以免摔坏仪器。开箱后，应注意仪器的安放位置和方向，以便按原样放回，避免因放错位置而损坏仪器。

3. 取出仪器前应注意要先松开各制动螺旋，再用手握住仪器的坚实部位，切勿用手提望远镜，以免因强行扭转而损坏制动、微动等各部件之间的连接。取出仪器后，关好箱子放置在安全的地方，严禁在箱上坐人。

4. 在三脚架上安仪器之前，应注意脚架高度适中，将脚架固定螺旋拧紧，要防止因螺旋未拧紧使脚架自行收缩摔坏仪器，但也不可用力过猛而造成螺旋滑丝而损坏脚架。安置仪器时，一手握住仪器，一手拧紧连接螺旋。

5. 在任何时候，人都不能离开仪器，严防无人看管。禁止无关人员搬弄，防止行人、车辆碰撞，切勿将仪器靠在墙边、树上以防止跌损。

6. 撑伞防止仪器日晒雨淋。

7. 使用仪器过程中，应注意避免触摸仪器的目镜、物镜，以免玷污镜头。若发现镜头表面有灰尘或其他污物，应报告指导教师，用镜头纸擦拭，严禁用手帕、其他纸张擦拭。

8. 制动螺旋不能拧得太紧，微动螺旋和脚螺旋不要旋到尽头，使用各种螺旋不要用力过大或动作太猛，应均匀用力。

9. 转动仪器时，应先松开制动螺旋，要平稳转动，用力均匀。使用微动螺旋时，应先固定制动螺旋。

10. 使用仪器时，对尚未了解的部件，未经指导教师许可，不得擅自操作。仪器发生故障时，应立即停止使用，并及时向指导教师报告，不得擅自处理。

11. 仪器搬站时，远距离或难行地段，必须将仪器装箱后，再搬站。在短距离且平坦地区搬站时，可将仪器与脚架一齐搬走。方法是：先检查连接螺旋是否旋紧，再收拢脚架，左拿平托住仪器的基座或支架，右手抱住脚架稳步行走，严禁横扛仪器。

12. 仪器装箱时，要松开各制动螺旋，使仪器放置于正确位置，装入箱后先试关一次，在确认放稳妥后，再拧紧各制动螺旋，以免仪器在箱内晃动受损，最后关箱上锁。若箱盖合不上口，说明仪器放置不正确，须调整，切不可强压箱盖，损坏仪器。

四、测量工具的使用注意事项

1. 钢尺使用时须防车辆碾压、防扭、防潮湿，携尺前进时，应将尺身离地提起，不得在地面上拖拉，用毕擦净上油。

2. 皮尺使用时须防潮湿，万一潮湿，应凉干后再卷入盒内。拉尺时用力应均匀，避免用力过猛而使皮尺断裂。

3. 水准尺、标杆的使用，应注意防水、防潮和严防横向受力。不用时应放置稳妥，不得垫坐，水准尺、标杆不准贴靠墙上、电线杆上和树上。不准用水准尺、花杆抬东西。塔尺的使用应注意接口处的正确连接，不要猛拉、猛压。

4. 不准抛扔钢尺、垂球、测钎、标杆等测量工具，严禁用测量仪器、工具打逗玩耍。

五、测量记录与计算要求

1. 实验记录须用铅笔（2H），填在规定的表格内，不得用零星纸片记录再行转抄。

2. 观测者读数后，记录者首先应回报读数以防听错、记错。

3. 记录数字要全，注意不能省略零位，如角度 52°8′7″应记为 52°08′07″，水准尺读数 2.7 米应记为 2.700 米。

4. 若记录有错，不得擦拭、涂抹，应用细线划去错误部分，在错字上方补记正确数字。

5. 数据计算应按"4 舍 6 入，5 前单进双舍"的规则进行计算。如数字取位至毫米时，则：4.5784m、4.5776m、4.5785m、4.5775m 都应取值为 4.578m。

第二部分　测量课间实验

实验一　水准仪的认识与使用

一、目的要求

1. 认识 DS_3 水准仪的基本构造，认识各部件的名称和作用。

2. 练习使用水准仪的操作要领。

3. 能准确读取水准尺读数。

4. 练习一测站的测量、记录和计算。

二、准备工作

1. 场地布置

各组在相隔 30 米左右处选 A、B 两点，为一测站，进行练习。

2. 仪器、工具

水准仪 1 台，水准尺 1 根，记录板 1 块，伞 1 把。

3. 实验课时，人员组织

实验课时为 2 学时，每 4~5 人 1 组，轮换操作。

三、实验程序

1. 安仪器于 A、B 两点之间，注意脚架高度适中，安稳、安平。

2. 认出下列部件，了解其功能和使用方法

（1）准星和照门；（2）目镜调焦螺旋；（3）物镜调焦螺旋；（4）脚螺旋；（5）水准管；（6）水平制动螺旋；（7）水平微动螺旋；（8）微倾螺旋；（9）圆水准器。

3. 粗略整平，旋转脚螺旋使圆水准气泡居中。

4. 目镜调焦，使十字丝清晰。

5. 用准星和照门粗略瞄准后视尺。

6. 物镜调焦，使水准尺成像清晰。

7. 检查视差，清除视差。

8. 精平，调微倾螺旋，使水准管气泡居中。

9. 读数，读取后视尺上的读数，要求从小读到大，读出米、分米、厘米，估读至毫米。

10. 仿照 4 至 8 步读取前视尺上的读数。

四、上交资料

见实验报告一。

实验二　普通水准测量（闭合水准路线）

一、目的要求

1. 掌握普通水准测量的观测方法，记录与计算。
2. 高差闭合差应 $\leqslant \pm 12\sqrt{n}$ 毫米。

二、准备工作

1. 场地布置

由教师指定一适当场地（如在校园内），进行闭合水准路线测量，给出一个已知高程（可假定）点 A 的位置和待测点（3~4个）的位置。

2. 仪器、工具

水准仪1台，水准尺2根，尺垫2个，记录板1块，伞1把。

3. 实验课时，人员组织

实验课时为2学时，每4~5人1组，轮换操作。

三、实验程序

1. 在已知点和转点1中间（目估或步量）安仪器，在已知点上立尺，读取后视读数，在转点1上立尺，读取前视读数，记入手簿，计算高差。

2. 在转点1和转点2中间安仪器，在转点1上读取后视读数，在转点2上读取前视读数，记入手簿，计算高差。

3. 同法进行施测，经过待定点后返回已知点。

4. 计算检核

$$\Sigma a - \Sigma b = \Sigma h$$

5. 计算高差闭合差

$$\Delta h_允 = \pm 12\sqrt{n}$$

四、注意事项

1. 前、后视距应大致相等。
2. 读完后视读数仪器不能动，读完前视读数尺垫不能动。
3. 每次读数前要精平，消除视差。
4. 已知点和待定点上不能放尺垫。
5. 读数时，水准尺要立直。

五、上交资料

见实验报告二。

实验三　水准仪的检验

一、目的要求

1. 了解水准仪的轴线及轴线之间应满足的几何条件。
2. 掌握水准仪的检验方法。

二、准备工作

1. 场地布置

选择一长约 80 米较平坦的场地进行。

2. 仪器、工具

水准仪 1 台，水准尺 1 根，尺垫 2 块，伞 1 把，记录板 1 块。

3. 实验课时，人员组织

实验课时为 2 学时，每 4～5 人 1 组，轮换操作。

三、实验程序

1. 了解水准仪的轴线及轴线之间应满足的几何条件。

2. 圆水准器的检验

1) 检验目的：检验圆水准轴是否平行于竖轴。

2) 检验方法：使圆水准气泡居中，将仪器旋转 180°，若气泡仍然居中，则圆水准器正确，若气泡偏离中心须校正。

3. 十字丝横丝的检验

1) 检验目的：检验十字丝横丝是否垂直于仪器的竖轴。

2) 检验方法：先粗平仪器，将十字丝的一端照准一明显标志转动徽动螺旋，若标志始终在横丝上移动，说明十字丝横丝正确，否则不正确须校正。

4. 水准管的检验

1) 检验目的：检验水准管轴是否平行于视准轴。

2) 检验方法：(1) 在较平坦的地面上相距约 80 米的地方选 A、B 两点安尺垫，将水准仪安置于 A、B 两点的中间（可用皮尺确定）并两次测得 A、B 两点之间高差，若其差值不大于 3 毫米，则取平均值作为 A、B 的高差 h。(2) 搬仪器安置在离 A 点约 3 米的地方读 A、B 两点水准尺读数分别为 a、b，则 A、B 两点间的高差为：$h' = a - b$ 然后计算视准轴与水准管轴的交角 i 为

$$i = \frac{(h - h')}{D_{AB}} \cdot \rho''$$

式中 D_{AB} 为两点间的距离 $\rho'' = 206265$

规范规定：当 DS_3 水准仪的 i 角大于 20″ 时须校正。

四、上交资料

上交实验报告三。

实验四 经纬仪的认识与使用

一、目的要求

1. 了解 DJ_6 经纬仪的基本构造和各部件的名称与作用。

2. 练习经纬仪的对中、整平、瞄准、读数的操作方法。

3. 要求对中偏差不超过 3 毫米，整平偏差不超过 1 格。

二、准备工作

1. 场地布置

选择一较空阔的场地进行。

2. 仪器、工具

经纬仪 1 台，记录板 1 块，伞 1 把，测钎 1 根，测站标志 1 个。

3. 实验课时，人员组织

实验课时为 2 学时，4~5 人 1 组。

三、实验程序

1. 了解 DJ6 经纬仪的基本构造和各部件的名称与作用。

2. 练习经纬仪的使用方法。

（1）安置经纬仪

安置经纬仪包括对中与整平两项内容，对中是使仪器度盘中心与测站点位于同一铅垂线上，整平是使仪器水平度盘水平、竖轴处于铅垂位置。

垂球对中与整平的操作方法

1）调整脚架高度适中，张开三脚架，放在测站点上，脚架头要大致水平，挂上垂球后其中心要大致对准测站点，若垂球尖与测站点相差较大，可平移三脚架，使垂球尖大致对准测站点，然后将三脚架的脚尖踩入土中，此时脚架头仍要保持大致水平。

2）装上仪器（仪器位于中央），旋紧中心螺旋，转动仪器，使长水准管平行于两个脚螺旋的连线，按左手规则，两手同时对向或反向旋转这两个脚螺旋，使长水准管气泡居中，再将仪器旋转 90°，使长水准管垂直于原来两个脚螺旋的连线，转动另一脚螺旋使长水准气泡居中。重复上述操作，直到在两位置长水准气泡均居中为止。3）稍松中心螺旋，在三脚架头上移动仪器。使垂球尖对准测站点，旋紧中心螺旋，重复第 2）步操作，整平仪器。4）检查垂球尖与测站点的偏差，若不大于 3 毫米，仪器完成了对中，整平操作。若大于 3 毫米，则须重复第 3）步，第 2）步操作，直到满足要求为至。

光学对中器对中与整平的操作方法

（1）调整脚架高度适中，在测站点的适当位置（约 50 厘米）先固定一脚架，装上仪器（仪器位于中央）。2）移动另两个脚架。使光学对中器粗略对准测站点，固定两个脚架。3）用升缩三脚架高度的方法，使圆水准气泡居中。4）转动仪器，使长水准管平行于两个脚螺旋的连线按左手规则，两手同时对向式反向旋转这两个脚螺旋使长水准管气泡居中，再将仪器旋转 90，使长水准管垂直于原来的两个脚螺旋的连线，转动另一脚螺旋使长水准气泡居中，重复上述操作直到在两位置长水准气泡均居中为止。5）稍松中心螺旋，在三脚架头上移动仪器，使光学对中器对准测站点，旋紧中心螺旋，重复第 4）步操作整平仪器。6）检查光学对中器与测站点的偏差，若大于 1 毫米，则须重复第 4），第 5）步操作，直到满足要求为至。

（2）瞄准目标、读数。

先转目镜调焦螺旋，使十字丝清晰，用准星、照门瞄准目标。转物镜调焦螺旋，使目标清晰。转水平微动螺旋、竖直微动螺旋，精确瞄准目标。注意：当瞄准测钎、花杆时应瞄准其底部；当瞄准垂球线时，应瞄准其上部。然后读数、记录。

四、上交资料

上交实验报告四。

实验五 测回法观测水平角

一、目的要求

1. 掌握测回法测水平角的观测方法。

2. 进一步熟悉经纬仪的使用。

3. 要求半测回间角值较差不超过 ± 40″。

二、准备工作

1. 场地布置

选一较空阔的场地进行，在地面上 O 点设站，在场地另一侧距测站点约 50 米远处选定两点，左边为 A 点，右边为 B 点，在点上竖立观测标志。

2. 仪器、工具

经纬仪 1 台，记录板 1 块，伞 1 把，测针 2 根或竹三脚架 2 个。

3. 实验课时，人员组织

实验课时为 2 学时，4 ~ 5 人 1 组，每人观测 1 测回。

三、实验程序

1. 在测站点 O 安置仪器。

2. 盘左位置，使度盘读数略大于 0° 00′00″。

3. 按顺时针方向依次瞄准 A、B 目标，读取水平度盘读数，记入手簿。

4. 盘右位置，按逆时针方向依次瞄准 B、A 目标，读取水平度盘读数，记入手簿。

5. 置度盘起始读数分别为 54°、90°、135° 进行第二、第三、第四测回的水平角观测，将观测数据记入手簿。

6. 计算四个测回的平均角值。

四、上交资料

上交实验报告五。

实验六 竖 直 角 测 量

一、目的要求

1. 了解竖盘的构造，竖盘的读数。

2. 掌握竖直角的观测方法。

二、准备工作

1. 场地布置

在地面上选一测站点，在较远的地方选目标观测（如：避雷针，天线，电杆等）。

2. 仪器、工具

经纬仪 1 台，记录板 1 块，伞 1 把，测站点标志 1 块。

3. 实验课时，人员组织

实验课时为 2 学时，4 ~ 5 人为 1 组，轮换进行。

三、实验程序

1.判断竖盘注记形式

1）望远镜视线大致水平，观察始读数（90°、270°、0°、180°四者其一）。

2）将望远镜抬高（仰角）时，若竖盘读数递增，则竖直角＝读数－始读数，若竖盘读数递减，则竖直角＝始读数－读数。

2.竖直角观测程序

1）在测站上安仪器。

2）盘左位置，精确瞄准目标，使竖盘竖直，读取竖盘读数。

3）盘右位置，精确瞄准目标，使竖盘竖直，读取竖盘读数。

4）计算竖直角。

四、上交资料

上交实验报告六。

实验七　经纬仪的检验

一、目的要求

1.了解经纬仪主要轴线之间应满足的几何关系。

2.掌握经纬仪的检验方法。

二、准备工作

1.场地布置

选一较平坦，开阔的场地，场地附近有较高的建筑物。

2.仪器、工具

经纬仪1台、记录板1块、伞1把。

3.实验课时，人员组织。

实验课时为2学时，4~5人1组，轮换进行。

三、实验程序

1.了解经纬仪主要轴线之间应满足的几何关系。

2.照准部水准管轴垂直于竖轴的检验

检验方法：使仪器大致水平（使圆水准气泡居中），转动仪器使长水准管平行于一对脚螺旋，转动该对脚螺旋使水准管气泡居中，将仪器旋转180，若气泡仍然居中，则水准管轴垂直于仪器竖轴，否则不正确，须校正。

3.十字丝竖丝垂直于水平轴的检验

检验方法：整平仪器，用十字丝交点照准一明细点，转动望远镜微动螺旋，观察若明细点始终不离开竖丝，则说明十字丝竖丝垂直于水平轴。否则不正确，须校正。

4.视准轴垂直于仪器横轴的检验

检验方法一：整平仪器，盘左瞄准远处与仪器同高的目标点 A，读取水平度盘数为 $a_左$，盘右瞄准 A 点读取水平度盘数为 $a_右$。若 $a_右 = a_左 \pm 180$，则说明视准轴垂直于仪器横轴。否则不正确，须校正。

检验方法二：在较平坦的场地相距约100米处选 A、B 两点，在 AB 中点 O 安经纬仪，在 A 点设置一与经纬仪等高的标志，在 B 点与经纬仪等高处设置一与 OB 垂直的水平刻划尺。盘左瞄 A 点，固定水平制动螺旋，倒转望远镜，在 B 点尺定出 B_1 点。盘右，瞄 A 点固定水平制动螺旋，倒转望远镜，在 B 点尺上定出 B_2 点。若 B_1、B_2 点重合，则说明视准轴垂直于仪器横轴。否则不正确，须校正。

5. 横轴垂直于坚轴的检验

检验方法：整平仪器，在离某建筑物约 20 米处安经纬仪，盘左瞄准建筑物墙上某一高度目标 A 点，将水平制动螺旋固定，放平望远镜，在墙上定出 A_1 点；盘右瞄准 A 点，将水平制动螺旋固定，放平望远镜，在墙上定出 A_2 点，若 A_1、A_2 点重合，则说明横轴垂直于竖轴。否则不正确，须校正。

四、上交资料

上交实验报告七。

实验八　用经纬仪定线、钢尺丈量两点间的水平距离

一、目的要求

1. 掌握经纬仪定线的方法。

2. 掌握钢尺量距的一般方法。

二、准备工作

1. 场地布置

每组选择一段长约 70 米的地区，作为实验场地。

2. 仪器、工具

30 米钢尺 1 把，测钎 6 根，木桩 2 个，垂球 1 个，记录板 1 块。

3. 实验课时，人员组织

实验课时为 2 学时，4～5 人 1 组。

三、实验程序

1. 在地面上相距约 70 米处选 A、B 两点，钉木桩，桩顶钉小钉子，作为丈量的起点。

2. 在 A 点安经纬仪，瞄准 B 点，将水平制动螺旋固定，在望远镜视线上定线，确定一系列点并插下测钎。

3. 由 A 至 B 进行往测，将整尺段数及零尺段长度记入手簿。

4. 由 B 至 A 进行返测，将整尺段数及零尺段长度记入手簿。

5. 进行往返观测结果的平均值及精度计算。

四、注意事项

1. 爱护钢尺，勿沿地面拖拉，用毕擦净上油。

2. 钢尺要拉平、拉稳、拉直。

3. 测钎要垂直插下，若地面坚硬，可在地上划记号。

五、上交资料

上交实验报告八。

实验九 经纬仪导线的距离丈量与角度测量

一、目的要求

1. 掌握导线测量的布设方法和施测程序。

2. 进一步熟悉水平距离的测量方法。

3. 掌握导线点坐标计算方法。

4. 限差要求，距离丈量相对误差为 1/3000，角度闭合差为 $\pm 60\sqrt{n}$，导线全长相对闭合差为 1/2000。

二、准备工作

1. 场地布置

选择一地势平坦，开阔的地面作为实验场地，场地要能组成四边形或五边形，边长以 60 米为宜。

2. 仪器、工具

经纬仪 1 台、钢尺 1 把、测钎 5 根、木桩 4 个、记录板 1 块、伞 1 把，小钉子 4 棵。

3. 实验课时，人员组织

实验课时为 4 学时，4～5 人 1 组。

三、实验程序

1. 在测区选定 4 个导线点，组成四边形。在导线点上打下木桩，桩上钉小钉子。绘出导线略图，并编号。

2. 往返丈量导线边长，若相对误差满足要求，则取平均值，并记入手簿。

3. 用测回法观测各内角，要求每角测一个测回。

4. 计算角度闭合差，导线全长相对误差，满足允许误差后，计算导线点坐标，否则重测。

5. 用罗盘仪测定某一边的磁方位角，也可假定一个与实际方位大致一致的磁方位角，起始坐标可假定。

四、上交资料

上交实验报告九。

实验十 四等水准测量

一、目的要求

1. 掌握用双面尺进行四等水准测量的观测方法，记录与计算。

2. 熟悉四等水准测量的主要技术指标要求，掌握测站及线路的检核方法。

3. 要求视线高度大于 0.2 米，视距长度小于 80 米，前后视距差小于 3 米，前后视距累积差小于 10 米，基辅分划读数差为 3 毫米，基辅分划所测高差之差为 5 毫米，闭合差为 $\pm 20\sqrt{L}$。

二、准备工作

1. 场地布置

选一能布设成闭合的水准路线，以能安置5~6个测站为宜的场地。

2．仪器、工具

水准仪1台、双面尺1对、尺垫2个、记录板1块，测伞1把。

3．实验课时，人员组织

实验课时为2学时，以4~5人为1组，轮换操作。

三、实验程序

1．一个测站上观测程序为"后—前—前—后"或采用"后—后—前—前"。若采用前者，则观测次序为：

后：后视黑面尺，读下、上丝读数，精平读中丝读数。

前：前视黑面尺，读下、上丝读数，精平读中丝读数。

前：前视红面尺，精平读中丝读数。

后：后视红面尺，精平读中丝读数。

若采用后者，则观测次序为：

后：后视黑面尺，读下、上丝读数，精平读中读数。

后：后视红面尺，精平读中丝读数。

前：前视黑面尺，读下、上丝读数，精平读中丝读数。

前：前视红面尺，精平读中丝读数。

2．每站观测完后，立即计算，进行各项检核，若超限则重测该站。

3．水准路线施测完后，各项检核应符合要求，路线闭合差满足要求才可收测。

四、上交资料

上交实验报告十。

实验十一　小平板仪与经纬仪联合测定碎部点

一、目的要求

1．掌握小平板仪与经纬仪联合测图的方法。

2．了解用地形图图式表示地物，地貌的方法。

3．测图比例尺为1:500，等高距为1米。

二、准备工作

1．场地布置

选择具有地物，地貌的场地，每组选两个点A、B作为测图控制点。

2．仪器、工具

经纬仪1台、小平板仪1套、水准尺1根、皮尺1把、花杆1根、绘图纸1张、地形图图式1本、记录板1块，小针1根。

3．实验课时，人员组织

实验课时为2学时，4~5人1组，要求分工负责密切配合，轮换操作。

三、实验程序

1．在测站点A上立水准尺，将经纬仪安置在离A点附近约2米左右处，在测站点A安置小平板仪，在图纸上定出点a，用照准仪瞄准经纬仪中心，用皮尺量取测站点A至经纬仪中心的距离，依比例尺在图纸上定出经纬仪的位置。

2．依次在各碎部点上立水准尺，用经纬仪测量各碎部点至经纬仪的平距和高差，用照准仪瞄准各碎部点画出方向线。再由各方向线与经纬仪至各碎部点的平距在图纸上交绘出各碎部点的位置，在测量时，对照实地应边测边绘地物和等高线。并检查是否有遗漏，是否与实地相符。

3．搬测站后，同法测绘，最后整饰成图。

四、上交资料

上交实验报告十一、图纸。

实验十二　平面点位测设与坡度线测设

一、目的要求

1．计算点的平面位置，点的高程的测设数据。

2．掌握测设点的平面位置，点的高程测设与坡度线测设的方法。

3．要求距离测设相对误差小于 1/3000，高程测设误差不超过 ±8 毫米，角度测设要满足容许误差要求。

二、准备工作

1．场地布置

选择平坦开阔约 50 米 × 60 米的地面作为实验场地，每组布置临时水准点 1 个，导线点 2 个。

2．仪器、工具

经纬仪 1 台，钢尺 1 把，木桩 7 个，小钉子 7 个，测钎 3 根，垂球 3 个，水准仪 1 台，水准尺 1 把，记录板 1 块，测伞 1 把。

3．实验课时，人员组织

实验课时为 4 学时，6 人 1 组，3 人测设角度，3 人测设距离和高程，轮换进行。

三、实验程序

1．点的平面位置测设

1）根据已知导线点 A、B 的坐标及待测点 P 的设计坐标（坐标值由教师给出）计算用极坐标法测设 P 点的放样数据 β 和 D_{AP}。

2）在 A 点安置经纬仪，盘左位置，瞄准 B 点，使水平度盘读数为 $0°00'00''$。

3）转动照准部，使水平度盘读数为 β，在视线方向定出 P'。盘右位置同法定出 P''，取 P'、P'' 的中点 P_1，由 A 点起沿 AP_1 方向根据 D_{AP} 用钢尺往返丈量，取中点为测设 P 点的位置。

2．点的高程测设

1）在临时水准点和待测点 P 中间安置水准仪，后视临时水准点，得后视读数为 a。

2）根据 P 点的设计高程 $H_{设}$（由教师给出），计算 P 点的前视读数 $b_{应}$，

$$b_{应} = H_{水} + a - H_{设}$$

3）将水准尺紧贴 P 点木桩上下移动，当前视读数为 $b_{应}$ 时，沿尺底面在木桩上画线，即为测设点 P 的高程位置。

3. 坡度线测设

1）从 A 点起沿 AB 方向每隔距离 d（$d=10$ 米）打下木桩，直至 B 点，根据起点 A 的设计高程，设计坡度 i 和距离 d（由教师给出），计算其余各点的设计高程 $H_设$。

2）在坡度一侧安置水准仪，后视临时水准点，求出视线高程 $H_视$，根据各点的设计高程计算各点应有的前视读数。

3）在各桩顶立水准尺，读各桩顶读数 $b_桩$。

4）计算各桩顶的填、挖数 W

$$W = b_应 - b_桩$$

四、上交资料

上交实验报告十二。

实验十三　纵断面、横断面测量

一、实验要求

1. 掌握纵断面、横断面测量的方法。

2. 掌握纵断面、横断面图的绘图方法。

3. 要求水准测量闭合差限差为 $\pm 12\sqrt{n}$。转点，起终点读至毫米，中桩读至厘米。

二、准备工作

1. 场地布置

选择一条约 300 米长的线路，要求有坡度变化。

2. 仪器、工具

水准仪 1 台，水准尺 2 根，尺垫 2 个，皮尺 1 把，木桩若干个，方向架 1 个，记录板 1 块，测伞 1 把。

3. 实验课时，人员组织。

实验课时为 4 学时，5~6 人 1 组。

三、实验程序

1. 在选定的线路上，用皮尺量距每 50 米打一里程桩。编号为 $0+50$，$0+100$……。并在坡度与方向变化处打加桩，起点桩编号为 $0+000$。

2. 根据已知水准点，测出桩 $0+000$ 号的高程。

3. 水准仪安置于适当位置，后视 $0+000$ 号，前视转点 TP_1（读至毫米），然后依次前视各桩号（读至厘米）。

4. 搬水准仪，后视转点 TP_1、前视转点 TP_2、各中桩读数。同法进行观测，直至线路终点。

5. 检核：由终点返测至已知水准点。

6. 每组选一里程桩进行横断面水准测量，在里程桩上，用方向架确定线路的垂直方向，在线路左右两侧各测 20 米，里程桩到坡度变化点的距离用皮尺丈量（读至分米），高差用水准仪测出（读至厘米）。

7. 纵断面图比例尺，水平距离取 1:1000，高程取 1:100，纵断面图要求绘在方格坐标纸上。横断面图比例尺，水平距离取 1:100，高程取 1:100，横断面图可在现场边测边绘，并对照实地进行检核。

四、上交资料

上交实验报告十三，纵断面图、横断面图。

实验十四　全站仪的认识与使用

一、目的要求

1. 了解全站仪的基本构造与性能。

2. 掌握全站仪水平角、水平距离和坐标的测量方法。

二、准备工作

1. 场地布置

选择一平坦开阔的地面为实验场地。

2. 仪器、工具

全站仪 1 台，棱镜 2 套，觇牌 2 套，记录板 1 块，测伞 1 把。

3. 实验课时，人员组织

实验课时为 4 学时，15～20 人为 1 组。

三、实验程序

1. 全站仪种类，型号繁多，各校根据本校所拥有的全站仪，由教师安置好仪器，棱镜与觇牌，讲述全站仪各部件的名称及作用，并作示范性操作，然后各组轮流操作仪器。

2. 水平角测量

选择测角模式

1）照准目标 A。

2）设置目标 A 的水平角为 $0°00'00''$。

3）照准目标 B 显示水平角。

3. 水平距离测量

选择距离测量模式

1）照准棱镜中心。

2）按动距离测量键显示水平距离。

4. 坐标测量

选择坐标测量模式

1）将测站点的坐标（x，y，z）输入，然后输入方位角、仪器高与棱镜高（坐标值，方位角由教师给出）。

2）瞄准棱镜，显示出所测坐标。

四、上交资料

上交实验报告十四。

实验十五　（选做）微倾式水准仪的校正

一、目的要求

掌握微倾式水准仪的校正方法。

二、准备工作

1. 场地布置

选择一长约 80 米较平坦的场地进行。

2. 仪器、工具

水准仪 1 台，水准尺 1 根，尺垫 2 块，测伞 1 把，校正针 1 根，改刀 1 把，

3. 实验课时、人员组织

实验课时为 2 学时，每 4～5 人 1 组。

三、实验程序

1. 圆水准器的校正

1）按实验三的要求进行检验。

2）校正：拨圆水准器底部校正螺丝，使气泡向居中位置移动一半。如此反复检校，直到圆水准气泡在任何位置均居中为止。

2. 十字丝横丝垂直于竖轴的校正

1）按实验三的要求进行检验。

2）校正：松开十字丝分划板的固定螺丝，微微转动十字丝分划板，使转动水平微动螺旋时，横丝不离开目标点。如此反复检校直到满足要求为止。

3. 视准轴平行于水准管轴的校正

1）按实验三的要求进行检验。

2）转动微倾螺丝，使十字丝中丝照准 B 尺上的正确读数 $b_正$，拨水准管上下两个校正螺丝，使气泡居中。如此反复检校直到满足要求为止。

四、上交资料

上交（选做）实验报告十五。

实验十六 （选做）经纬仪的校正

一、目的要求

掌握经纬仪的校正方法。

二、准备工作

1. 场地布置

选一平坦开阔的场地，场地附近有较高的建筑物。

2. 仪器、工具

经纬仪 1 台，记录板 1 块，测伞 1 把，校正针 1 根，改刀 1 把。

3. 实验课时，人员组织

实验课时为 2 学时，4～5 人 1 组。

三、实验程序

1. 照准部水准管轴垂直于竖直轴的校正

1）按实验七的要求进行检验。

2）校正：拨水准管校正螺丝，使气泡返回偏离格数的一半。如此反复检校，直到满足要求为止。

2．十字丝竖丝垂直于水平轴的校正

1）按实验七的要求进行此项检验。

2）校正：松开十字丝的四个固定螺丝，微微转动十字丝，直至望远镜上下移动时目标始终在竖丝上移动为止。

3．视准轴垂直于仪器横轴的校正

1）按实验七的要求进行此项检验。

2）校正：在 B_1、B_2 之间定出 B_3 点，使 $B_2B_3 = \frac{1}{4}B_1B_2$，拨动十字丝左右校正螺丝，使十字丝交点照准 B_3 点。如此反复检校，直到满足要求为止。

四、上交资料

上交选做实验报告十六。

实验十七　（选做）经纬仪测绘法碎部测量

一、目的要求

1．掌握经纬仪测绘法测图的方法

2．测图比例尺为 1：500。

二、准备工作

1．场地布置

选择具有典型地物，地貌的地段作为实验场地。每组选定两个控制点 A、B 作为测图的控制点。

2．仪器、工具

经纬仪1台，图板1块，水准尺1把，皮尺1把，量角器1块，计算器1块，地形图图式1本，三角板1付，绘图纸1张，小针2颗，测伞1把，记录板1块。

3．人员组织，实验课时

实验课时为2学时，5~6人1组，轮换进行。

三、实验程序

1．在控制点 A 安置经纬仪，量仪器高。

2．盘左瞄准控制点 B，使水平度盘读数为 0°00′00″。

3．在仪器旁安置图板，在图纸上适当位置定出 a 点，画出 ab 方向线，用小针将量角器中心钉在 a 点。

4．将水准尺立在地物，地貌特征点上，观测上下丝间隔，竖直角，中丝读数，水平角。

5．计算水平距离，碎部点的高程（A 点高程可假设或由教师给出）。

6．根据碎部点的水平角，水平距离按比例在图纸上定出碎部点的位置。对照实物边测边绘，检查是否有遗漏。

7．搬迁测站至 B 点，同法测绘。

四、上交资料

上交选做实验报告十七及图纸。

实验报告一　水准仪使用

日期_____班级_____小组_____姓名_____

一、写出图中水准仪各部件的名称及作用

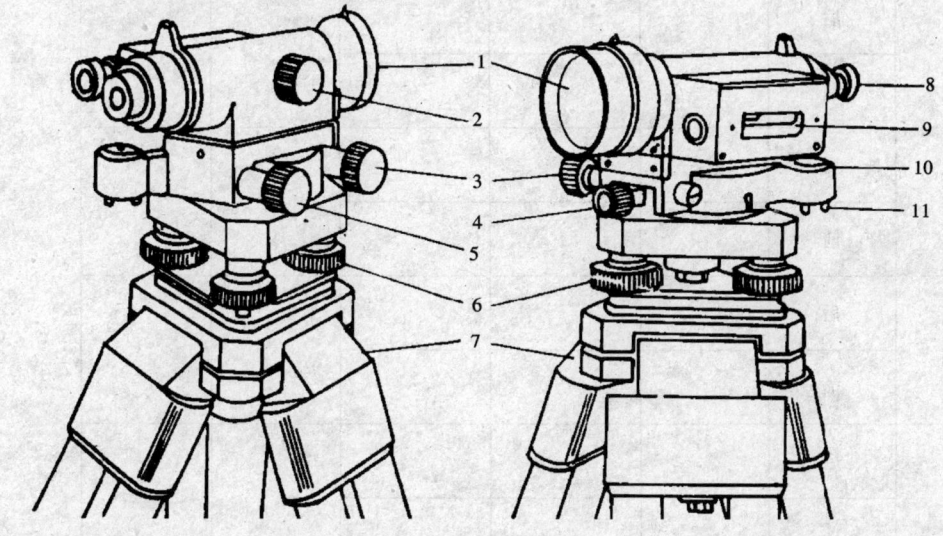

1. _____
2. _____
3. _____
4. _____
5. _____
6. _____
7. _____
8. _____
9. _____
10. _____
11. _____

二、练习读数

次　序	1	2	3	4	5
上　丝					
中　丝					
下　丝					

三、水准测量手簿

测 站	点 号		后 视 读 数	前 视 读 数	高 差		备 注
					+	−	
	后						
	前						
	后						
	前						
	后						
	前						
	后						
	前						
	后						
	前						
	后						
	前						
	后						
	前						
	后						
	前						
	后						
	前						

实验报告二　水　准　测　量

日期＿＿＿＿班级＿＿＿＿小组＿＿＿＿姓名＿＿＿＿

测 站	点 号		后 视读 数	前 视读 数	高 差 +	高 差 −	高 程	备 注
	后							
	前							
	后							
	前							
	后							
	前							
	后							
	前							
	后							
	前							
	后							
	前							
	后							
	前							
	后							
	前							
	后							
	前							
总　　和								

实验报告三　水准仪的检验

日期＿＿＿＿班级＿＿＿＿小组＿＿＿＿姓名＿＿＿＿

1．圆水准器的检验

仪器整平后转180°检验次数	气泡偏差数（mm）

2．十字丝横丝的检验

检 验 次 数	偏 差 值 （mm）

3．水准管轴的检验

仪器安置于 A、B 两点中间	仪器安置于 A 点附近
第一次观测　$a_1 =$ $\qquad b_1 =$ 第二次观测　$a_2 =$ $\qquad b_2 =$ 平均高差 $h = \dfrac{1}{2}(a_1 - b_1 + a_2 - b_2) =$	A 尺读数为 $a =$ B 尺读数为 $b =$ $h' = a - b$ $i = \dfrac{(h - h')}{D_{AB}}\rho'' =$

20

实验报告四　经纬仪的认识与使用

日期_____班级_____小组_____姓名_____

一、写出图中经纬仪各部件的名称及作用

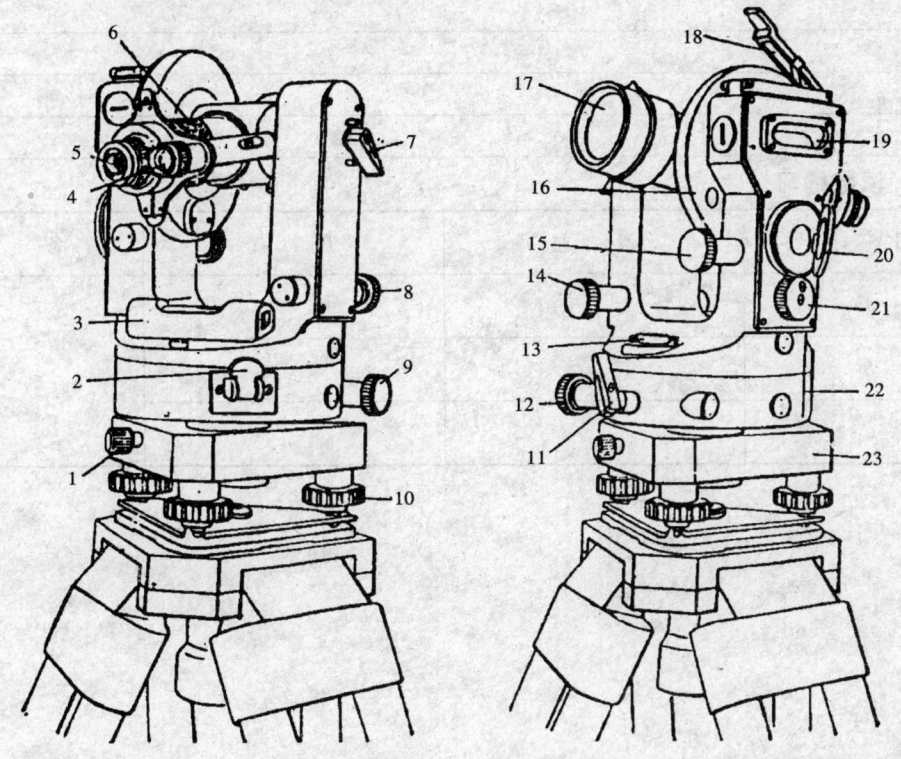

1.＿＿＿＿＿＿＿＿＿＿＿＿＿＿＿＿＿＿＿＿＿＿＿＿＿＿＿＿＿＿＿＿＿＿＿＿＿＿＿

2.＿＿＿＿＿＿＿＿＿＿＿＿＿＿＿＿＿＿＿＿＿＿＿＿＿＿＿＿＿＿＿＿＿＿＿＿＿＿＿

3.＿＿＿＿＿＿＿＿＿＿＿＿＿＿＿＿＿＿＿＿＿＿＿＿＿＿＿＿＿＿＿＿＿＿＿＿＿＿＿

4.＿＿＿＿＿＿＿＿＿＿＿＿＿＿＿＿＿＿＿＿＿＿＿＿＿＿＿＿＿＿＿＿＿＿＿＿＿＿＿

5.＿＿＿＿＿＿＿＿＿＿＿＿＿＿＿＿＿＿＿＿＿＿＿＿＿＿＿＿＿＿＿＿＿＿＿＿＿＿＿

6.＿＿＿＿＿＿＿＿＿＿＿＿＿＿＿＿＿＿＿＿＿＿＿＿＿＿＿＿＿＿＿＿＿＿＿＿＿＿＿

7.＿＿＿＿＿＿＿＿＿＿＿＿＿＿＿＿＿＿＿＿＿＿＿＿＿＿＿＿＿＿＿＿＿＿＿＿＿＿＿

8.＿＿＿＿＿＿＿＿＿＿＿＿＿＿＿＿＿＿＿＿＿＿＿＿＿＿＿＿＿＿＿＿＿＿＿＿＿＿＿

9.＿＿＿＿＿＿＿＿＿＿＿＿＿＿＿＿＿＿＿＿＿＿＿＿＿＿＿＿＿＿＿＿＿＿＿＿＿＿＿

10.＿＿＿＿＿＿＿＿＿＿＿＿＿＿＿＿＿＿＿＿＿＿＿＿＿＿＿＿＿＿＿＿＿＿＿＿＿＿

11. _____

12. _____

13. _____

14. _____

15. _____

16. _____

17. _____

18. _____

19. _____

20. _____

21. _____

22. _____

23. _____

二、读数练习

目　标	盘　左	盘　右	备　注
A			
B			
C			

实验报告五　测回法观测水平角

日期_____班级_____小组_____姓名_____

测　站	竖　盘	目　标	度 盘 读 数 。 ′ ″	半测回角值 。 ′ ″	一测回角值 。 ′ ″	各测回平 均角值 。 ′ ″	备　　注

实验报告六　竖直角测量

日期_____班级_____小组_____姓名_____

测　站	目　标	竖　盘	竖盘读数 ° ′ ″	半测回角值 ° ′ ″	指标差 ″	一测回角值 ° ′ ″	备　注
		左					
		右					
		左					
		右					
		左					
		右					
		左					
		右					
		左					
		右					
		左					
		右					
		左					
		右					
		左					
		右					

实验报告七　经纬仪的检验

日期_____班级_____小组_____姓名_____

1. 水准管轴垂直于竖直轴的检验

检 验 次 数	气 泡 偏 差 格 数

2. 十字丝竖丝垂直于水平轴的检验

检 验 次 数	偏 差 值

3. 视准轴垂直于横轴的检验

方 法 一	方 法 二
盘左 $\alpha_{左} =$	盘右 $B_1 =$
盘右 $\alpha_{右} =$	盘右 $B_2 =$
$C = \dfrac{1}{2} [\, \alpha_{左} - (\alpha_{右} \pm 180°)\,] =$	$B_1 B_2$ 的长度 =

4. 横轴垂直于竖直轴

检 验 次 数	$A_1 A_2$ 两 点 距 离

实验报告八　用经纬仪定线、钢尺丈量两点间的水平距离

日期_____班级_____小组_____姓名_____

点　号	往　返	整　尺 段　数	零　尺　段 长　度	线　段 长　度	平　均	精　度

实验报告九　　经纬仪导线的距离丈量与角度观测

日期_____班级_____小组_____姓名_____

测 站	竖 盘	目 标	水平度盘读数 。′″	半测回角值 。′″	一测回角值 。′″	边 名	边 长

实验报告十　四等水准测量

日期_____班级_____小组_____姓名_____

测站	点号	后尺	下丝	前尺	下丝	方向及尺号	水准尺读数		K+	高差中数
			上丝		上丝				黑—红	
		后视距		前视距			黑面	红面		
		视距差		累积差						
						后				
						前				
						后—前				
						后				
						前				
						后—前				
						后				
						前				
						后—前				
						后				
						前				
						后—前				

实验报告十一　小平板仪与经纬仪联合测定碎部点

日期_____班级_____小组_____姓名_____

测站_____　后视_____　仪器高_____　测站高程_____

点　号	视距 (米)	瞄准高 (米)	竖盘读数 。′″	竖 直 角 。′″	高差 (米)	水 平 角 。′″	水平距离 (米)	高　程 (米)

实验报告十二　　平面点位测设与坡度线测设

日期_____班级_____小组_____姓名_____

一、点的平面位置测设记录

点　名	坐 标 值		坐 标 差		坐标方位角	线 名	应测设的水 平 角	应测设的水平距离	测设略图
	X	Y	Δx	Δy					
	m	m	m	m	° ′ ″		° ′ ″	m	

二、点的高程测设、检测记录

测站	已知水准点		后 视读 数	视 线高 程	待测设点		前视尺应 有读 数	填挖数	检　测	
	点号	高程 m		m	点号	设计高 m		m	实际读数 m	误差 m

30

三、坡度线的测设记录

线　名		坡　度		测　站		起点高程
全　长		间隔 d		后视读数		终点高程
桩　号	累计间隔 m	设计高程 m	水准尺应 有读数	水准尺实 际读数	填挖深度 m	备　注

实验报告十三 纵断面、横断面测量

日期_____班级_____小组_____姓名_____

一、纵断面水准测量记录

测 站	桩 号	水准尺读数			高 差	视 线 高 程	高 程	备 注
		后 视	前 视	插前视	m	m	m	

二、横断面水准测记录

左 侧			里 程 桩 号	右 侧			备 注
间 距 m	高 差 m	水准尺 读 数	水准尺 读 数	水准尺 读 数	高 差 m	间 距 m	

实验报告十四 全站仪的认识与使用

日期_____班级_____小组_____姓名_____

1. 水平角测量

测　站	目　标	水平角显示 。′″	水　平　角 。′″	备　注

2. 水平距离测量

测　站	目　标	斜　距　显　示	水　平　距　离　显　示	备　注

3. 坐标测量

点　号	方　位　角	仪器高	棱镜高	坐　标 X	Y	Z	备　注

实验报告十五　微倾式水准仪的校正

日期_____班级_____小组_____姓名_____

1. 圆水准仪的校正

校 正 次 数	气 泡 偏 差 数（mm）

2. 十字丝横丝的校正

校 正 次 数	偏 差 值 （mm）

3. 水准仪管轴的校正

校 正 次 数	i 角

实验报告十六　经纬仪的校正

日期_____班级_____小组_____姓名_____

1．水准管轴垂直于竖直轴的校正

校　正　次　数	气　泡　偏　差　格　数

2．十字丝的校正

校　正　次　数	偏　差　值

3．视准轴垂直于横轴的校正

校　正　次　数	方　法　一　C　值	方　法　二 B_1B_2 的 长 度

实验报告十七　经纬仪测绘法碎部测量

日期_____班级_____小组_____姓名_____

测站_____　后视_____　仪器高_____　测站高程_____

点　号	视　距 （米）	瞄准高 （米）	竖盘读数 。　′　″	竖直角 。　′　″	高　差 （米）	水平角 。　′　″	水平距离 （米）	高　程 （米）

第三部分 测量教学实习

一、目的 要求

1. 熟练掌握常规测量仪器 工具的使用。
2. 掌握小地区大比例尺地形图的测绘方法。
3. 掌握管道主点、中线和高程的测设方法。
4. 掌握管道纵、横断面测量及纵横断面图的绘制方法。
5. 掌握附属构筑物的细部施工放样方法。

二、准备工作

1. 场地布置

选择 200m×400m 的带状地区，作为实习场地。

2. 仪器 工具

经纬仪1台、水准仪1台、罗盘仪1台、钢尺1把、皮尺1把、图板1块、水准尺2根、尺垫2个、花杆4根、金属小三角架3个、记录板1块、木桩8个、量角器1个、计算器1块。

3. 实习时间安排，人员组织

实习时间为2周，时间安排见分配表，实习以小组为单位，每组5~6人。

三、实习注意事项

1. 实习过程中，应严格遵守本书第一部分"测量实习须知"中的有关规定。
2. 进行每一项实习之前，须阅读实习指导书，复习实验、教材中的有关规定和内容。
3. 每一项实习工作完成后，要及时计算，整理有关资料，对原始数据、计算成果要保管好。
4. 本次实习仪器、工具较多，各组应妥善保管，领、还仪器时要清点，要及时收还仪器工具。
5. 各组要合理安排，确保每人都有机会进行各项测量工作，组员之间要团结协作、密切配合。
6. 严格遵守实习纪律，对实习中出现的问题要及时报告实习指导老师，由教师视情况后作处理，不得擅自处理。

实习时间分配表

序 号	实 习 内 容	时 间
1	实习动员、借领仪器、仪器检校、踏勘测区。	0.5天
2	导线测量、导线坐标计算、测图前准备工作。	2.5天
3	四等水准测量、水准测量计算。	2天
4	带状地形图测绘。	1天

序　号	实　习　内　容	时　间
5	管道中点测设。	1 天
6	纵、横断面测量。	1 天
7	管道中线和高程施工放样。	1 天
8	构筑物点位测设。	0.5 天
9	归还仪器、整理成果资料、实习总结。	0.5 天
合　　计		10 天

四、实习内容及技术要求

（一）大比例尺地形图的测绘

要求：测图比例尺 1:500，等高距：0.5m，测图面积 200m×400m。

1．控制测量

外业：

1）踏勘选点与建立标志、绘制选点略图。

2）丈量导线边长。要求：边长相对误差限差为 1/3000。

3）观测导线转折角。要求：角度闭合差限差为 $\pm 60\sqrt{n}$。

4）测量起始边方位角。

5）确定坐标起算数据（采用独立坐标系）

6）观测水准路线各段的高差。要求：闭合差限差为 $\pm 12\sqrt{n}$。

内业：

1）整理检查外业观测记录计算手簿。

2）导线点坐标计算（要求导线全长相对闭合差限差为 1/2000）。

3）推算各控制点的高程。

4）填写控制点成果一览表。

2．地形图测绘

1）绘制方格网。

2）展绘平面控制点。

3）碎部测量。

4）地形图的整饰、检查。

（二）管道中线测量

根据设计意图和实际情况，用极坐标法等方法测设管道主点，钉里程桩，在地形变化点、人工建筑等处加桩。

（三）纵、横断面测量

用水准仪进行管道纵、横断面测量，并绘制纵、横断面图。

要求：纵断面图比例尺：水平距离为 1:1000，高程为 1:100；横断面图比例尺：水平距离为 1:100；高程为 1:50。

（四）管道施工测量

根据设计意图，用水准仪，经纬仪和钢尺进行管道中线和高程的测设。

（五）构筑物轴线交点位置的测设

各小组在所测地形图上，自己设计一构造物，在图上量出构筑物轴线交点坐标，设计高程，根据附近控制点坐标和高程，采用极坐标法测设点的位置。

五、上交资料、成果

小组应交的资料、成果

1. 导线测量外业观测资料。

2. 四等水准测量外业观测资料。

3. 1:500 带状地形图一幅。

4. 纵、横断面测量外业观测资料。

个人应交资料、成果

1. 导线点坐标计算表。

2. 水准测量计算表。

3. 管道纵、横断面图。

4. 管道中线和高程点位测设计算表（附示意图）。

5. 构筑物点位测设计算表（附示意图）。

6. 实习报告书。

六、实习报告提纲

1. 封面：实习名称、地点、时间、班组、编写人及指导老师姓名。

2. 目录。

3. 前言：实习目的、意义、任务。

4. 实习内容：按测量顺序，叙述测量内容、方法、精度要求、计算成果及示意图等。

5. 实习体会。